한민족 고유의 유전자원

재래닭·재래돼지·한우

여정수 · 김재우 · 이지홍 · 이윤석
이한보름 · 김대현 · 오동엽　공저

선 진 문 화 사

집 필 자

여 정 수	영남대학교 명예교수
김 재 우	미국 Missouri대학교 축산학과
이 지 홍	경북도립대학교 축산학과
이 윤 석	한경대학교 생명공학과
이한보름	경북도립대학교 축산학과
김 대 현	경북 축산기술연구소
오 동 엽	경북 축산기술연구소

머리말

우리나라의 유구한 역사와 생활 속에서 함께 한 재래가축은 우리민족의 삶이 담겨있는 역사의 변화를 알려주는 고유한 유전자원(遺傳資源)이다. 천년의 삼국(三國)시대, 5백년 고려(高麗)왕조, 그리고 조선(朝鮮) 오백년을 거쳐 지금까지 우리민족과 함께 살아 온 재래가축은 외부로부터 밀려오는 과학문명의 발달과 변화하는 생활 속에서 서서히 가치가 떨어져 왔으며, 일제강점기인 1900년대 초부터는 개량종의 도입으로 가난했던 농촌경제에 도움이 되지 못해 이들의 사육의욕은 사라지게 되었다.

재래닭(在來鷄)은 성장이 늦고 알을 적게 낳을 뿐만 아니라 알도 작아, 농가들이 굵고 많은 계란생산과 빠른 성장능력을 갖는 개량닭을 선호하면서 재래닭의 사육을 농가들이 기피하게 되었고 또한 개량종과 교잡종을 만들어 사육하는 것이 경제적 도움이 되기에 고유한 재래닭은 서서히 우리 주위에서 사라지게 되었다. 또한 재래돼지(在來豚)도 개량돼지에 비해 성장이 느리고 오랫동안 사육해야 하는 생산능력의 차이로 농촌에서 관심이 사라지게 되었다. 그러나 한우(韓牛)의 경우는 농사일에 꼭 필요하기에 더욱 장려하는 가축으로 가치를 유지할 수 있었고 농업의 기계화 과정에서도 우리민족이 좋아하는 고품질 쇠고기를 생산하는 경제가축으로 인정되었다. 이러한 연유로 한우는 유전적 개량의 대상으로 국제경쟁력을 갖춘 고유한 산업의 구조를 이루면서 잘 보존 유지되어 왔다.

우리의 재래가축에 대한 기록은 너무나 빈약하고 단지 고구려벽화(壁畫)나 신라고분(古墳), 중국의 고서(古書), 그리고 왕조실록(王朝實錄)에 부분적으로 기록된 것으로만 우리조상의 삶에서 재래가축의 면모를 짐작할 수가 있을 뿐이다. 그나마 조선말 일본치하에서 조선의 축산에 대한 일본 농학자들의 기록들이 『朝鮮의 畜産』, 『朝鮮農會報』, 『勸業模範場彙報』 등에서 찾아 볼 수 있어 그 시대의 농가상황과 재래가축 사육정보, 그리고 생산능력을 증가시키기 위한 정책과 연구현황에 대한 우리 축산업의 변화를 알 수가 있어 그나마 다행이라 여겨진다.

산업화와 더불어 국민소득이 높아지면서 우리의 고유한 옛 맛을 찾는 소비자의 기호(嗜好)뿐만 아니라 양(量)이 많은 먹거리에서 품질이 좋은 축산물의 요구(要求)가 증가하였다. 그리고 수입되는 축산물의 안전성이 문제되면서 우리의 환경에 적응해 우리의 입맛에 길들여진 재래가축의 생산에 대한 관심 또한 높아지게 되었다. 더구나 UN의 생물다양성협약에 따른 우리의 고유한 유전자원의 가치와 FTA를 통한 축산물 수입의 개방에 대응하는 재래가축의 유지(維持)·보존(保存)과 국제경쟁력(競爭力)을 높이는데 관심이 높아져 사라져 가던 재래가축의 가치가 다시 빛을 보게 되었다.

그러나 여태까지 무관심 해 왔던 우리나라 고유한 유전자원인 재래가축의 특성(特性)과 수입종과 차별성(差別性)은 무엇이고, 이러한 차별성의 경제적 가치(經濟的 價値)는 얼마나 되며, 이들을 어떻게 보존(保存) 관리(管理)할 것인지에 대한 과학적이고 구체적인 계획이 필요하고 국제시장의 개방으로 고부가가치의 경쟁력 있는 자원으로 유지·관리하는 계획이 마련되어야 할 것이다. 오랫동안 우리민족의 생활과 함께 해 온 신토불이의 가축이란 감성적이고 역사성만으로 존재가치를 얘기하기 보다는 다른 외래축종들과 외형적(外形的)으로나 유전적(遺傳的)인 차별성(差別性)을 밝혀야 하고 양적(量的)인 생산능력과 질적(質的)인 축산물의 품질에 대한 특성, 그리고 이러한 차별성의 가치를 유지·보존할 산업적 체계가 필요한 것이다.

따라서 필자들은 우리의 고유한 가축 유전자원의 산업화와 국제경쟁력 제고를 위해『삼국사기』,『이조왕조실록』,『의약서』,『조사연구』그리고 여러 기록들을 통해 한반도 역사 속에서 재래가축의 실생활에 활용된 사실들과 그 후 1900년대에 들어와 일제통치 하의 조선 축산업에 대한 기록에서 구체적인 소, 돼지, 닭의 사육실태와 농촌실상에서 재래가축의 상황을 정리하였다. 그 후 1970년대 들어 국민소득의 증대와 산업화에 맞춰 재래가축의 가치와 중요성이 대두되어 이들을 복원(復元), 유지(維持), 개량(改良)해 온 과정과 결과를 제시하였으며, 또 앞으로 첨단과학을 이용한 매래산업에 이뤄질 결과들을 예상해 보는 단계로 정리를 하였다.

이러한 한국 재래가축에 대한 기록의 정리 작업은 영남대학교 동물유전학(動物遺傳學) 연구실(硏究室)의 후학(後學)들과 30여 년간 재래가축의 식별, 유지, 보존, 개량, 그리고 산업화 연구 결과와 정보를 정리하고, 다음 세대에 보다 가치 있는 우리나라 고유 유전자원의 국제경쟁력 제고를 기대하면서 우리의 것에만 메 달려 온 학자로서 지금까지 이뤄놓은 결과들의 마무리를 여기에 남기고자 한다.

2019.5월

차 례

제 1 장
재래닭

I 닭의 역사적 기록

닭에 관한 전설은 신라의 시조인 박혁거세왕이 알에서 태어났다는 설(說)과 서기 64년 신라4대의 탈해왕 김알지를 얻은 곳이 경주의 계림(鷄林) 숲이었다는 기록을 통해서 이시대의 닭의 중요성을 알 수가 있다. 닭은 서조(瑞鳥)라는 인식으로 인도의 불전에 나오는 가능빈가(迦陵頻伽, 불경에 나오는 음색이 가장 아름답다는 상상의 새)는 상반신은 불신(佛身)이고 하반신은 계신(鷄神)이었고 일본의 흥복사에는 인신계두(人身鷄頭)의 불상이 있다고 한다. 국내에서는 전남 화순의 쌍봉사(雙峯寺)의 국보 제57호 철감선사탑(澈鑑禪師塔)의 안상(眼象, 탑 밑부분에 연꽃잎 모양의 조각)안에 가능빈가(迦陵頻伽)가 한 마리씩 있다.

또한 옛 사람들의 지혜가 담긴 중국의 한시외전(漢詩外傳)에서 보면 닭은 머리의 관(冠)은 문(文), 발가락의 3지창(三支槍)이 무(武), 적을 두려하지 않는 용(勇), 먹이를 먹을 때 동지를 불러 모으는 인(仁), 그리고 새벽에 시간을 알려주는 신(信)이라는 5덕(五德)을 가지고 있어 닭의 가치를 생활 속에 깊이 간직하고 있음을 알 수 있다.

1. 기록에서 우리의 닭

주방(鑄方)이 집필한 일본 고대가축사(日本 古代家畜史)에서 서기 3세기 중엽의 삼국지위지동이전 한전(三國志魏志東夷傳 韓傳)에 출세미계 기미장5척여(出細尾鷄 其尾長五尺餘)라고 한반도에는 진기하고 아름다운 꼬리 긴 닭이 있는데 그 꼬리 길이는 5척이 넘는다는 기록으로 보아 꼬리가 긴 장미계(長尾鷄)가 사육되고 있었음을 알 수 있다.

중국의 당나라 초기에는 우리나라를 계림(鷄林)이라 부른 것과 '계림도총관(鷄林道總官)'이라 칭한 관명(官名)이라든가 '계림주대도독(鷄林州大都督)'관서(官署)가 있었던 것으로도 닭의 중요성을 알 수 있다. 또한 우리나라의 이름이 인도에까지 전하게 되어 인도인은 한국을 '구구타 설라(矩矩吒 設羅)'라고 불렀다 하며, 구구타(矩矩吒, kukuta)란 닭을 뜻하고, 설라(設羅,isvara)는 귀하다는 뜻으로 우리나라를 '계귀(鷄貴)'라 불렀다 한다. 즉, "닭을 존귀하게 여기는 나라가 있으니 이는 서방의 고려국으로서 이를 구구타 설라(矩矩吒 設羅)라 하고 이 나라는 닭을 경배하며 신과 같이 존귀하게 여긴다"라고 기록하였다고 한다.

수(隨)나라 역사를 기록한 수서(隋書)에도 백제에서 닭을 기른다는 기사가 있으며, 중국의 의학서인 초본류(草本類)에서는 한결같이 약용으로는 우리나라의 닭을 쓰야한다고 하였다. 이

시진(李時珍)의 본초강목(本草綱目)에서도 "닭은 그 종류가 매우 많아서 그 산지에 따라 크기와 형태 · 색깔에 차이가 있는데, 조선의 장미계는 꼬리가 3, 4척에 이르고 여러 닭 가운데서 맛이 가장 좋고 기름지다."고 하였다.

고려사(高麗史)에는 정종(靖宗) 4년(1038년)에 백학(白鶴), 오리, 거위를 길렀다는 최초의 기록이 있어 약 1,000년 전부터 오리와 거위가 집에서 사육된 것으로 추정되고 고려 충숙왕(忠肅王) 12년(1325년)에 "자금부양계돈아압, 이비제기지용(自今富養鷄豚鵝鴨, 以備祭紀之用)"이라 하여 닭, 돼지, 거위, 오리를 기르도록 장려하였고 이들 가축을 제기(祭紀)로 쓰도록 권장한 사실로 보아 이 시기에 집에서 가금류가 사육되고 있었다 할 수 있다.(오봉국, 1985)

우리나라의 1월에서 12월까지 세시풍속들을 기록한 동국세시기(東國歲時記, 홍석모, 1849년)에는 닭이 액(厄)을 막는 수호초복(守護招福)의 동물이고 닭 울음은 귀신을 쫓는 벽사(闢邪)의 기능이 있다고 믿어 닭이 새벽시각을 알리는 울음을 생활의 기준으로 삼기도 하였고 제때에 울지 않으면 불길한 징조로 여겨 닭의 울음으로 농사의 풍흉(豐凶)을 예측하는 계명점(雞鳴占)을 믿는 것처럼 닭은 그 시대의 생활에 깊게 뿌리내려진 정황을 알 수가 있다. 그리고 정월초하루에는 재액을 물리치기 위해서 벽에 붙이는 닭과 호랑이 그림인 계호도(鷄虎圖)를 붙혀 축귀(逐鬼)를 쫓는 마력을 가진 것으로도 믿었다.

2. 고분에 그려진 닭

역사적 기록에서는 닭의 모습을 정확히 알 수 없으나 고구려 무용총(舞踊塚) 천장벽화인 주작도(朱雀圖) 중에서 긴 꼬리를 가진 닭을 볼 수가 있고 양계역사(養鷄歷史)에 대단히 중요한 초유의 자료로는 1973년 발굴된 경주의 고분인 천마총에서 우리나라 고고학 상 처음으로 대소(大小) 달걀 2개의 완전 계란과 약 4개로 추정되는 난각(卵殼)이 출토된 것이다. 출토된 완형란(豌形卵)의 큰 계란은 재래종 계란과 꿩알의 중간 정도이고 적은 것은 크기가 꿩알과 같은데 그 실측치는 알 무게가 대란은 33.3g, 소란은 24.7g으로 지금의 토종란(44.7g)에 비해 적었다. 그러나 대란인 계란의 길이나 용적은 토종란과 크게 차이가 없고 소란은 야생인 꿩알과 비슷하였다.

이 천마총(天馬塚)은 원자력연구소의 방사선탄소측정에 의하면 서기 340±70년으로 밝혀졌고 학자들의 역사적 고찰로는 서기 500년경으로 고구려 소지왕(471~499) 또는 지증왕(500~513)이라는 추정이 유력한 듯하다.

[그림 1-1] 고구려 무용총 벽화에 그려진 닭의 형상을 한 주작도

■ 표 1-1 천마총 조사보고서

타원형 계란	천마총		토종란	꿩란
	대란	소란		
장경(長徑)	48.2mm	44.6mm	53.6mm	44.5mm
단경(短徑)	36.5mm	33.8mm	39.2mm	35.2mm
알무게(卵重)	33.3g	24.7g	44.7g	
용적(容積)	42.1mm	31.6mm	42.3mm	
난각두께(卵殼)	0.943mm		0.324mm	

*출처: 축산기술연구소,2008.토종닭교본

II 우리 전통문화 속의 닭

1. 닭고기 음식

1) 일반 요리

닭고기는 흰색 내지 회홍색이며, 육질이 섬세하고 연하다. 소나 돼지에 비하여 지방이 적고 맛이 담백하여 소화 · 흡수가 잘 된다. 따라서 유아나 위장이 약한 사람에게 좋은 단백질원이

될 수 있다. 특히, 닭고기는 가열하면 소화율이 한결 높아진다. 이러한 여러 가지 특성으로 인하여 우리나라에서는 소 · 돼지 다음으로 널리 식용되고 있으며, 백숙, 찜, 불고기, 회 등 다양한 조리법이 개발되었으며, 창자, 간, 모래주머니, 발도 요리하여 먹었다.

닭고기는 맛이 좋고 영양학적으로 우수하다는 사실을 옛날부터 알고 있어 닭고기를 재료로 한 전통요리가 전해지고 있다(한국육계협회, 우리나라 전통 닭고기 소개).

가. 닭적(鷄炙)

닭적은 닭을 손질하여 칼집을 낸 뒤, 양념장에 재웠다가 통째로 석쇠에 구워낸 음식이다. 조선 중기 장씨부인이 쓴 〈음식디미방〉에 따르면 닭의 내장을 빼고 깨끗하게 손질하여 소금으로 간하고 물을 바르면서 굽다가 기름 장을 발라가며 다시 구워 내면 맛있는 닭적 요리가 완성된다.

나. 초교탕(草轎湯)

초교탕은 푹 우려낸 닭국물에 잘게 찢은 닭고기와 도라지, 죽순, 버섯 등을 밀가루와 달걀물에 묻혀 넣어 끓인 맑은 탕으로 궁중음식에서 전수되었다. 초교탕은 담백하고 부드러운 맛이 특징으로, 여기에 들어가는 도라지는 기침과 가래 등 기관지에 좋은 효능을 가지고 있어 목과 폐를 건강하게 만들어 준다.

다. 변씨만두(卞氏饅頭)

변씨만두는 닭고기를 곱게 다져서 만두소를 만들고 밀가루 반죽을 얇게 밀어서 만두소를 넣고 네귀를 싸서 닭국물에 삶은 만두다. 〈임원십육지〉에는 변씨라는 사람이 이러한 방법으로 만두를 만들어 변씨만두라 부르게 되었다는 유래담이 수록되어 있다.

라. 임자수탕(荏子水湯)

임자수탕은 우리나라 궁중에서 먹었던 냉국으로 푹 고아낸 닭과 임자(깨)를 넣고 만든 복날음식이다. 기름기를 걷어낸 닭 육수에 볶은 흰깨를 넣고 곱게 갈아 냉국물을 만들어 소금으로 삼삼하게 간을 맞추고 대접에 삶은 닭고기를 넣고 황색지단, 미나리지단 등을 넣은 오색고명(五色告明)을 두루 얹은 다음 깻국을 부어서 만든다.

마. 계고(鷄膏)

닭의 껍질과 꼬리, 머리, 창자, 피, 기름을 제거한 닭을 잘게 자른 후에 푹 고와서 만든 요리로 우리가 알고 있는 닭곰탕의 형태이다. 의본(醫本) 제중신편(濟衆新編)에는 실제로 몸이 허약한 사람에게 대용 처방으로 인삼 대신으로 사용 된다. 철종은 즉위 후 소화장애가 심하여 약을 입에 달고 계고를 지속적으로 섭취해 기력을 보충했고 또한 천연두에 걸렸던 태종의 병증이 개선되지 않아서 먹었던 음식도 바로 계고였다고 한다.

2) 용봉탕(龍鳳湯)

『조선무쌍신식요리제법(朝鮮無雙新式料理製法)』(위관 이용기,1924)에서는 큰 잉어 한 마리를 내장과 알, 이리를 빼고 씻어 큰 솥에 물을 붓고 안친 뒤에, 묵은 암탉 한 마리를 내장을 빼고 기름을 걷어 같이 넣고 녹도록 끓여 장을 치고 더 끓여 먹는다고 하였다. 전라도 광주에서는 자라와 닭을 넣고 고는데, 탕을 먹기 전에 닭고기와 자라고기를 발라 먹은 뒤 탕을 후추와 소금으로 간을 하여 먹었다.

3) 꿩 대신 닭

동의보감에 닭은 문(文) · 무(武) · 용(勇) · 인(仁) · 신(信)의 5덕(五德)을 갖추고 입신출세를 상징하지만, 상대를 얕잡아 보거나 비하하는 표현으로 쓰이기도 했다. 정조 24년(1800년)에 꿩 진상을 금지시키고, 닭을 궁중음식에 쓰도록 규정을 정하기도 하였다. 우리 민족은 예로부터 설날에 떡국을 먹었는데, 이때 꿩고기를 넣어 먹었다. 하지만 꿩을 구하는 일이 쉽지 않자, 비교적 구하기 쉬운 닭을 넣는 경우가 많았는데 '꿩 대신 닭'이 여기서 유래했다.

2. 민간처방에서 닭

1) 닭고기 효험

동의보감에 붉은 수탉의 고기는 그 성질이 미온(微溫)하고 맛이 달며 독(毒)이 없어 여자의 대하(帶下) 등을 다스리며, 몸이 허(虛)한 것을 보(補)하고 독을 없애며 상서롭지 못한 것을 물리친다고 하였다. 또한, 목을 매어 혼절한 것과 벌레가 귀에 들어가 생긴 병, 연주창 등을 다스린다고 하였다.

2) 닭 부위별 효험

- 흰 닭의 발톱과 뇌는 난산을 치료하고,
- 검은 닭의 쓸개는 눈이 어두운 것과 피부병을 치료하며, 염통은 오사(五邪)를 다스리고,

- 볏의 피는 젖을 나게 한다고 하였다.
- 그리고 검은 암탉의 날개는 어린아이가 밤에 우는 것을 고치고,
- 날개 죽지는 하혈을 막고 대머리와 부스럼을 고치며,
- 똥은 중풍으로 말을 못 하는 증상을 치유한다고 하였다.

3. 닭과 연관된 속설

우리나라 세시풍속들을 1월부터 12월까지 1년간 월별로 기록한 동국세시기(東國歲時記)에서 닭과 연관된 내용들을 찾을 수 있다.

1) 순기능(順機能)

정월 원일(元日)에 벽 위에 닭과 호랑이의 그림을 붙여 액이 물러나기를 빈다는 기록이 있다. 여기서 닭은 액(厄)을 막는 수호초복의 기능이 있는 동물로 나타난다.

또한, 상원일(上元日, 대보름) 풍속에 새벽에 우는 닭의 울음이 열 번이 넘으면 풍년이 든다고 하였다. 대체로 임신 중인 여자는 닭을 먹지 않는다고 한다. 닭고기를 먹으면 태어나는 아기의 피부가 닭살처럼 된다고 믿기 때문이었다.

2) 역기능(逆機能)

정월 들어 첫 유일(酉日)을 '닭의 날'이라고 한다. 이 날은 부녀자의 바느질을 금한다. 만약, 바느질이나 길쌈을 하면 손이 닭의 발처럼 흉하게 된다는 것이다.

제주도에서는 이 날 모임을 가지지 않으며, 닭을 잡지도 않고 지붕 손질도 하지 않는다고 한다. 만약, 이 날 모임을 가지면 반드시 싸움이 일어나고 닭을 잡으면 일 년 동안 닭이 잘 되지 않으며, 지붕을 이어면 닭이 지붕으로 올라가 지붕을 망가뜨린다는 것이다.

또한 닭은 새벽을 알리는 동물로서 닭의 울음소리는 귀신을 쫓는 벽사(辟邪, 요사스러운 귀신을 물리침)의 기능을 가진다고 한다. 그래서 닭이 제때 울지 않으면 불길한 징조로 여겨진다. 닭이 초저녁에 울면 재수가 없다고 하고 밤중에 울면 불길하다고 하며 수탉이 해진 뒤에 울면 집안에 나쁜 일이 생긴다고 한다.

3) 금기사항

호남지역에서는 며느리가 닭의 머리를 먹으면 시어머니 눈 밖에 난다고 하며, 경기도지방에

서는 여자가 닭의 목이나 발을 먹으면 그릇을 깬다고 한다.

4) 한약복용시 닭고기의 금물?

한방에서는 주(酒), 저(猪), 계(鷄), 면(麵)을 기피하는 경우가 있어 한약을 먹을 때 닭고기나 돼지고기를 먹지 말라는 경우가 많다. 채식 위주의 식습관을 가졌던 옛날의 생활에서 동물성인 고기를 섭취하므로 채식에 익숙한 위장이 불편하여 설사나 부작용을 일으킬 수가 있어 기피했던 것이라 한다. 동물성 지방을 많이 섭취하는 중국에서는 한약을 먹을 때 닭고기를 금기시 하지 않는다고 한다.

4. 닭에 관한 속담

1) 순기능(順機能)

닭의 목을 먹으면 목청이 좋아진다고 하며, 닭이 감나무에 올라가면 재수가 좋다고 한다. 또한, 닭이 쌍알을 낳으면 집안이 흥(興)한다고 하고, 닭이 항상 나무 밑에 있으면 그 집안에서 벼슬할 사람이 나온다고 한다.

'닭의 머리가 될지언정 쇠꼬리는 되지 말라.'는 속담은 크고 훌륭한 자의 휘하가 되기보다는 차라리 작고 보잘 것 없는 무리들의 우두머리가 되는 것이 좋다는 뜻이다.

2) 역기능(逆機能)

여자들이 주장을 내세우면 '암탉이 울면 집안이 망한다.'고 한다. 또한, 남을 해치려고 한 일이 결국 자기에게 손해를 끼칠 때 '소경 제 닭 잡아먹기'라는 말을 쓴다.

서로 무관심한 태도를 가리켜 '닭 소 보듯, 소 닭 보듯'이라고 한다. 또한, 하려던 일이 실패로 돌아가서 희망이 없을 때 '닭 쫓던 개 지붕 쳐다본다.'고 한다.

제멋대로 행동하는 사람을 다잡아 가르치기 어렵다는 뜻으로 '산닭 길들이기는 사람보다 어렵다.'고 한다. 한편, 세련되지 못한 사람이 번화한 곳에서 어리둥절하는 모습을 보고 '촌닭 관청에 간 것 같다.'고 한다.

3) 기타

황해도 장연군 소재 계림사(鷄林寺)에는 지네의 변괴로 승려들이 하나씩 없어지는 일이 있었는데, 닭들이 지네와 싸워 지네를 죽였으므로 이 절에서는 늘 많은 닭을 키웠다고 한다.

또한, 민담 <나무꾼과 선녀>에서는 날개옷을 찾아 입은 선녀가 하늘로 올라가 버리자, 나무꾼은 수탉이 되어 하늘을 향하여 운다는 내용이 있다.

5. 닭과 연관한 민요

민요의 소재로 닭이 등장하는 <심청가>에 나오는 "닭아 닭아 우지마라 네가 울면 날이 새고 날이 새면 나죽는다." 또한, 황천에 간 님을 그리워하는 내용의 민요에 "병풍에 그린 닭이 울며는 오시려나."라는 구절이 있다.

경상남도 의령 · 김해 등지에서는 <닭노래> 또는 <닭타령>이 채록되었다. "초록비단 접저고리/자지옥자 짓을 달아/수 만년 대문밖에/수없이 다 흐튼곡석/낱낱이 다 주어먹고/그럭저럭 컸건마는/손님오면 대접하고/병이나면 소복하고.".

이러한 민요는 닭의 언어로 닭의 신세를 가사체로 노래한 것으로서, 닭을 기르면서 느꼈던 인간의 정감이 함축되어 있다.

6. 양계(養鷄)

홍만선(洪萬選,1643~1715)의『산림경제』에 양우(養牛), 양계(養鷄), 양어(養魚)에 관한 기록으로 다양한 민간인들의 경험과 방위(方位)를 고려한 사육방법과 관리기술을 정리하고 있다.

- ■ 닭의 종자는 뽕잎이 떨어질 무렵에 난 놈이 아주 좋고, 봄이나 여름철에 난 놈은 좋지 않다. 먹이는 마른 밥을 먹여야지 만일 젖은 밥을 먹이면 배꼽(臍)에서 농(膿)이 생기게 된다.
- ■ 닭집에 홰를 만들 때는 복숭아나무나 오얏나무를 써서는 안 된다. 홰를 안치하는 데 있어서는 사극(四極)과 중성(中星)이 해당한 곳에 안치해야 하는데, 자(子) · 오(午) · 묘(卯) · 유(酉)의 방위가 곧 사극(四極)이고 갑(甲) · 병(丙) · 경(庚) · 임(壬)의 방위가 곧 중성(中星)이니, 마땅히 그곳에 닭의 우리를 안치해야 한다.
- ■ 사육관리는 동산(園) 곁에 수수(蜀黍,촉서)를 한 이랑 쯤 심어서 그늘을 만들어주고 가을이 되면 그 수수를 수확하여 또 닭을 먹이면 닭이 쉽게 크고 살찐다. 매양 10일마다 죽(粥)을 쑤어 동산의 왼편에 뿌려서 풀로 덮어 놓아서 이틀 만에 그 죽이 모두 벌레로 변하면 닭이 쪼아 먹도록 하면 닭이 저절로 살찌고 알도 끊임없이 잘 낳을 것이다.
- ■ 닭을 살찌우는 방법은 기름을 밀가루에 섞어서 짓이겨 손가락 끝 크기만한 덩이로 만들어서 날마다 닭에게 10여 개씩 먹이고, 혹은 그것을 단단한 밥으로 만들고 이를 토유황(土硫

黃)과 섞어서 곱게 갈아서 매양 반전(錢)쯤을 밥에 골고루 섞어서 먹이면 수일 만에 곧 살찐다. 어미닭이 알을 낳을 때는 날마다 이들 먹이와 참깨를 섞어 먹이면 항상 알만 낳고 알을 품지는 않는다.

■ 무릇 닭의 잡병(雜病)에는 참기름을 먹이면 당장에 나으며, 오공(蜈蚣 지네)의 독(毒)을 맞았을 때는 수유(茱萸,산수유)를 갈아서 먹인다. 만일 온역(瘟疫)을 만났을 경우 즉시 쪽(藍)을 닭 주둥이에 넣어서 거꾸로 달아매거나, 혹은 각(閣) 위에 옮겨 놓으면 질병을 면할 수도 있다.

Ⅲ 조선왕조의 닭과 연관된 내용들

1. 이조왕조의 실록

이조왕조실록에 닭의 중요성과 가치를 수록한 내용이 많지는 않지만 소와 돼지고기를 대신하는 역할들이 있어 왕조(王祖)별로 정리하였다.

1) 닭의 중요가치

■ 태종 18년(1418년 5월 9일)

"희생(犧牲)으로 계(雞)를 쓰는 것이 예(禮)에 있느냐?"는 물음에 여러 대언이 "계(雞)는 '닭'을 말하는데, 희생에 계(雞)를 쓰는 것이 고례(古禮)입니다."하니, 임금이, "소경공(昭頃公, 성령대군, 태종의 넷째 아들로 14세에 죽음)이 또 닭고기(雞肉)를 좋아하였다."하고, 즉시 본궁(本宮)의 사람에게 명하여 닭을 길러서 5일에 한 마리를 삶아서 천신하는 것으로써 항식(恒式)을 삼게 하였다.

• 희생(犧牲): 천시(天地), 종묘(宗廟) 제사 때 바치는 동물

■ 세조 8년(1462년 6월5일)

"닭, 돼지 등 가축을 잘 길러 많이 번식시킨 하성위(河城尉) 정현조(鄭顯祖), 임영대군(臨瀛大君) 이구(李璆)는 자제 또는 조카 중 1명을 1계급 승진, 함길도 함흥갑사 유익명(俞益明)은 본인을 승진시키고, 중추원부사 민발(閔發)은 당상관이면서도 임금의 명을 가벼이 여겨 축양을 게을리 했으니 벌하소서." 이날 호조의 보고를 받은 임금은 그대로 할 것을 명했다.

■ 정조 12년(1788년 5월 1일)

각 전궁(殿宮)에 바치는 생치(生雉: 생꿩고기)가 없을 때는 산 닭을 대신 바치라고 명하여, 이를 정식(定式)으로 삼는다는 기록이 있다.

■ 정조 24년(1800년 5월22일)

더 이상 '꿩 대신 닭'이 아니었다. 임금이 꿩 진상을 금지시키고, 닭을 궁중음식에 쓰도록 규정하면서다. 닭고기를 납품하기 위해 법제화한 것은 이때부터로 기록돼 있지만, 그전부터 닭고기는 주된 식재료로 사용되었다.

2) 닭의 대중적 가치

조선 초기 100년 동안은 흰 동물에 대한 기록이 2년에 한 번 정도 등장하는데, 이때마다 중요 사건과 연결됐다. 흰 동물이 재이(災異)로 이어진 것이 아니라, 혼란을 잠재우는 수단으로 활용한 것이다. 세간에 '흰 동물을 못 키우게 한다.'는 여론을 형성해 태조의 정통성을 부정하게 하려는 것으로 여겼던 기록이 있다.

■ 태조 3년(1394년 12월 21일)

민간인들의 풍문(民間訛言)에 "국금축백색계견마(國禁畜白色雞犬馬)"라 하여 민간에서는 나라에서 흰 빛깔의 닭과 개와 말을 기르지 못하게 한다는 말이 떠돌아 다녔다.

■ 태조 4년(1395년 1월 6일)

민간에서 흰 가축을 기르지 못하게 한다는 말을 퍼뜨린 능귀 등을 참형하다. 수원(水原) 기관(記官) 능귀(能貴)와 용구(龍駒,용인), 호장(戶長,향리) 희진(希進)이 요망한 말을 만들어, "민간에서 흰 빛깔의 개 · 말 · 닭 · 염소 등을 기르지 못하게 한다."하였으므로, 모두 참형에 처하여 여러 도(道)에 전해 본보기를 보였다.

■ 세종 13년(1431년) 도승지 안숭선(安崇善)의 일기 (7월 20일)

사신(使臣)을 접대하는 육물(肉物)은 이미 각도에 상납(上納)하게 명령하였는데 사신의 숫자가 예년보다 많아서 졸지에 변통하기가 어렵다는 것을 강력하게 얘기해 왔다.

그래서 한양 백성들의 닭과 돼지의 보유 재산에 따라 대호(大戶)에는 다섯 마리, 중호(中戶)

에는 세 마리, 소호(小戶)에는 한 마리씩을 바치게 하고 닭고기 집과 삼겹살 집의 닭과 돼지고기의 판매를 잠시 정지하자는 의견으로 결론이 났다. "그놈의 중국 사신들…"이란 불만도 기록하였다.

■ 세종 13년(1431년) 도승지 안숭선(安崇善)의 일기 (7월 25일)

임금께서 중국의 사신을 접대하면서 닭이랑 돼지 때문에 자존심이 무척 상했었나 보다. 갑자기 담당 부서였던 호조(戶曹) 쪽의 인사문제를 다시 상의하자고 하시기에 나는 중국 사신 접대 문제도 있고 별로 성의 없이 공석 중인 호조 참의 자리에 선발된 박곤을 충청도 감사로 멀리 보내버리자고 먼저 이야기를 끄집어내었다.

■ 정종 1년(1399년 5월16일)

기사에는 '귀화인인 오랑합(吾郞哈)이 이리를 선물로 바쳐 궁중에서 키웠는데, 한 달에 닭을 60마리나 먹어치운다'는 내용이 실렸다.

■ 태종 7년(1407년 8월24일)

기사에는 '강계도병마사 김우(金宇)가 임기를 마치고 서울로 돌아오는 길에 지나는 군현(郡縣)의 닭을 모조리 잡아 자신의 매(30여 마리)에게 먹이로 주었으니 처벌해야 한다'는 사헌부의 보고가 기록돼 있다.

3) 닭의 특수성

■ 1892년 고종의 만 40세 생일과 등극 30주년

고종의 생일과 등극을 축하하기 위한 잔치에 올랐던 용봉탕의 재료는 닭 4마리, 잉어 2마리, 달걀 · 무 각 10개, 미나리 5움큼, 파 5뿌리, 표고 · 간장 각 2홉, 쇠고기 안심 반의반부(半의 半部), 두골 1부, 곤자소니(소의 창자 끝에 달린 기름기가 많은 부분) · 전복 각 1개, 해삼 5개, 잣 1홉, 참기름 2홉, 후춧가루 5석(夕) 등으로 몹시 호화롭게 준비하였다.

■ 조선왕의 좌충우돌 통치역정

왕과 중전이 합방할 때는 합방(合房)하는 방주위의 세 곳에서 상궁들이 대기하고 있었다. 혹시라도 왕이 복상사(腹上死)를 할까 봐 산닭을 들고 대기하고 있다가 왕이 쓰러지면 닭의 생피를 왕에게 먹이려고 준비하고 있었던 것이다.

2. 동의보감(東醫寶鑑)

닭의 기본 성질(基本性質)에서 닭고기는 색에 따라 누런(黃) 닭, 검은(黑) 닭, 흰(白) 닭 각각 성질이 다르다. 제일 좋은 건 검은 닭, 오골계이고 누런 닭이나 흰 닭은 성질이 비슷하다. 우리가 가장 많이 먹는 누런 닭과 흰 닭은 모두 성질이 약간 따뜻하고 오장(五臟)을 편하게 하고 소갈(당뇨)을 치료한다. 즉, 닭고기는 따뜻한 성질을 갖고 있기 때문에 열이 많은 분들은 복날 삼계탕을 먹으면 오히려 더 지칠 수도 있다.

- 털빛이 흰 닭고기 기운은 폐(肺)로,
- 검은 닭고기 기운은 신(腎)으로,
- 털빛이 누런 닭고기의 기운은 비(脾)로 들어가는데
- 어느 것이나 다 간(肝)으로 돌아서 간다

주역에 손(巽)괘는 닭이 되고 바람이 된다. 닭이 새벽 오경(五更)에 우는 것은 해가 곧 동남쪽 사이에서 떠올라 오려는 기운이기 때문이다. 고로 풍증(風症)이 있는 사람은 먹지 말아야 한다.

닭은 토(土)에 속하나 금(金,) 목(木,) 화(火)의 성질을 보여주기 때문에 습한 가운데 화(濕中之火)를 도와준다. 그러므로 사기(邪氣)는 닭을 만나면 더 성한다. 때문에 병이 더 심해진다.

1) 계란을 활용한 치료법

① **계자(鷄子, 달걀)**: 불에 데서 헌데, 간질, 경병에 사용하고 안태(安胎)를 시키고 목이 쉰 것을 트이게 한다. 누런 암탉이 낳는 것이 좋고 특히 살이 검은 닭(오골계)의 알이 더 좋다.

② **계자란백(鷄子卵白, 달걀 흰자위)**: 눈이 충혈되고 아픈 것에 사용하고 황달이나 번열을 낫게하며 명치 밑이 잠복된 열(심하복열, 心下伏熱)을 없앤다. 해산을 쉽게 하고 태반을 잘 나오게 한다.

③ **계자난황(鷄子卵黃, 달걀 노른자)**: 학질과 옻이 올라 헌데와 이질에 사용한다. 음(陰)이 부족할 때 혈(血)을 보(補)하려면 계란 노른자를 사용한다.

④ **계자란중백피(鷄子卵中白皮, 달걀속 흰껍질)**: 오래된 기침으로 기가 뭉친 데 주로 쓴다. 마황.자완과 함께 복용하면 곧 낫는다. 봉황의(鳳凰衣)라고도 한다.

⑤ **계자란각(鷄子卵殼角, 달걀껍질)**: 눈에 장예(障翳, 막으로 가림)가 생긴 것을 삭인다. 또한 상한노복(傷寒勞復)에도 사용한다.

2) 닭고기를 활용한 치료법

① **황자계육(黃雌雞肉, 누런 암탉의 고기)**: 소갈(消渴)과 소변이 잦은 것과 장벽 · 설사 · 이질에 주로 쓴다. 오장을 보하고 골수를 채우며, 정을 보해 주고 양기를 도우며, 소장을 따뜻하게 한다. 색이 누렇고 다리도 누런 것이 좋다.

② **황자계늑골(黃雌雞肋骨, 누런 암탉의 늑골)**: 어린아이가 여위고 먹어도 살찌지 않는 것을 다스린다.

③ **백계거/백계뇌(白鷄距乃腦, 흰닭의 발톱과 뇌)**: 난산(難産)에 쓴다.

④ **백웅계육(白雄鷄肉, 흰수탉의 고기)**: 미친 것을 치료하는데 5장(五臟)을 편안하게 하고 소갈(消渴)을 멎게하며 오줌을 잘 나오게 한다. 단독(丹毒)도 치료한다. 털이 희고 검은닭(白色烏鷄)이 좋다.

⑤ **주웅계관분(朱雄鷄冠糞, 붉은 수탉의 똥)**: 백호역절풍(白虎歷節風, 고뇨산혈증의 통풍)을 치료한다. 풍으로 인해 아픈 곳에 붙여준다.

⑥ **주웅계관혈(朱雄鷄冠血, 붉은 수탉의 볏피)**: 목매어 죽은 것(自縊死)과 귀에 온갖 벌레가 들어간 것(百蟲入耳)을 낫게 한다. 또한 피부나 살에 희게 변하는 백전(白癜)과 역양풍(癧瘍風)도 치료한다.

⑦ **단웅계육(丹雄鷄肉, 붉은 수탉의 고기)**: 여자의 붕루(崩中漏下,여성 성기의 부정출혈)와 적백대하(赤白帶下)를 치료하는데 허(虛)한 것을 보(補)하고 속(中)을 따뜻하게 하며 정신을 좋아지게 한다.

⑧ **단웅계두(丹雄鷄頭, 붉은 수탉의 머리)**: 사귀(殺鬼)를 죽이는데 쓰이며 동쪽 문 위에서 자는 닭이 더 좋다.

3) 오골계(烏骨鷄) 효능

① **오자계장(烏雌鷄腸, 검은 암닭의 내장)**: 잔뇨가 있거나 오줌을 참을 수 없이 자주 배뇨를 하는 것을 치료한다.

② **오자계혈(烏雌鷄血, 검은 암닭의 피)**: 배가 아픈 것(腹痛) 과 접질려져서 뼈가 부러져 아픈 것(骨折痛), 젖이 잘 나오지 않는 것을 치료한다.

③ **오자계육(烏雌鷄肉, 검은 암닭의 고기)**: 가슴앓이(心痛), 배앓이(腹痛)와 명치 아래에 악기(心腹惡氣)가 있는 것과 풍습으로 저리고 아픈 것(風濕攣痺)을 낫게 한다.

- 반위(反胃)를 치료한다.
- 옹저(癰疽)를 낫게 하는데 고름을 빨아내고 새 피가 생기게 하며 사기(邪氣)와 악기(惡

氣를) 없앤다.

• 대나무나 나무 가시가 박혀 나오지 않을 때 검은 수탉의 생고기를 붙인다.

• 털과 뼈가 다 검은 것이 제일 좋은 것이다.

④ **오자계담(烏雌鷄膽, 검은 암탉의 쓸개)**: 무사마귀, 눈병, 귓병, 와창(臥瘡)을 치료한다.

⑤ **오자계익(烏雌鷄翼, 검은 암탉의 날개)**: 소아가 밤에 우는 것을 치료한다.

⑥ **오자계핵우(烏雌鷄翮羽, 검은 암탉의 깃촉)**: 월경이 나오지 않는 것을 나오게 한다.

⑦ **오웅계시백(烏雄鷄屎白, 검은 수탉의 흰똥)**: 성질이 약간 차므로 소갈증(消渴症)을 치료하고 석림(石淋, 소변에 모래알 같은 것이 나오는 임질)을 깨친다.

⑧ **검은 수탉의 멀떠구니 속껍질(모래주머니 속의 누런껍질)**: 유정, 몽정, 유뇨, 오줌에 피가 섞여 나오는 것, 붕루, 대하, 장풍(腸風), 설사와 이질을 치료한다. 약성이 남게 태워서 쓰는 것이 좋다.

⑨ **오자계혈(烏雌鷄血, 검은 암탉의 피)**: 악기(中惡)에 상한 것과 접질려서 뼈가 부러져 아픈 것을 치료한다.

⑩ **오자계두(烏雌鷄頭, 검은 암탉의 머리)**: 사귀(鬼)를 없앤다.

⑪ **오자계관혈(烏雌鷄冠血, 검은 암탉 볏의 피)**: 젖이 나지 않는 것(乳難)을 낫게 한다.

⑫ **오웅계간/오웅계좌시모(烏雄鷄肝乃烏雄鷄左翅毛, 검은수탉의 간과 왼쪽 날개의 털)**: 음경을 일어서게 한다(跋起).

⑬ **오웅계방(烏雄鷄肪, 검은 수탉의 기름)**:귀머거리(耳聾)를 치료 한다.

⑭ **오웅계심(烏雄鷄心, 검은 수탉의 심장)**: 5가지 사기(五邪)를 치료한다.

⑮ **오웅계담(烏雄鷄膽, 검은 수탉의 쓸개)**: 눈을 밝아지게 하고, 기창(肌瘡, 부스럼)을 낫게 한다.

Ⅳ 일본 점령기의 조선 재래닭

1. 외형적 특징

1) 조선 재래닭 사육기록

菊池爲行(1907)은 재래닭에 대해 정리한 기록에서 조선의 재래닭은 보통 5-6수, 많은 경우

10-20수 규모로 사육하며 가난한 농민들이 소자본으로 수개월 만에 수익을 거둘 수 있어 농가의 유일한 부업으로서 농가경제와 유전자원으로서 중요한 재래닭의 특성을 최초로 세밀하게 정리하였다.

三田淸三郎(1911)도 조선 재래닭의 사육현황과 외형적 특징에 대해서 구체적으로 기술한 귀중한 기록을 남겼다. 이 기록에서 경성지역 부근에는 황갈색종이 적갈색종 보다 많은 반면 남조선지방은 적갈색종이 황갈색종 보다 현저히 많은 재래계의 사육분포를 보이고 있다. 농가 사육수수는 明治42년(1909년) 말 충청남도 283,000수(농가 10호당 8수 사육), 경상북도 283,000수(농가 10호당 10수 사육), 경상남도 17만수(농가 10호당 7수 사육)로 집계되었다.

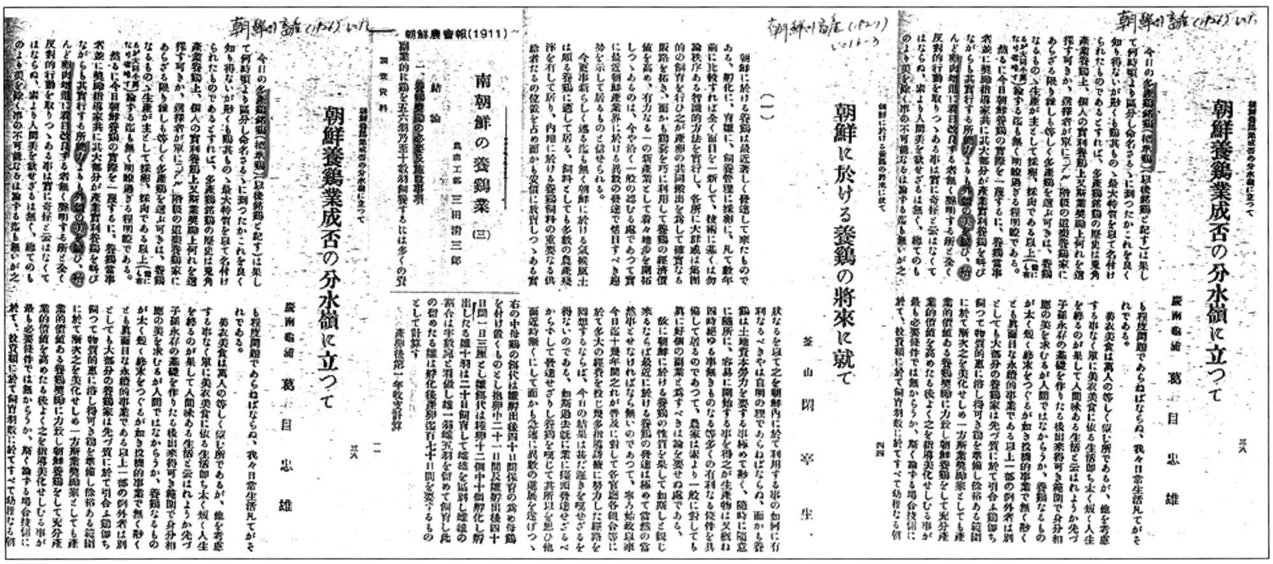

[그림 1-2] 재래닭이 기록된 일본문헌

2) 재래닭 특징

菊池爲行(1907)는 재래닭의 병아리, 암컷과 수컷을 구분하여 세밀하게 기록하였고 갈색종, 흑색종, 백색종 3종류 재래닭 특징을 구별하였다.

가. 재래닭의 일반특징

조선 재래닭은 일본 재래계와 비슷하며 레그혼종과 유사하다.

- 몸은 가벼워 날개가 강해서 나는 힘이 좋고,
- 꼬리는 길어 땅에 닿는 것이 많다.

- 볏은 단관이고 안면은 홍색,
- 귀뿔은 홍색 또는 유백색,
- 고기수염은 길고 홍색이며 목털이 많다.
- 정강이 길이는 중정도
- 턱과 안면엔 흑색우모가 보인다.

나. 병아리

수컷은 3~4개월이 되면 울고 암컷은 5~7개월이 지나야 산란을 한다.
초란은 알이 잘고 1년 이내에는 월 12~13개 알을 낳는다.

다. 수 컷

- 키는 1尺 3寸 내외, 체중 1,400g~1,880g
- 두부는 중간 크기이고 부리는 튼튼하며 약간 굽어 있고 색갈은 회색이다.
- 볏은 단관으로 직립이며 비교적 크다.
- 안면은 홍색이고 때로 우모가 있으며 눈이 크다.
- 귀뿔은 장원형으로 크고 대개 홍색인데 유백색도 있다.
- 고기수염은 홍색이고 장원형이다.
- 목은 길고 직립이며 털이 많아 앞을 다 덮는다.
- 가슴은 잘 발육하여 돌출되고 배의 너비는 뒤쪽으로 경사져 있다.
- 날개는 길고 강건하며 날개깃털은 발육이 좋다.
- 꼬리는 발육이 좋아 아름답다.
- 발가락은 4개 정강이와 발가락엔 털이 없고 색깔은 황색이며 흑색종은 흑색이다.

라. 암 컷

볏과 고기수염은 수탉보다 작고 체중은 1,130g~1,690g이다. 수탉과 마찬가지로 높은 횃대를 즐긴다.

3) 재래닭 종류별 특징

갈색(褐色)종, 흑색(黑色)종, 백색(白色)종 3종으로 우모와 정강이 색이 다르다.

가. 갈색종

가) 수탉

두부, 경부, 그리고 날개끝 윗부분(鞍羽, 안우)은 홍색이고 등, 어깨는 암적색 또는 흑색이다. 날개끝 아래부분(覆翼羽, 복익우)은 녹흑색(綠黑色)이고 날개에는 흑색의 무늬가 있다. 날개의 바깥부분(副翼羽, 부익우)은 적색 또는 흑색이고 날개의 안부분(主翼羽, 주익우)는 흑갈색(黑褐色) 또는 흑색이다. 가슴 아래부위와 대퇴부분은 적색 또는 흑색이며 꼬리는 녹자색(綠紫色)으로 개량종인 갈색(褐色)레그혼과 비슷하다.

나) 암탉

우모는 회갈색으로 털에 흑색무늬가 있고 꼬리는 흑색이며 등과 날개는 회갈색 바탕에 흑색무늬가 있는데, 음회색 바탕에 흑색무늬가 있기도 하다.

나. 백색종

우모가 순백색인 개체도 있고 대개는 다소 황색도 띄고 부리와 정강이는 랍황색(蠟黃色)이다.

다. 흑색종

원래 우모가 흑색이긴 하지만 다소 녹색을 띄는 것이 보통이다.

[그림 1-3] 여러 종류의 재래닭

4) 갈색(褐色) 재래닭의 외형적 특징

三田淸三郎(1911)은 재래계의 주종을 이루고 있는 갈색종인 황갈색종과 적갈색종을 구별하여 2종류의 재래닭은 자세와 체격이 거의 같다고 하였다.

두종 모두 몸은 마르고 길며 경쾌한 모습으로 볏은 단관으로 선홍색이다. 귀뿔은 유백색 또는 적색이고 고기수염은 잘 늘어져 있다. 목의 털은 길고 등은 짧으며 담황색 또는 암녹색을 띠고 있고 날개는 힘이 강하며 꼬리는 흑색이며 길다.

가. 황갈색(黃褐色)종

머리, 목, 가슴, 배면 등의 우모는 황색으로 체중은 수컷은 1,230~1,500g 암컷은 750~1,130g이다.

나. 적갈색(赤褐色)종

머리, 목, 가슴, 배면 등의 우모는 적갈색이며 하복부는 모두 흑색이다.

체중은 수컷이 2,250g이상이며 암컷은 1,500g에 달하는 것도 있다.

목의 등거리 털은 황갈색종 보다 길며 꼬리 털은 발육이 좋아 길게 늘어져 땅에 끌리는 것이 있다.

다. 기타특징

털과 자세가 아름다워 일본산 갈색장미계인 동천홍(東天紅)과 흡사하고 조선인들도 이런 닭을 장미계(長尾鷄)라 칭하고 있다. 따라서 조선의 적갈색종은 자세, 체격, 우모 등으로 미루어 일본산 장미계의 원종으로 단정 할 수 있을 것 같다.

또 울음소리가 청량하고 길어서 극락의 장명계(長鳴鷄)라고도 칭한다. 이들 2종류 재래계의 변종으로 백색계, 은회색계, 반탐계(소형 싸움닭)가 있다. 볏이 단관이지만 결각(볏의 굴곡)이 좋지 않아 간혹 장미관인 것도 있다.

2. 재래계 사육현황

1) 닭 사육 통계

조선총독부의 조선농무휘보(朝鮮農務彙報)에 정리된 1910년도 통계에서 우리나라의 닭사육수수는 280여 만수로 평안북도 지방에서 월등히 많은 40만수가 넘는 사육이 이뤄졌고 그다음으로 황해도, 평안남도, 경상북도, 전라남도 순이었다.

■표 1-2 지역별 닭사육 마리수(1910년 12월말 통계)

경기도	198,854	황 해 도	311,033
충청북도	171,377	평안남도	289,958
충청남도	140,446	평안북도	416,578
전라북도	124,648	강 원 도	159,626
전라남도	241,522	함경남도	191,355
경상북도	283,885	함경북도	96,356
경상남도	170,611	총 계	2,796,259

2) 계란과 계육소비

吉田雄次郎(1921)이 조선의 양계사육현황 보고서에서 계란의 생산과 소비량을 기록하였다.

가. 사육통계

조선의 농가수는 226만여戶였고 조선의 닭사육 총수는 499만8천여 마리로 앞선 통계(1910) 보다 매우 증가하였다.

나. 계란생산

평균 1호당 1.8마리를 사육하는 통계로 총 산란수의 예측은 총사육수수의 60% 성계, 성계 중 60%가 암컷, 암컷 1수당 년간 70과(顆, 개) 생산으로 1억2381만여顆(499만8천 × 60% × 60% × 70顆)를 생산할 것으로 추정하였다.

다. 계란소비

계란소비량은 추정된 계란 생산량 중 부화용 만여 과(顆)를 제한 1억1381만여顆와 중국에서 생란 약 7萬斤을 수입한 량으로 예측하였다. 부화용 만여顆에서 년간 851만 마리의 병아리 생산을 예견할 수 있다.

3) 양계산업 경제규모

가. 계란과 계육소비

조선 양계산업의 경제가치 추정은 계란소비가 최고로 증가하여 1顆당 4錢으로 거래되어 480만圓, 계육 소비량은 1마리당 70錢으로 595만7천圓이 거래될 때 조선 내 계란 계육 비용은 1년간 1천만圓 이상으로 계산하였다.

내지(일본)의 계란소비는 조선보다 높아 연간 생산량 11억顆와 중국에서 수입한 650여萬斤(850여 만圓)이 소요된다. 조선에서 내지로 계란을 보낸다면 수송운임과 수송시간 등 유리한 점이 중국 상해에서 수송된 계란보다 유리하다.

계란소비량은 1년간 1인당 조선인 7과(顆, 개), 일본내지인 20顆, 영국은 100~130顆로 내지인의 7~8배, 조선인의 20배의 소비를 하는 추세이다.

나. 농가 부업

조선농가의 부업으로 양계를 증대하여 간편한 사육과 단순한 거래로 수입을 올리기 위해서 재래종계를 개량종으로 바꾸고 농가당 사육수수를 적극적으로 증대하여 계란. 계육산업조합 등 기관에 의뢰하여 판로를 확대해야 한다.

4) 닭의 거래형태

三田清三郎(1911)은 계란과 닭의 거래가격을 구체적으로 정리한 보고서를 작성하였다.

계란과 병아리는 중간 상인이 수집하여 판매하거나, 도시의 큰 상점이나, 또는 5일마 다 열리는 시장에서 거래된다고 하였다.

계란 1顆에 7,8厘~1錢, 백일령 병아리는 7,8~12,13錢, 성계 수컷은 20~30錢, 암컷은 17,18~25錢에 거래가 되고 있다. 소매의 경우 계란 1顆에 1~1錢5厘, 백일령 병아리는 10~15錢, 성계 수컷은 25~40錢, 암컷은 20~35錢으로 농가의 부업으로 수입이 높다.

〈1910년 화폐단위와 가치〉

- 1圓=100錢=1000厘, 1圓의 金가치는 2푼(750mg)

[그림 1-4] 닭 장사 (출처: 채널A)

5) 닭 집

닭을 사육하는 닭집의 구조가 다양한데 많이 사용되는 형태를 보면, 버드나무나 대나무를 사용한 길이 4~6尺(1.2~1.8m) 중앙 3척으로 양끝이 1尺의 타원형으로 중앙에 출입구를 만들어 지상에서 6尺5寸 높이에 설치한 구조가 있다.

또 다른 형태는 길이 3尺5寸 높이 2尺5寸 크기로 널빤지의 두께 5分 폭 6分의 격자(格子)로 4방을 둘러싼 닭 집으로 전후 경사를 두고 전면 중앙에 출구를 만든 구조나, 옥외에 만든 나무 상자형태로 4~6尺의 높이로 벽면에 붙힌 구조도 있는데, 격자를 싸리나 대나무로 엮어 실내에 설치한 구조로 대부분이 동절기의 한기로 봄까지도 성장에 영향이 크다.

[그림 1-5] 대나무로 엮은 닭집 (출처: 담양 대나무 박물관)

6) 부화와 육추

부화육추는 봄에 이르면 2월부터 5월까지 이뤄지고 가을에는 10월에서 11월에 부화를 한다.

3. 조선 재래계 능력

1) 재래계의 일반능력조사

菊池爲行(1907)는 재래계의 능력을 조사한 보고서를 만들었고 재래계의 특징을 정리하였다.

① **취소성**: 강하고 부화와 육추능력이 좋아 모계로 적합하다.

② **체격**: 작지만 보통 20여개의 알을 부화하는 능력이 유일한 특성이다.

③ **고기**: 지방이 적고 비육능력이 나쁘며 맛 또한 좋지 않다.

④ **난각색**: 대개 백색이지만 황갈색도 적지 않다.

⑤ **산란**: 년간 약 80~120개로 난중은 평균 41g내외로 49g 이상은 없다.

2) 재래계 능력의 과학적 평가

三田淸三郎(1911)은 좀 더 구체적이고 과학적인 재래계의 능력평가 자료를 정리하였다.

가. 재래계 살붙임

몸의 살붙임이 나쁘고 체중도 가벼우며 1년 이상의 닭은 고기가 굳어서 요리용으로는 열등하다. 도축 후 뼈, 내장, 다리 등 폐기물의 량이 60%로 정육이 40%도 되지 않는다. 따라서 재래계는 육용으로서의 가치가 매우 낮다.

나. 산란용 가치

암탉은 알을 적게 낳아 1년간 120~130개로 간혹 사료를 풍부하게 줄 경우 200개 내외의 알을 낳는 닭도 있지만 재래계는 난용으로도 가치가 적다.

다. 장점

체질이 강하여 기후적응을 잘 하고 날개의 힘이 강해 해적의 습격을 피하는 장점이 있고 취소성이 강하여 부화를 잘 한다. 병아리를 보살피는 암탉은 보행이 침착 온화하고 가벼우며 좌고우면(左顧右眄)하며 열심히 병아리를 보육하는 모습이 극히 육추에 아주 적합함을 알 수 있다.

재래계는 고래로 다른 혈액을 혼입하지 않고 독립하여 존재해 온 닭 품종인 것 같다.

라. 사료(史料)

삼국지 마한(馬韓)의 주거문화에 대하여 다룬 사료인 위지마한전(魏志馬韓傳)에 출세미계기미계오척여(出細尾鷄其尾皆五尺餘)라 하였는데 1700여년 전에 조선반도의 닭을 묘사한 것이 오늘의 재래계를 가리킨 말일 것이다. 재래계의 발육이 좋은 수컷을 꼬리훼손 없이 2년간 잘 기르면 아마 5척 길이의 꼬리를 가진 닭을 볼 수 있을 것이다.

마. 결론

결론적으로, 조선 재래계는 살붙임과 계란생산 모두 우수하지 못하다. 다만 부화와 육추에 장점이 있을 뿐이라 이 시대에는 비경제적임은 물론 재론의 여지가 없이 조속히 개량발달을 도모해야할 것이다.

4. 개량종계의 보급

三田淸三郎(1911)이 조선에서 개량종 닭의 보급정책과 지역별 상황을 정리한 보고서에서 일본인들 주거지역을 중심으로 닭 먹이 구하기가 용이하고 신선한 계란 공급이 이뤄질 수 있어 따뜻한 대전 이남의 경부선 연안에 개량종인 나고야코친, 횡반프리머스록, 브라마, 오핑톤, 와이안닫, 미놀카, 안다루시안, 레그혼, 샤모 등을 보급하고 지역별 성적을 조사하였다.

〈용도별 개량닭품종의 분류〉

- **산란용**: 나고야(名古屋), 미놀카(Minorca), 안다루시안(Andalusian), 레그혼(Leghorn)
- **육용**: 햄버거(Hamberg), 코친(Cochin), 브라마(Brahma)
- **난육겸용**: 프리머스록(Plymouthrock), 오핑톤(Orphington), 와이안닫(Wyandott)

1) 지역별 개량종 보급

일본 내지인 4천여명이 거주하는 대전, 상업요충지로 일본 내지인 6백여명이 거주하는 김천, 부산 다음으로 큰 도시로 일본인 1만명이 거주하는 대구, 그리고 과수, 채소, 연초 등을 재배하는 내지인 200여호에 8백명이 거주하는 삼량진에서 조직적으로 개량종 닭의 사육이 권장되고 있다. 일본 내지인들의 상권과 항만점유가 정착된 부산, 경주, 울산, 마산, 통영, 진주 에서도 관공서 중심으로 개량종계와 종란공급을 적극적으로 시행하고 있다.

2) 개량종계의 성적

나고야 코친종은 조방(粗紡)한 관리에 적응이 좋고 성질이 온순하여 군사(群飼)에 적합하지만 체중이 무거워 나는 힘이 약한 것이 최대 약점이다. 일반인들이 다른 종보다 선택을 많이 하는 계종이다.

① **코친종과 구마모토 코친종**: 일본 본토에서 성적과는 다르게 나타나기 때문에 나고야코친종과 같은 종이라 좀 더 고찰을 해야 한다.

② **프리머스록종**: 온순하고 외모도 수려하고 산란과 살붙임도 우량할 뿐만 아니라 나고야코친종과 달리 외부 피해습격에 신속하게 피하는 능력이 있다. 횡반 프리머스록을 백색 프리머스록 보다 더 선호한다.

③ **코친과 브라마종**: 고기가 풍부하나 산란이 부족하고 브라마종이 코친보다 건강상태가 양호하다.

④ **와이안닫종**: 건강하고 산란도 잘 하며 육추도 양호하고 취소도 잘하고 온순하고 아름다워 가정에서 사육이 가장 적합하다.

⑤ **오핑톤종과 햄버그종**: 사육자들의 성적이 나빠 선호하지 않는 계종이다.

⑥ **안다루시안과 미놀카종**: 겨울에도 건강하고 비교적 육추의 결함이 있고 남부지방에서 겨울에 산란이 감소하는 사육자들이 반기지 않는다.

⑦ **백색레그혼종**: 한기에 산란이 감소하지만 대란을 계속 낳고 타종을 능가하는 조기산란, 소량의 사료급여로 피해동물을 피하는 능력이 강해 농가의 방사사육으로 적합해 금후에 널리 분포할 것이다.

3) 조선의 양계업에 적합한 계종

三田淸三郎(1911)의 보고서는 조선의 양계업에 필요한 개량종 닭의 보급을 위한 최종결론을 내린 정책적 내용을 알 수 있는 자료이다.

가. 종계종류의 선택

계종은 경제적으로 이득이 많은 것을 선택하기 위한 조건으로

- 다산으로 대란을 낳는 것
- 강건하고 질병에 강한 것
- 병아리 육추를 잘하는 계종이어야 한다.

이러한 조건을 갖춘 적합한 계종은 프리머스록, 나고야코친, 백색레그혼종인데 이들 중 백색레그혼의 우량한 장점이 제일 많다.

나. 백색 레그혼종의 장점

① **취소성(就巢性, 알을 품는 성질)**: 취소성이 없이 육용과 난육겸용종에 비해 산란을 많이 하고 육용(나고야코친)과 난육겸용종(프리머스록)은 년간 5회 이상 취소성을 보여 20일 이상 계란을 낳지 않아 이들은 인공취소를 하는 것이 바람직하다.

② **알무게**: 평균 13匁(48.8g), 나고야코친 13~14匁(48.8~52.5g), 그리고 프리머스록은 평균 14~15匁(52.5~56.3g)이다.

③ **발육**: 강건하고 발육이 좋고 병아리육추가 좋아 발육속도 양호하여 부화후 4개월 10일이면 알을 낳아 다른 종 보다 1개월 반 일찍 알을 낳는다.

④ **사료**: 조잡한 먹이를 먹고 적은 량의 사료를 섭취하는데 프리머스록, 나고야코친보다 2할(割) 이상 사료비를 줄일 수 있다.

⑤ **산란능력**: 산란을 많이 하여 알을 적게 낳는 닭을 가려낼 수 있어 산란능력의 개량을 이룰 수 있다.

⑥ **나는 힘**: 강하여 외부의 유해 적을 쉽게 피할 수 있다. 활발하고 경쾌하여 방사(放飼)에 적합하다.

⑦ **적응력**: 조선인들이 만든 옥외 높은 곳의 재래닭 계사에도 쉽게 적응할 수 있다.

⑧ **교잡**: 취소성이 높은 재래계와 취소가 없는 백색레그혼의 교잡으로 산란능력과 취소성을 동시에 활용하는 개량이 가능하다.

⑨ **종란공급**: 각지의 가금품평회에 절반이 백색레그혼이고 종란공급 1위도 레그혼이다.

⑩ **외관**: 아름답고 사랑받을 만큼 눈같이 흰 털색 외모가 주목된다.

⑪ **암수구별**: 부화 후 2주가 지나면 암수구별이 되고 육용과 난육겸용종은 40~50일이 지나야 암수구별이 가능하여 보다 빨리 수컷을 골라내는 것이 용이하다.

5. 환경위생과 질병관리

1) 환경위생

계사의 위치는 배수가 잘 되고 침수를 피할 수 있는 함몰(凹)지를 피하고 일조량이 풍부하며 찬 북서풍을 피하여 건조한 곳에서 계상(鷄床)을 지상에서 1~2寸 위에 설치하고 창이 많아 햇빛을 충분히 도입할 수 있어야 한다.

환기는 매일 창을 열어 바람을 통하게 하고 동절기에는 대략 30~40분 마다 창을 열어 환기를 시킨다. 특별히 추울 때는 목면(木棉)으로 창을 봉(封)하고 환기는 저녁 때 온도변화가 적을 때 잠시하면 좋다.

계사는 사방 5尺(2.3m^2)에 5마리의 닭을 사육하는 것이 바람직하고 물론 운동장은 넓고 나무그늘이 만들어지도록 한다.

이상의 조건에서 건강한 닭을 번식하고 적당한 먹이급여와 청결한 관리를 하여 질병의 발생을 막기 위해 석탄, 크레오린, 석탄산 2%용액을 사용하거나 석회를 운동장에 뿌려서 예방을 한다. 병으로 죽은 닭은 소각하거나 깊이 묻어야 한다.

2) 자주 발생하는 닭 질병의 처방

가. 추하리(雛下痢)

허약한 병아리에서 나타나는데. 주로 부화과정에서 원인이 되고 위(胃)가 추우면서 발생한다. 사료를 개선하거나 음수를 조절하고 병든 병아리는 격리시킨다.

나. 소화불량

체질이 허약하거나 부적절한 먹이, 과식에서 오는 병으로 먹이의 부족, 과식, 채소류 결핍에서 나타난다. 식욕이 감퇴되고, 갈증을 느끼며 하리(下痢)나 변비가 생겨 운동이 줄어든다. 이때는 계사를 청결히 하고 건조시켜 먹이를 잘 조절해서 준다.

다. 식물벽(食物癖)

협소한 계사에 많은 닭이 있을 경우 운동부족, 계란 상(床)에 밝은 빛이 있을 때 계란을 깨먹거나 닭을 쪼는 버릇이 생기는데, 면적당 닭의 수를 줄이고 난상(卵床)은 어둑한 곳에 설치한다.

라. 루브

호흡기 질병으로 머리가 팽창하고 눈과 코가 불결하며 수일간 이상한 호흡음이 나타나는 병으로 전염성이 매우 강하다. 감염즉시 격리하고 계사내부의 모든 것을 소독하는데 치료효과가 매우 낮아 예방이 특히 필요한데 병이 걸린 병아리와 접촉을 피해야 한다.

마. 코레라

위험한 전염병으로 다수의 폐사가 발생한다. 병균은 모이통과 물통으로 그리고 타 조류에서 전파된다. 증상은 식욕부진, 머리와 볏의 위축, 닭이 자불고 분(糞)은 백색에서 점차 황색과 녹색으로 변한다. 치료는 거의 효과가 없어 예방을 철저히 하고 발병 닭으로부터 차단하는 것이 최선이다.

바. 우슬(羽虱)

닭의 날개 속 혈액을 빨아먹는 병으로 털이나 피부에 붙어 기생한다. 증상은 닭이 영양부조화, 무정란 생산, 산란율 감소하고 병아리는 폐사하는 경우도 있다. 예방은 사욕(砂浴)이 최고 좋고 병이 왔을 때엔 계사내 토사(土砂), 산란상, 횟대에 석회를 뿌리거나 제충국(除蟲菊)과 유황 혼합액, 또는 연초분(煙草粉)을 피부에 바르거나 돈지(豚脂, 돼지기름)를 발라주는 것도 효과가 있다.

사. 내장기생충(內臟寄生蟲)

회충류(7~8종), 조충(條蟲,8~9종), 기타 유균충(有鈎蟲)등에 의한 피해가 온다. 예방구제는 청결이 최선의 예방이고 분(糞)을 매일 청소하고 석회를 뿌려 예방하고 테래핀기름(송진에서 추출)를 급여하면 효과가 있다.

6. 조선양계 정책

1) 양계장려를 위한 경영설계

三田淸三郎(1911)이 보고한 조선의 양계업에 필요한 정책내용에서 양계업의 수지타산을 제시한 내용을 상세히 정리하였다.

기본적인 농가의 부업규모를 성계 6수(암컷 5, 수컷 1)로 보고 이들이 병아리에서 산란전 까지 시설과 사료에 필요한 투입비용은 2圓89錢(쌀 10되 정도)으로 추산되고 산란을 시작 한 후 1년간 수지계산은 12圓15錢의 수입을 올릴 수 있고 산란 후 2년차에도 신규 병아리 생산비용을 제하고도 약11圓(쌀 40kg 가격)의 고수익을 낼 수 있는 최고의 농가부업인 것을 알 수가 있다.

■ 농가부업으로 수컷1수와 암컷5수 생산 창업자본

• 모계1수 구입대	30錢
• 모계 먹이대	18錢 3厘
• 소상(巢箱, 알 낳는 상자)대	10錢
• 종란 12개 구입대	36錢
• 닭 집	30錢
• 병아리 산란전 170일간 먹이	1圓 65錢
• 합　계	**2圓 89錢 3厘**

■ 산란 후 1년 수지계산

• 지출: 성계 6수 1년 사육관리비	3圓 28錢 5厘
• 수입: 5수 산란 합계 900개(1수 산란 180개)	15圓 30錢
• 차 액(수익)	**12圓 15錢**

■ 산란 후 2년 수지계산

• 지출: 성계 6수 1년 사육관리비	3圓 28錢 5厘
신규병아리생산비	2圓 89錢 5厘
• 수입: 5수 산란 합계 900개(1수 산란 180개)	15圓 30錢
폐계 6수 매각대	1圓 80錢
• 차 액(수익)	**10圓 92錢 2厘**

* 성계 1일 1수 사양비 1厘 5毛, 계란(대란) 1개 판매가 1錢 7厘, 폐계 30錢
6수 2년 계분 생산량: 240貫, 가치 11–12圓

〈그시대의 가치〉

- 1910년 친일귀족들 은사금 합계 604만圓은 2004년 금값 기준 3600억원으로 환산(1엔圓:59,600원), 생활수준 및 소득수준을 감안한 가치비교는 이의 5배 이상으로 보아야 한다.
  (고려대 백상현 교수. 2004년 9월 17일 친일반민족행위자 재산환수 특별법 공청회)
- 1936년 조선백미 한 되가 평균 0.22圓, 쌀 한 가마 80kg은 22圓(지금 가격 20여만원 정도), 계란 한 개 0.4圓, 우산 한 개 1.12圓, 신발 한 켤레 7.7圓이였다.

*자료:국회도서관과 통계청

2) 계란소비량

연간 1인당 계란소비량은 일본 30개, 프랑스 78개, 영국 85개, 미국 204개이고 조선에서 일본인용 계란수입량은 14만6999개로 2만1280圓정도 이다.

3) 양계 장려 고려사항

- 각 도종축장에 종계소를 설치하여 종계와 종란 배부
- 축산기수의 농사 순회교육으로 양계기술의 지도로 양계보급
- 모범양계부락을 지정하여 종계개량과 생산물 공동판매
- 계란저금회(鷄卵貯金會)를 각지에 설치하여 회원들의 닭과 계란을 수집, 판매의 매각대금을 저축하여 공동 양계 개량기관의 역할이 이뤄져야 할 것이다.

4) 양계업 발전방향

閑亭生(1927)이 조선 양계업의 장래를 위해 필요한 10년 계획과 농림성령(農林省令) 제5호 『양계장려규칙(養鷄獎勵規則)』 발포에 대한 기록을 제시하였다.

수년전에 비하여 조선양계의 부화, 육추, 사양관리, 채란기술은 물론 대군사육과 집단사육으로 산란의 공동반출로 확실한 판로를 개척하고 또 계분(鷄糞)을 잘 활용하여 양계의 경제가

치를 높이고 있어 유력한 신산업으로 정착하도록 다방면으로 개척해야할 것이다.

조선은 기후풍토가 양계에 적합하고, 농산부산물로 사료자원이 많아 일본 내지의 양계사료의 중요한 공급과 안정적인 가격을 이뤄내느냐가 중요하다. 양계의 토지, 자본, 노력을 가장 효율적이기 위해서 어느 시기, 어떤 목적, 어느 장소에 양계를 할 것인지가 유리한 양계업의 조건이 된다.

따라서 조선양계업 발달을 이루기 위해 10개년계획을 세워야 하는데 각 관청, 각 조합 등 많은 경비를 투입하여 다양한 지도사업이 지연되는 것이 한탄스럽다. 내지의 양계소비와 수요가 조선양계의 장래와 운명이 달려있다. 내지의 계란소비는 증가하고 있지만 중국의 계란 수입은 줄고 있을 정도로 조선의 양계업이 성업하여 변하고 있다.

■ 표 1-3 중국(支那)에서 계란수입

년 차	수 량(千斤)	가 격(千圓)
大正10년(1922)	59,936	17,985
大正11년(1923)	53,569	17,948
大正12년(1924)	51,938	17,111
大正13년(1925)	42,926	15,130
大正14년(1926)	37,956	12,992
昭和원년(1927)	불명	11,319

5) 양계장려규칙『養鷄奬勵規則』 발포

소화2년(1928)도 양계 10개년계획의 자급자족을 위한 향후 4개년사업을 발표하였다. 이러한 내용은 현실적이고 양계산업 발전에 근간의 항목들이다.

가. 종계장 사업

- 해외 우량종계의 수입과 사양번식
- 종계와 종란의 도부현(道府縣)이 중심이 되어 단체에 유상공급
- 산란능력검정으로 우량종계로 편입
- 지방양계지도를 위한 지도장려
- 양계기술원과 견습생 양성

나. 지도장려 감독

- 지방양계사업의 지도와 감독
- 도부현(道府縣)양계설비기술원의 경비와 장려금 교부
- 부화, 육추, 능력검정사업 기술원의 장려금 교부
- 부화, 육추, 능력검정, 양계사료, 창고 등 양계업 관련시설에 사업조성금 교부
- 양계인쇄물 배포
- 양계업에 관한 강습강화회(講習講話會) 개최

다. 경비

- 10년간 총소요 경비 5,786,252圓(초년도 경비 721,804圓)
- 그후 4개년소요경비 1,639,824圓

라. 양계장려규칙(養鷄奬勵規則)

- 3월 30일부로 농림성령(農林省令) 제5호『양계장려규칙(養鷄奬勵規則)』발포
- 농림성은 4월5일~8일까지 각 부현(府縣)의 축산주임관 소집하여 계란증산과 장려를 위한 지방의 적절한 시설과 기타 실시방법 논제를 하달하였다.

6) 모범 양계부락 상주의 청리

吉田雄次郎(1927)은 모범양계부락인 경북 상주의 청리부락의 현황을 정리하였다.

가. 청리양계의 연혁

상주군 청리면 수상리는 농사개량을 부락단위로 실시하여 도(道)나 군(郡)농회등 모범마을로 3회의 표창을 받았다. 양계하기엔 천혜의 지형으로 상주축산협동조합의 양계모범부락으로 계획 하에 대정12년(1924)에 나고야종(名古屋) 종계와 종란 백 수십顆를 배부 받아 그 다음에 자체 종란 수백과를 부락의 희망자에게 공급하고 나고야종과 교잡종의 종란도 공급하고 있다.

대정15년(1927) 2월까지 양계공려조합(養鷄共勵組合)을 설립하여 양계개량의 기초를 확립하여 조합원이 40명에서 현재 75명 이상이 참여하고 있다.

나. 양계모범부락 개요

모범부락설립 당시 전조선가금공진회(全鮮家禽共進會)개최 당시엔 다양한 개량종으로 개량 보급과 사양관리의 미숙으로 어려움이 있었지만 축산조합당사자의 철저한 지도로 성적이 점차 양호하게 되어 3년차에는 계란공통판매, 4년차엔 1년간 양계수익이 1호당 평균 14원, 최저 8원에서 최고 40원에 이르렀다.

이후 개량종의 진가를 알게 되어 노약자와 여성 위주로 점차 나고야(名古屋)종의 보급이 대중화 되었다.

■ 표 1-4 모범양계 부락의 4년차 성적

	년차	사육호수	종란 배부(顆)	종계수	종란판매		병아리판매	
					顆수	가격	수수	가격
大正12년(1924)	1	20	158	95				
大正12년(1924)	2	34	175	265			30	75원
大正12년(1924)	3	49	237	401	2,543	89원	50	110원
大正12년(1924)	4	72	561	597	16,045	645원	200	360원

다. 양계부락의 중심인물

양계부락의 급진적 발전은 부락의 구장 박용태씨로 도지사표창도 받았고 양계공려조합장(養鷄共勵組合長), 상주군 축산주임 등의 노력과 관심으로 이뤄졌다.

최초 20호에서 70호 이상으로 품종통일과 지도 장려로 부업적 실리양계를 실현하였다.

[그림 1-6] 닭이 있는 100여년 전 시골가옥

7. 재래계의 비육능력 검정

1) 목 적

油井岱治(1926)은 조선 재래닭의 비육능력을 현대의 기술적 시험절차와 다름없는 과학적 기록자료를 제시하고 있다.

조선양계업이 상당히 발전하여 재래종은 전체 사육 중인 닭의 8할인 480만수에 달하고 년간 재래닭이 고기로 소비되는 것은 1천만 수에 달한다. 재래닭은 계란과 고기생산능력이 열등한 문제점이 있으나 기후풍토 적응력, 부화능력, 그리고 조방적(粗放的)인 사육에 유리한 점이 있어 개량종과 잡종개량을 통해 산란능력과 육량을 증대한 농가부업양계로 양계업의 발달이 촉진되어야 한다. 이러한 견지에서 재래계의 육용가치증진실험을 통해 강제비육의 성적개요로 비육능력을 높이는 시험을 실시하였다.

2) 시험절차

① **기간**: 大正14년(1925) 10월 8일 ~8월 27일(20일간)

② **공시계**: 1년계(춘계) ♀5, ♂3, 2년계 ♀3, ♂2, 합계 13수

③ **사료**: 수수(高粱), 밀(小麥), 메밀(蕎麥)을 4:3:3으로 혼합하고 어분과 목탄분말을 교반 혼합하여 아침 저녁에 급여

④ **관리**: 1수씩 수용한 상자에 매일 아침 7:30분부터 1시간 충분한 광선을 받도록 했고 사료는 자유채식할 수 있도록 하였다.

3) 시험결과

■ 표 1-5 사료섭취량

구 분	단위	수수	밀	메밀	어분	목탄분말	계
13수 20일간	貫	2.774	2.081	2.081	1.261	18	8.215
1수1일 평균	匁	10.67	8.08	8.08	48.5	0.04	31.6 (118.5g)

*1貫:3.750g / 1匁(momme):3.75g

■ 표 1-6 생체 100匁(375g) 증체에 요구되는 사료량 및 가격

구분	수 수	밀	메 밀	어 분	목 탄	합 계	적 요
13수채식량(匁)	2,774	2,081	2,081	1,261	18	8,215	1수당 632
가격(厘)	1,082	893	1,332	1,198	3	4,508	1수당 347
100匁 증가시 사료(匁)	120	90	90	54	1	355	사료가격 195厘

*1圓: 1000厘

■ 표 1-7 비육 20일간 체중변화 단위:匁(momme)

구분	시험개시시	5일	10일	15일	20일	증가량
1년계♀	248	311	370	424	446	198
2년계♀	292	354	436	486	504	212
평 균	**265**	**327**	**395**	**447**	**468**	**203**
1년계♂	243	283	363	404	417	144
2년계♂	253	281	324	339	337	84
평 균	**247**	**286**	**348**	**378**	**385**	**138**
♀♂평균	258	310	377	421	436	178

■ 표 1-8 도체량 및 육량

구분	절식전 체중(匁)	도살시 체중(匁)	절식중 감량(匁)	감량률 (%)	도체량 (匁)	도체율 (%)	육량 (匁)	육량율 (%)
♀평균수량	458	448	20	4.3	409	91.3	256	57.1
♂ 평균수량	385	360	25	6.5	320	88.9	180	50.0
합계	436	414	22	5.1	375	90.6	227	54.8

*1匁(momme): 3.75g

4) 결론과 요약

조선 농촌에서 용이하게 구할 수 있는 수수, 밀, 메밀을 활용한 사료배합은 매우 과학적인이고 효율적인 것이다.

① **1수 1일 평균 채식량**: 31匁 6분(118.5g), 전기간 총량 632匁(2,370g)으로 1수당 사료비는 34錢7厘

② **1수 평균체중**: 공시 전 158匁(592.5g)에서 비육 후 178匁(667.5g)으로 증량

③ **생체 100匁(375g) 증가에 요구되는 사료량**: 355匁(1,256.3g)으로 가격은 19錢5厘

④ **도체율**: 90.6%였고 식용이 가능한 부분의 육량은 54.8%

⑤ **각 부위별 중량**: 머리, 다리, 골격, 지방 등의 비중이 크고 지방은 수컷이 월등히 적지만 비육효과는 충분하지 못하다.

⑥ **비육계 10匁(37.5g)의 생산비**: 34錢7厘에 상당한다.

⑦ **재래계 비육 경제적 관점**: 육량증가의 효과가 높아 수수를 이용한 사료급여로 그 가치가 충분히 인정된다.

8. 재래계 산란능력 검정

油井岱治(1927)이 비육능력검정에 이어서 조선재래닭의 체계적인 산란능력 검정을 한 결과를 월별로 1년간 기록으로 제시하고 있다.

1) 시험절차

① **공시계**: 순수재래계(♂1와 ♀10)를 선발해서 강원도 회양군 난곡면에서 수행

② **기간**: 大正15년(1926) 1월 10일~昭和 2년(1927) 1월 9일(만1년)

③ **사양관리**: 조선에서 생산이 풍부하고 가격이 저렴한 배합사료 보리(大麥) 2.5, 살겨(米糠) 3.5, 보릿겨(麥皮) 3.0, 어분 1.0 비율로 사료를 배합하여 1일 30匁(112g)을 3회에 걸쳐 급이, 청초와 연한잡초를 상시 채식하도록 하였다.

④ **배합사료단가(貫당)**: 보리(大麥) 72錢, 살겨(米糠)15錢, 보릿겨(麥皮) 30錢, 어분 80錢이고 배합사료 10貫 당 3圓20錢5厘 상당

2) 시험결과

■ 표 1-9 재래계 10수의 월별 사료소비량 및 산란량

구분	1월	2월	3월	4월	5월	6월	7월	8월	9월	10월	11월	12월	계
사료소비(貫)	9.3	8.4	9.3	9.7	9.3	9.0	9.3	9.3	9.0	9.3	9.0	9.3	109.5
산란수(顆)	3	51	125	145	149	78	85	76	58	16	43	17	846
	1수평균 84.6顆, 산란율 23.2%, 1顆 평균 43.5g												

*1貫:3,750g

■ 표 1-10 계란의 무게분포

구분	10匁(37.5g) 미만	10~13匁 (37.5~48.8g) 미만	13~15匁 (48.8~56.3g) 미만	15匁(56.3g) 이상	합계	중량(g)
	경란	소란	중란	대란		
생산수(顆)	44	287	36	4	371	15,905.3
비율(%)	11.86	77.36	9.7	1.08	100	
비고	계란 1顆 평균중량 42.67g(11.43匁)					

3) 결과요약

계란무게의 분류는 시장거래 기준과 같이하여 거래가 이뤄졌다.

- 시험시작 재래계 평균체중은 수컷 550匁(2062.5g) 암컷 347匁(1301.25g), 1수당 1일 30匁(112.5g) 사료 섭취로 1년 후 수컷은 693匁(2,598.75g) 암컷은 404匁(1,515g)으로 증체된다.
- 평균 1년 산란수는 84.6顆로 23.2%의 산란율로 계란 평균중량은 43.5g이다.
- 계란 1顆의 평균무게는 77.4%가 13匁(48.8g) 미만이다.
- 소란의 비율이 77.36%로 제일 많았고 대란 급은 1.08%로 계란의 무게는 가볍다.
- 산란계절은 3,4,5월에 총산란의 50%를 차지하고 10,11,12,1월에는 총산란수의 9.3%이다.
- 계란 1顆당 사료비는 4월 2錢, 5월 2錢1厘, 3월 2錢4厘, 평균 4錢2厘상당이다.

■ 표 1-11 현재의 계란거래 기준, 2017

왕 란	특 란	대 란	중 란	소 란
68g 이상	60~68g 미만	52~60g 미만	44~52g 미만	44g 미만

9. 재래계 잡종화 사업

조선 재래닭의 능력이 개량종에 뒤 떨어지지만 재래닭이 갖는 장점을 살리는 개량종과의 교잡을 통한 권업모범시험장(勸業模範試驗場)의 자체시험한 결과가 제시되고 있다.

1) 산란능력

① **시험기간**: 昭和 3년(1928)6월1일부터 1년간 실시하였다.

② **개량종의 산란능력**: 재래닭에 비해 2~2.5배 많고 알무게는 10g이상 무거운 기록이었다.

③ **잡종의 산란능력**: 산란수가 재래계에 비해 54.6顆가 증대되어 65%가 향상되었다

④ **잡종닭의 난중**: 9.3g 증대되어 재래계에 비해 21.4% 향상이 되었다.

■ 표 1-12 1개년간 산란능력 검정

		백색 레그혼	나고야	로드 아일랜드	프리머스록	재래계 · 레그혼 1대잡종	재래계
산란수 (顆)	최대	251	202	166	198	171	
	최소	142	150	111	127	124	
	평균	212.5	179	144	162	139	84.4
산랑총량 (g)	최대	14,255	10,524	9,417	12,556	9,575	
	최소	9648	7456	6035	7172	6655	
	평균	11643	8997.7	7904	9205	7339.6	
1顆중량 (g)	최대	67.9	54.8	56.7	63.4	57.5	
	최소	46.4	42.4	50.2	50.5	48.2	
	평균	54.8	50.2	54.9	57.0	52.8	43.5
산란율 (%)	최대	68.77	55.34	48.48	54.25	46.85	
	최소	38.90	41.10	30.41	34.79	33.97	
	평균	52.92	49.27	39.45	44.25	38.08	23.12

2) 시산과 체중

처음 알을 낳는 시산일(始産日)은 난용종인 레그혼과 나고야종은 교잡종의 재래닭 보다 50일 일찍 알을 낳기 시작하였고 난육겸용종인 로드아일랜드레드와 프리머스록종은 교잡종 재래닭 보다 많이 늦었다.

시산(始産) 시에 체중은 난용종인 레그혼과는 큰 차이가 없으나 나고야종과는 450g, 난육겸용종인 로드아일랜드레드와 프리머스록종과는 1kg 이상 가벼웠다.

■ 표 1-13 시산일수와 시산시 체중

		백색 레그혼	나고야	로드 아일랜드	프리머스록	재래계 · 레그혼 1대잡종
공시수수		15	12	5	4	13
시산일수 (일)	최장	194	186	336	298	293
	최단	141	149	306	208	202
	평균	160.0	166.3	324.0	256.0	218.9
시산시체중 (g)	최대	1470	2028	2625	2755	1628
	최소	1123	1327	2220	1620	1125
	평균	1,312.8	1,696.6	2,444.0	2,125.0	1,229.9

V 한국재래닭의 현황

기록에 남겨진 갈색종(황갈색, 적갈색), 흑색종, 백색종 재래닭이 산란과 산육능력이 열등하여 농가들로부터 사육이 외면되고 개량종과 잡종화된 정책들로 100여년 이상 고유한 유전자원으로서 가치를 유지될 수가 없이 멸종의 위기에 달할 수밖에 없었다.

1. 사회적 관심도의 변화

1970년 이후 산업화와 더불어 우리의 고유한 유전자원의 가치가 인식되어 대학.농촌진흥청, 축산과학원에서 재래닭의 발굴에 대한 관심이 시작되었다. 또한 우리의 것을 복원하는 의식의 전환에서 뿐만이 아니라, 한국 재래닭이 가지고 있는 질적인 우수성, 즉 육질과 계란의 품질 등을 중심으로 소비자들에게 인정을 받을 수 있게 되어 그 소비량은 급격히 늘어나고 있음은 물론, 수입 농산물과 차별화 상품으로서 충분한 가치가 인정되고 있다.

따라서 재래닭의 외형적 특징과 유사한 닭들의 수집과 사육에 관심 있는 개인이나 기관에서 사육이 이뤄져 오면서 1980년 이후 우리민족의 기호에 맞는 음식재료로 양질의 재래닭을 비롯한 재래가축의 수요가 서서히 증가하였다. 1990년 이후 UR(uruguay round)협상, WTO(world trade organization)협상 등의 국제무역상황의 변화에 따라 우리의 고유한 유전자원의 식별, 유지, 개량의 필요성이 보편화 되었다.

이러한 재래닭 소비의 자연 발생적 영역이 넓어지면서 재래닭의 공급과 소비체계는 많은 문제점을 낳게 되어 수입닭들의 재래닭화 유통이 시장의 대부분을 차지하는 기현상을 만들었다. 이로 인하여 소비자들은 진정한 재래닭의 고유한 맛을 혼돈하게 되어 있고 산업적 측면에서 재래닭 사육은 구조적으로 아무런 체계도 없이 주먹구구식으로 이뤄져 심각한 지경에 달하고 있다.

이에 따라서 차별화 축산물로서 재래닭을 수입개방에 대처하는 농가의 소득원으로 정착시키기 위한 첫 단계로서 시급히 이뤄져야 한다는 명분을 제기한 첫 번째 재래닭의 과학적인 실태조사가 한성욱 등(1995)에 의해 수행되었다. 본 조사에서 밝혀진 재래닭 사육농가들의 실상을 요약하면, 저렴한 가격의 수입 축산물과 경쟁력에서 절대적 약세인 양계산업의 여건을 면밀히 검토하고, 고유한 맛을 간직하고 있는 우리나라 재래가축의 독특한 질적인 소질을 복원하여야 한다. 따라서 소비자들의 기호에 맞는 양질의 축산물을 공급함으로써 수입 축산물과는 완전히 다른 소비영역의 창출이 절실히 필요함은 물론 우리나라의 고유한 유전자원인 한국 재래닭의 식별, 유지, 보존 및 개량대책이 필요하다.

2. 농가 사육현황

1) 일반현황

한성욱 등(1995)은 한국재래닭의 현황에 대한 조사에서 현황과 문제점을 제시하고 있다.

각 시도별 군농촌지도소를 통해서 얻은 재래닭 사육농가의 자료 중에서 사육경력 3년 이상, 사육수수 300수 이상의 농가를 대상으로 지역별 대학의 가금학 담당교수가 직접 농가를 방문하여 얻은 자료에서 사육농가들의 일반적 상황을 정리하였다.

① **출하체중**: 18주령(4~5개월 사육)에 1.2-1.5kg이었고

② **판매가격**: 도매로 일시에 30수 이상 판매할 때는 7,000~8,000원, 소매로 판매할 때는 10,000~15,000원으로 수입품종인 육계 (출하체중 약2kg, 출하가격 약 2,500원)에 비하여 체중도 적을 뿐만 아니라 판매가격도 3배 이상 비싼 고품질의 축산물로 정착이 되고 있음을 알 수 있다.

③ **종란(種卵) 개당 가격**: 300~500원, 식란(食卵) 개당 120-300원

④ **실용병아리 수당 가격**: 1,000~1,500원, 종계용 병아리 1수당 2,000~3,000원으로 수입종의 가격에 비해서 2배 이상의 고가로 거래되고 있었다.

이러한 가격은 자연스럽게 이뤄지는 수요와 공급의 상황에서 이뤄지고 있으며 재래닭의 수요증가로 볼 때 공급이 부족한 실정이다.

■ 표 1-14 재래계 사육규모별 농가분포

100수미만		100~500수미만		500~1000수미만		1000~3000수미만		3000수이상	
농가수	비율	농가수	비율	농가수	비율	농가수	비율	농가수	비율
40	19.8	61	30.0	23	11.3	41	20.2	38	18.7

■ 표 1-15 사육규모별 재래닭 수익성

	100수미만	100~ 500수	500~ 1000수	1000~ 3000수	3000수 이상	전체
농가수(호)	26	33	19	39	35	152
호당소득(천원)	1,050	2,930	4,845	10,612	32,802	13,719
수당소득(천원)	13.7	16.6	8.3	6.4	5.2	8.8

* 개량종 산란계 평균소득 2,284원(1994, 농협중앙회)

2) 재래닭 특징

사육되고 있는 재래닭들의 특징으로 모색은 대분분의 농가가 황갈색(黃褐色), 적갈색(赤褐色), 회갈색(灰褐色)계통, 일부는 흑색(黑色)계통, 소수의 백색계통(열성형질)을 사육하고 있었고, 볏모양은 모두가 단관이었으며, 체형은 대부분이 난용계의 적은 체형이고 일부는 개량종과 잡종화 된 중형종의 체형도 사육되고 있었다.

농가에서 서서로 수입닭들과 차별화를 위하여 재래닭에서 부분적으로 나타나는 특징인 정강이의 녹색을 선호하고 있지만 황색의 정강이 개체들과 혼합되어 있었다.

3) 사육형태

사육형태는 대부분이 가족경영 형태로 평사(平舍)와 방사(放舍)의 혼합형태인 반개방식(半開放式)의 계사였으며, 사양관리의 체계가 없이 사육단계(육추기, 육성기)별 사료의 종류나 사육체계(사사 또는 방사)가 일정하지를 않았다. 또한 방역체계가 없어 실용계의 경우 아예 방역을 실시하지 않거나, 종계로서 사용되는 닭의 경우에만 기본방역으로 뉴캐슬 정도만 접종 하고 있었다.

3. 유통 상황

1) 농가에서 이뤄지는 유통구조

자가 소비 형태로서 직접 식당을 운영하며 요리하여 판매하고 있고 직접 유원지의 식당 등에 공급 하는 형태가 가장 많은 유통형태이다. 극소수이지만 대량 소비처인 백화점등에 도계를 하여 일정하게 공급하는 경우도 있다.

2) 유통시기

5개월 정도 사육 후 소비자가 원할 때 판매가 이뤄지고, 매년 3-9월에 80%이상의 재래닭 소비가 이뤄지기 때문에 육추(育雛)비용이 가장 많이 소요되는 10월부터 다음해 2월(겨울철 육추) 사이에 병아리 사육을 많이 한다.

3) 유통의 특징

도계(屠鷄)시 정강이를 절단하므로 개량종 황색 정강이의 유무 판단이 안 되기에 수입되는 닭들의 재래닭화 공급을 막기 위한 차별화 상품으로 재래닭 도계시 발가락 부분만을 절단함으로 정강이의 녹색(綠色)을 표식화 시키는 방법을 택하기도 한다.

고객이 직접 선택하는 살아있는 닭으로서 요리하는 관행 때문에 생닭판매가 이뤄져 재래닭의 식품화되는 일자가 다르고 전문 사육조건이 아니기 때문에 품질에서 균일성이 없을 뿐더러 위생상의 문제점도 제기되고 있다.

4. 향후 전망과 대책

재래닭 사육농가의 사육 및 유통의 현실적인 조사를 통하여 재래닭의 신뢰도, 사양관리 체계의 무지, 생산계획과 유통질서가 없어 재래닭의 고품질 산업화를 위해서는 다음과 같은 대책이 절실히 필요함을 제시하는 바이다.

1) 유통질서 확립

재래닭 중 황갈색, 적갈색, 흑색, 그리고 흰색 계통들은 현재 수입되고 있는 개량닭들인 뉴햄프셔(New hampshire), 로드아일랜드레드(Rhod island red), 오스트라로프(Australop), 레그혼(Leghorn) 품종과 외형적 차이가 없어 재래닭 사육 농민들이 단순한 자신의 경험에 의한 판단으로 이뤄지는 종자의 선택에 자신감이 결여되어 있다.

따라서 유통질서 확립의 문제로서 우선적으로 생산가격과 판매가격 형성의 합리화를 이루기 위한 대책이 필요하다.

도체품질에서도 차별화를 시켜 소비자들의 혼란을 방지하고 기존의 생닭판매에서 도계한 제품의 판매로서 위생적이고 균일한 제품 공급을 체계화하여 계절성 소비를 해결하여 폭 넓은 대중적 재래닭 소비창출이 이뤄져야 한다.

2) 차별적 특성

계속해서 유전적으로 확실한 재래닭 종계의 확보 유지를 위한 대책으로 먼저 손쉽게 구별될 수 있는 외형적 특징을 가진 실용계의 농가보급과 대량생산 체계를 갖춰 품질인정 체계의 확립으로 고부가 가치의 토종닭 이미지의 차별화가 필요하다.

이러기 위해 재래닭의 고유한 외모특징, 도계의 특징, 육질의 특징이 명확히 연구되어야 한다.

Ⅵ 한국재래닭의 유전적 차별화

1. 재래닭의 식별

유통질서 확립, 생산. 판매가격 형성의 합리화, 도체품질 차별화로 소비자들의 혼란을 방지하고 향후 확실한 차별화 산업을 위해, 유전적으로 확실한 재래닭을 손쉽게 구별될 수 있는 외형적 특징을 가진 실용계의 농가 보급과 대량생산 체계, 품질인정 체계의 확립으로 고부가 가치의 토종닭 이미지의 차별화가 필요하다.

1) 재래닭 식별 근거

어떤 것이 우리의 것인지 식별할 수 있는 근거는 앞에 제시한 일본문헌들이 유일한 기록이다. 이 기록을 근거로 하여 기존의 개량종들과 외형적 형태(깃털색, 체형)가 차별화되는 외형적 재래닭을 계통부화하여 계속 4~5세대에 걸쳐 형태적 특성을 가진 집단의 형성이 먼저 이뤄져 재래닭의 고유한 외모특징, 도계의 특징, 육질의 특징이 명확히 검증되는 과정이 필요하다.

2) 외형적 특징

여정수 등(1993)은 재래계의 외형적 특징과 산란계종인 백색레그혼과 비교한 능력검정 결과를 제시하였다.

■ 표 1-16 재래계의 외형적 특징

계통	두부		우모색				정강이	외형 유사종
	볏	부리	목	가슴	날개	꼬리		
회갈색	단관	흑색	회갈색	흑,백색	회갈색	흑색	황/녹색	야생형
황갈색	단관	황색	황갈색	황갈색	황갈색	흑색	황/녹색	뉴햄프셔
적갈색	단관	황색	적갈색	적갈색	적갈색	흑색	황/녹색	로드아일랜드레드

재래계로서 통용되는 농가의 사육 중인 닭들은 갈색종으로 황갈색(黃褐色), 적갈색(赤褐色), 회갈색(灰褐色)으로 대별된다.

황갈색종은 수입 개량종인 뉴햄프셔종과 같은 우모색을 가지고 있고 적갈색종은 로드아일랜드종과 같은 우모색이라 일반인들이 구별하기가 쉽지 않다. 그러나 회갈색종의 경우는 야생형 우모색이라 개량종과 구별이 쉽고 아름다워 재래닭의 외형적 차별화 특징으로 유지할 가치가 높다.

특히 도체된 닭의 차별화를 위해서 개량종닭과 차별화되는 녹색(綠色) 정강이를 활용하는 재래닭의 외형적 특징들을 고려한 개량이 필요할 것이다.

[그림 1-7] 회갈색 우모의 재래닭 (출처: 청리토종닭)

2. 재래계의 능력검정

1) 재래계와 레그혼

현재의 사양관리로 난용종 개량품종인 레그혼과 비교할 때 성장률은 6개월령(24주)에 암탉의 경우 160g정도 발육이 늦고, 일반적인 경제수명인 68주령의 체중도 150g 정도의 차이를 보였다. 재래계 수컷은 24주령에 암컷과 비교해 240g정도 체중이 더 나갔고 68주령에는 460g의 차이를 보였다.

■ 표 1-17 재래계와 레그혼종의 체중변화

		1일	8주	16주	24주	32주	40주	48주	56주	64주	68주
재래계(g)	♀	31	307	798	1266	1459	1609	1734	1782	1769	1747
	♂	32	344	991	1509	1674	1826	2291	2190	2208	2206
레그혼(g)	♀	51	565	1065	1425	1580	1660	1850	1875	1896	1899

시산일은 10일 정도 늦고 피크산란일도 다소 늦어 산란능력이 20%이상 떨어지고 난중도 10g 정도 가벼운 성적을 보였다.

이러한 결과들은 앞서 90여 년 전에 일본인들이 조사한 결과들과 유사한 결과였고 농가들로부터 외면당하고 사라져야할 이유였음을 알 수가 있다.

■ 표 1-18 재래계와 레그혼종의 산란능력과 난중

	품종	초산일령	주령											
			24	~28	~32	~36	~40	~44	~48	~52	~56	~60	~64	~68
산란능력(%)	재래계	165	57.1	65.1	82.4	76.7	73.5	64.1	62.0	60.9	55.6	53.2	52.3	52.0
	레그혼	154	78.5	88.8	87.3	84.8	82.9	81.1	80.0	78.5	78.2	75.8	72.5	70.5
난중(g)	재래계		37.5	38.9	45.0	47.3	48.8	50.2	51.4	51.7	52.0	51.4	52.3	52.1
	레그혼		50.4	53.3	54.9	57.6	59.2	60.8	61.6	61.6	62.8	62.2	62.3	62.9

한성욱 등(1995)도 재래닭의 경영 및 판매 실태에 관한 조사에서, 재래닭의 고기용으로 출하주령은 16~20주에 체중은 1.5~2.0kg이며 체중과 육질의 평가가 없이 수당가격으로 거래가 되고 있다고 하였다.

암탉의 초산일령은 165일, 년평균 산란율은 56.1%로 재래종 난가와 차별화 가격이 이뤄지고 있고 농가 중 70%는 사육전망을 긍정적으로 평가하고 60%는 더욱 규모의 확대를 할 계획이었다는 조사를 발표하였다.

2) 재래계와 난육겸용종

여정수(1997)는 한국 재래계와 난육겸용종과의 능력검정결과에서도 초기(22-30주)의 산란능력은 재래닭들이 70%정도로 겸용종에 비해 24%정도 떨어지는 성적이었고 이때 난중도 13g 정도 가벼운 결과를 발표하였다.

그리고 재래닭의 4개월령(16주) 체중은 1226g으로 겸용종에 110g정도 가벼웠지만 5개월령(20주)에는 230g의 체중 차이를 보고하였다.

■ 표 1-19 재래닭과 난육겸용종닭의 능력검정

형 질 / 품 종	산란율(%)	난 중(g)	체 중(g)	
	22～30주	30주	16주	20주
재래닭	70	44.3	1,226	1,470
난 · 육 겸용종	94	57.1	1,335	1,700

3. 재래닭고기의 육질특성

1) 재래닭고기의 육질

권연주 등(1995)은 한국재래닭고기의 육질특성을 조사하여 보고하였다.

토종 재래닭 시장에서 재래닭을 대체하고 있는 12～15주령 왕추(교잡종), 그리고 6주간 사육하는 브로일러(육계)의 육질비교에서 가슴살과 다릿살에서 콜레스테롤의 함량은 재래닭이 가장 낮은 반면에 밀집사육한 육계의 경우 높게 나타났다.

지방산비율(불포화지방산/포화지방산의 비율)로서 필수지방산의 분포를 의미하는 불포화지방산의 정도는 토종 재래닭이 왕추에 비해 가슴살과 다릿살에서 높은 결과를 보여주었다.

관능검사는 맛, 냄새, 기호성에서 토종닭은 지방침적이 이뤄지지 않은 6주령 육계와 비슷한 결과였는데 왕추와는 현격한 차이로 소비자들의 선택이 좋았다. 토종닭의 근섬유에는 formazan입자가 근섬유전체에 일정하게 분산되어있고 맛과 즙성을 좋게 하는 산화적 효소활성이 다른 닭고기 보다 높다는 자료도 제시하였다.

■ 표 1-20 토종닭 고기의 육질특성

조사항목 \ 품종		토종닭	왕추(교잡종)	육계
콜레스테롤(mg/g)	가슴	1.19	1.26	1.79
	다리	2.20	2.49	3.10
지방산비율 (불포화/포화지방산)	가슴	1.74	1.42	
	다리	1.40	1.39	
관능검사	맛	1.50	2.85	1.65
	냄새	1.70	2.80	1.50
	기호성	1.50	2.80	1.70

2) 재래닭고기의 식미

식미검사에서 고기와 스프의 맛, 연도, 냄새, 기호도에서 왕추가 다른 종에 비해 유의하게 낮은 선호도를 보였으며, 토종과 육계 간에는 차이가 없었다.

■ 표 1-21 닭고기의 식미검사

종 류		육 계	왕 추	재 래 계
고기	맛	1.50	2.80	1.70
	연도	1.60	2.90	1.50
	기호도	1.45	2.90	1.65
조리	맛	1.65	2.85	1.50
	냄새	1.50	2.80	1.70
	기호도	1.70	2.80	1.50

* 1=선호도 높음, 3= 선호도 낮음

이상의 분석결과 소비자 식미에서 토종닭고기는 왕추보다 우수한 것으로 판단되었고 6주이내의 사육기간인 육계와는 근본적으로 재료의 질, 요리방법, 식습관에 따라 차이가 있지만 소비자의 선호도는 재래닭과 차이가 없었다.

4. 재래계의 유전적 식별

1) 재래닭의 유전적 차별화

한국재래계의 외형적 특성을 유지하고 수세대에 걸친 계통으로 고정된 집단이 수입개량종

(난용종 레그혼, 육용종 육계, 난육겸용종 프리머스록)과 유전적 차별화를 식별할 수 있는 근거를 찾기 위해 여정수등(1992)이 최초로 유전자지문을 수행하였다.

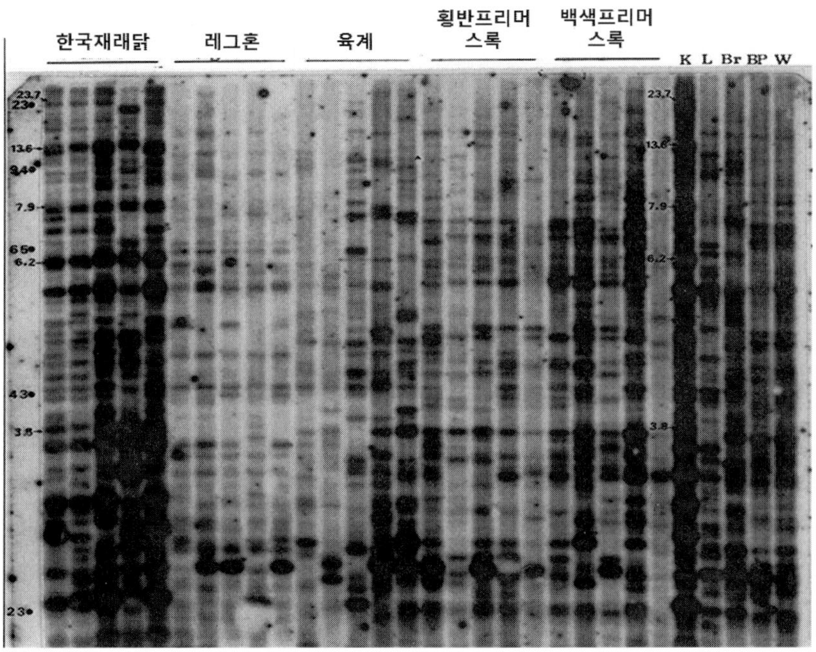

[그림 1-8] 재래계와 수입 개량닭의 유전자 지문

*K: 한국재래닭, L: 레그혼, Br: 육계, BP: 횡반프리머스록, W: 백색프리머스록

외형적인 특징을 가진 재래닭 집단이 수입개량종과 구별되는 4종류의 위치에서 유전적 차별성을 규명하였다. 이러한 유전적 차별적 특성이 고유한 유전자원으로서 재래닭을 유지.개량하는 기초가 되어야하기 때문에 유전자지문을 통한 차별화 DNA표식을 규명하였다.

2) 유전적 특성과 재래계 집단구성

DNA표식을 토대로 가계를 구성하는 한국재래계 집단의 구성은 다음의 단계로 수행하였다.

제1세대에서는 외형적 특성을 가진 개체들의 가계를 형성하고 이들의 계통부화가 시작되었다.

제2세대에서는 3차례 계통부화로 외형적 특징이 고정되었고 세포유전학적 검정과 모색과 정강이색의 우열관계검정, 그리고 재래게 집단의 계란 품질평가도 수행하였다.

제3세대에서는 5차례 계통부화로 재래닭의 유전적 특성의 고정과 DNA지문을 통한 수입개량종들과 차별성 표식을 밝혔다.

제4세대에서는 98%의 회갈색 재래닭의 유전적 특성을 고정하였고 재래닭고기의 특성을 밝히고 유전적 특성을 활용한 집단의 형성이 진행되었다.

[그림 1-9] 재래닭의 유전자 연구에 대한 관심

3) 닭 품종 간 유전적 거리

닭의 품종들 간 유전적 유사성검정을 위한 유전적 거리를 추정한 결과 재래닭의 유전적 구성은 난용종인 레그혼과 0.56으로 난육겸용종과 0.62~0.63 보다 낮아 겸용종과 유사성이 높은 것으로 나타났다.

개량종인 산란용 레그혼종은 육용이나 난육겸용종과 유사성은 0.53~0.57로 재래닭이 이들 개량종들과의 유전적 유사도 보다 낮았다. 이러한 결과는 개량종들의 경우엔 용도에 따라 유전적 차별이 인위적으로 이뤄진 반면 재래닭은 이러한 인위적 개량이 없었기 때문에 나타난 결과로 보인다.

여기서 나타난 재래닭의 DNA표식을 이용하여 개체들의 선발과 가계를 형성하고 유지 · 보존하는 체계를 구축하였다.

■ 표 1-22 토종 재래닭과 수입종 간의 유전적 유사성

	KNC(재래닭)	Leghorn(산란용)	Broiler(육용)	BPR(난육겸용)	WPR(난육겸용)
KNC (재래닭)	1.00				
Leghorn (산란용)	0.56	1.00			
Broiler (육용)	0.62	0.57	1.00		
BPR (난육겸용)	0.66	0.53	0.57	1.00	
WPR (난육겸용)	0.63	0.54	0.67	0.84	1.00

* KNC: 한국 회갈재래닭 BPR:횡반프리마스록 WPR:백색프리마스록

4) DNA band sharing

더욱 정밀한 재래닭의 유전정보를 확인하는 작업으로 여정수와 김재우(1995)는 닭품종들이 가지고 있는 차별성 DNA의 공유정도를 나타내는 DNA band sharing을 이용한 품종 내 개체들의 유전적 균일성과 품종간의 유전적 유사도를 추정한 결과를 제시하였다.

가. 유전적 균일성

품종 내 유전적 균일성(대각선의 수치)은 개량종인 레그혼종, 육계, 프리머스록종의 품종 내 DNA균일성이 높게(0.48~0.77) 추정되었고 유전적 개량의 결과가 집대성 된 육계(브로일러)는 0.77로 가장 높게 추정되었다. 유전적 개량을 위한 인위적 영향이 거의 없었던 재래닭이 0.43~0.46정도였으며 야생인 꿩은 0.36으로 제일 낮았다.

이러한 결과는 인위적인 개량의 힘이 미친 정도에 따라 좋은 유전자들의 선발과 불량 유전자들의 도태 정도에 따라 나타나는 현상으로 야생인 꿩, 재래닭, 개량종 닭들의 순으로 유전적 균일도가 높은 것을 알 수가 있다.

■ 표 1-23 닭 품종간 DNA band sharing(BS) 유사성의 추정

	꿩	백색 레그혼	회갈 재래닭	황갈 재래닭	횡반 프리머스록	백색 프리머스록	육계
꿩	0.364	0.265	0.300	0.239	0.467	0.354	0.133
레그혼		0.700	0.216	0.281	0.392	0.454	0.300
회갈재래닭			0.460	0.760	0.213	0.302	0.325
황갈재래닭				0.434	0.364	0.265	0.133
횡반프리머스록					0.476	0.838	0.506
백색프리머스록						0.546	0.310
육계							0.770

* 대각선: 품종내 유전적 균일성

나. 유전적 유사도

품종간 유전적 유사도에서는 특히 회갈색종과 황갈색종간의 재래닭들의 유사도는 0.76으로 높았고 동일 품종인 횡반과 백색 프리머스록종 간에도 0.838로 높은 유사도를 보였다.

야생종인 꿩이 가축화 된 다른 닭들과 가장 낮은 유전적 유사도를 보였고 인위적 개량이 없었던 재래닭 역시 다른 개량종 닭들과 유사도가 낮았다.

이러한 결과들은 일반적인 상식을 과학적으로 증명하는 소중한 자료로 여겨진다.

5. 재래닭 DNA표식의 유전양상

1) 재래닭 고유유전자표식의 후대전달

여정수와 김재우(1995)는 부모가 가지고 있는 DNA표식의 자식개체에 전달되는 유전적 전달체계를 분석한 결과를 제시하였다.

아비의 14개, 어미의 16개 DNA표식을 대상으로 한 유전적 전달기전을 요약하면 다음과 같다.

- 아비에 나타나는 14개 DNA표식 중 자식들에 평균 8.7개(62.2%)가 전달되었고
- 어미에게만 나타난 16개 DNA표식 중 자식에 평균 9.3개(58.13%)가 나타났다.
- 동형접합체(homozygote)의 후대 전달체계에서 는 아비가 더 강력하게 후대에 전달되는 결과를 보였다.

이러한 결과들은 부 · 모의 유전자가 후대에 전달되는 체계의 차잇점을 직접 확인할 수 있는 명확한 자료로 경제형질에 연관되는 유전자들의 후대전달체계를 규명하고 이를 개량하는데 상당히 기여를 할 수 있는 생명공학 기술의 실용가능성을 보여주고 있다.

■ 표 1-24 회갈색 재래닭 부모의 특이 유전자표식의 후대전달 양상

		부모의 특이 DNA표식	
		아비(14)	어미(16)
자식 개체	1	9	8
	2	8	11
	3	9	10
평균(%)		8.7(62.21%)	9.3(58.13%)
동형접합체의 유전		5(35.71)	3(18.75)

2) 재래닭 경제형질 연관 유전자 표식

여정수 등(1998)은 재래닭의 중요한 경제형질인 산란능력과 성장 및 난중에 연관된 유전자를 규명하기 위해 최초로 유전자지문(DNA fingerprinting) 기술을 이용하여 가계형성과 외형적 차별화를 갖춘 야생형 우모색을 가진 회갈색(灰褐色) 재래종 집단에서 체중과 산란능력에 연관된 DNA표식을 발굴하였다.

능력검정 기록의 정규분포에서 체중이 무거운(High) 개체들과 가벼운(Low) 개체들의 차별화 DNA표식, 그리고 산란능력이 우수한(High) 개체와 열등한(Low) 개체들의 유전자표식을

밝힌 실험에서 산란능력과 연관되는 DNA표식 4개와 체중과 난중에 연관된 DNA표식 5종류를 규명하였다.

이들 DNA표식이 후대전달 양상기전에서는 얼마만한 유전능력이 후대에 발현되는지를 밝히는 것은 재래닭의 집단형성과 유지 및 개량에 유용하게 활용될 수 있을 것으로 기대한다.

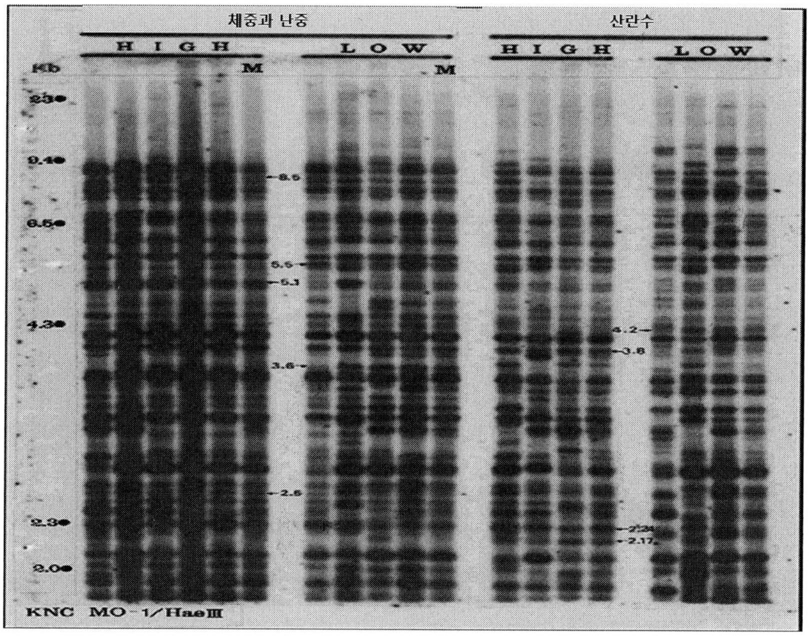

[그림 1-10] 한국재래계의 경제형질(체중, 난중, 산란율)의 연관 유전표식. → 수치: 유전적 차별의 위치

3) 유전자 표식을 이용한 선발(MAS)

앞서 밝혀진 유전자 표식을 부 · 모의 DNA표식이 후대에 전달되는 체계를 이용한 선발방법인 MAS(DNA marker assisted selection) 효용성을 규명하기 위해 어미닭들이 체중이 무겁고 산란능력이 좋은 high그룹과 그 반대의 low그룹 닭들의 후대 자식의 능력을 검정하였다.

능력이 높은(high)그룹과 낮은(low)그룹의 부모들의 능력 차이는 8주 체중이 49.5g, 42주 체중은 315g, 26주~40주동안 평균 난중은 2.3g, 그리고 산란능력은 27.7개의 차이를 보였다.

이들을 부모로 한 다음세대 후손 자식의 능력을 조사한 결과도 제시하고 있다.

체중의 변화는 8주령 체중이 부모대의 성적과 비슷하였지만 42주령 체중에서는 부모대의 높은(high)그룹의 후대 닭들은 146g 증가하였고 낮은(low)그룹에서는 50g 감소한 결과를 보였다.

여기서 부모대의 높은(high)그룹과 낮은(low)그룹간 215g 차이(1523g~1208g)가 후대 자식에서 513g의 차이(1670g과 1157g)로 2배 이상 더 크게 나타난 결과들은 경제형질과 연관된

DNA표식의 영향을 분명하게 입증한 결과였다.

■ 표 1-25 유전자표식을 이용한 체중, 난중, 산란능력 High/Low에 따른 후대의 능력검정

	DNA 표식	체 중(g)		난 중(g) (26~42주)	산란수 (26~42주)
		8주	42주		
어미닭	high	449.8	1523.8	49.0	100.8
	low	440.3	1208.0	46.7	73.1
자식 (후대)	high	447.9	1670.0	49.7	97.9
	low	405.0	1157.5	44.0	67.6

난중(26주~42주)에서도 부모대의 높은(high)그룹의 후대 자식에서 0.7g 증가하였고 낮은(low)그룹의 후대 자식에서 2.7g 감소로 크게 차이를 보이지는 않았지만 부모대의 높은(high)그룹과 낮은(low)그룹 2.3g차이가 자손 대에서 5.7g의 차이(49.7g과 44.0g)를 보였다.

산란수(26주~42주)에서는 부모대의 높은(high)그룹의 후대 자식에서 3.1% 감소하는 성적이고 낮은(low)그룹의 후대자식에는 5.5%나 감소하였지만 부모대의 높은(high)그룹과 낮은(low)그룹 차이가 26.7개(100.8개와 73.1개)에서 자식 대에선 30개로 더 크게 영향했던 분포를 보여 DNA표식을 이용한 선발의 가치를 재래닭에서 처음으로 수행한 결과였다.

이러한 노력의 결과는 앞으로 재래닭의 능력개량속도를 증대시키고 고품질 생산물의 부가가치를 높여 국제경쟁력을 제고할 수 있는 수단이라 판단된다.

Ⅶ 한국재래닭 유지와 개량의 실제

1. 재래닭 집단형성

영남대 동물유전학연구실에서는 4여년(1990~1993)에 걸쳐 1년차에 외형석 특싱인 체형과 외모, 우모, 그리고 정강이 등의 특성을 유지한 가계를 형성하였고, 2년차에는 외형적 특징을 가진 가계의 유지와 세포유전학적 규명을 수행하였다. 3년차에는 재래닭 교유의 차별적 유전적 표식(DNA marker)을 규명하여 이들 유전적 표식의 후대전달 기전을 밝혔다. 4년차에서는 DNA표식에 의한 선발로 재래닭의 유전적 고정을 이루고 재래닭고기 품질 검정이 이뤄졌다(표 1-26~28).

■ 표 1-26 재래계의 고유한 유전집단 형성과정, 1990~1993 영남대 동물유전학연구실

회갈색 한국 재래계의 유전적 분리

 # 1990년도(1세대)

o 외형적 특징에 따른 개체선발
♂ : 11수 ♀ : 74수
o 3차례의 수정으로 가계형성
o 회갈색 재래계의 외형적 특성

종류	체형	두부		깃털				정강이	비고
		볏	부리	목	가슴	날개	꼬리		
회갈색	소형	단관	흑색	회갈, 흑색	흰색, 흑색	회갈색	흑색	황색, 녹색	야생형

 # 1991년도(2세대)

o 3차례 부화로 외형적 특성의 유전적 고정
o 회갈색 재래계의 세포 유전학적 검정
<영남대학교 자원 문제연구 논문집 제11권 제1호>
o 털색(회갈색)과 정강이색(초록색)의 우열관계 실험
선발 재래계 X 유색계 = 187수 검정
o 선발 재래계 계란의 난황색도 비교
선발 재래계 ; 6.6(1차), 6.92(2차), 7.88(3차)
미선발 재래계 ; 6.5
영양란(시중판매) ; 4.5

 # 1992년도(3세대)

o 5차례 부화로 세포유전학적 특성의 고정
o DNA 지문에 의한 검정
<한국 재래계의 유전자 지문에 관한 연구. 한국 가금학회지 20(4)>

 # 1993년도(4세대)

o 4회의 부화 -> 98% 회갈색의 유전적 특성 분리
o 맛을 지배하는 고기중 collagen시험
o DNA marker에의한 유전적 고정

2. 재래닭 계통부화

[그림 1-11] 익대를 달고 있는 병아리

■ 표 1-27 한국 재래닭의 계통부화 기록부,1990 영남대 동물유전학연구실

재래닭 계통부화 90/1/17 - 1/31(full-sib mating)

수탉	암탉(임의번호)	입란수	발생(2/22)	비고	익대
A(5)	1	12	6	Ok	A-1..
	2	11	8		
	3	4	1		
		27	15		
B(6)	1(*16)	9	9	Ok	B-1..
	2(*17)	13	12	〃	B-2..
	3(*18)	9	7	〃	B-3..
	4(*19)	5	4	〃	B-4..
	5(*20)	11	10	〃	B-5
		47	42		
C(7)	1(*21)	8	7	Ok	C-1..
	2(*22)	11	9	〃	C-2..
	3(*23)	13	10	〃	C-3..
	4(*24)	9	8	〃	C-4..
	5(*25)	11	10		
		52	44		
D(8)	1(Y-7)	9	8		
	2(Y-8)	10	9	Ok	D-2..
	3(Y-9)	7	6		
	4(Y-10)	7	6	Ok	D-4..
	5(Y-11)	9	8	〃	D-6
		42	37		

한국 재래닭의 가계형성과정의 부(父)와 모(母)가계 구성, 그리고 입란수, 병아리 발생과 익대(翼帶)번호를 기록한 기록을 볼 수 있다.

3. 재래닭의 능력개량

종계집단의 구성을 암컷계통과 수컷계통으로 분리한 가계구성과 유전적 선발을 수행한 기록으로 암컷계통의 산란능력은 64.2%, 난중 46.3g, 16주체중은 암탉1,052g, 수탉1,489g이었다.

■ 표 1-28 재래닭의 산란능력과 성장능력 개량을 위한 계통부화,1995 영남대 동물유전학연구실

1995년도 토종닭 교배계획

1. 암컷계통

가계	사용가능 암	사용가능 수	5-8월 일정기간 산란수(%)	5-8월 일정기간 난중	16주령 체중 암	16주령 체중 수	부	모
4-2	5	0	80.5(67%)	45.9	1260	1600	8-66-7, 37-5	3-715, 7*18-5
4-3	1	0	66.5(55.4)	45.8	1078	1600	〃	〃
5-1	2	0	75(62.4)	42.9	927	1330	3-715, 7-3	8-66-7, 27-14-9
5-2	4	0	70(58.3)	42.7	917	1300	〃	〃
5-3	3	-	84(70)	44.5	1070	1540	〃	〃
5-4	3	-	95.2(79.3)	46.7	1000	-	〃	〃
5-5	2	-	66(54.8)	46.1	1000	-	〃	〃
6-6	5	-	77.7(64.8)	50.8	-	1850	7-16, *32	3-715, 8-23
6-7	1		70(58.3)	49.5	1230	-	〃	〃
7-5	4	-	85.4(71.2)	48.3	1013	1200	8-66-7, 11*3-6	8-66-7,37-5
평균능력			77.0(64.2)	46.3	1052.7	1489		

2. 수컷계통

가계	사용가능 암	사용가능 수	5-8월 일정기간 산란수(%)	5-8월 일정기간 난중	16주령 체중 암	16주령 체중 수	부	모
6-2	2	0	81.2(67.7%)	49	1300	1500	7-16, *32	8-66-7, 37-5
6-3	3	-	92.4(77)	49	1080	1700	〃	〃
6-4	1	-	69.3(57.8)	48.3	1010		〃	8-66-7, 3-72
7-1	5	0	69.3(57.8)	48.8	1196	1625	8-66-7,11*3-6	8-66-7,27-14-9
7-2	1	0	69.3(57.8)	48.3	1100	1900	〃	〃
7-3	2	-	40(33.3)	46.3	1050		〃	〃
7-6	2	-	53.2(44.3)	45	1300	1700	〃	8-66-7, 37-5
7-7	2	0	52.5(43.8)	47.7	1128	1500	〃	〃
1-2	1	0	52.5(43.8)	44.9	1155	1635	8-66-7, 3-72	7-16, *31
1-7	3	-	63(52.5)	45.4	1020		〃	〃
3-1	1	0	54.6(45.5)	44.5	1163	1400	〃	3-715, 7*18-5
3-2	1	0	54.6(45.5)	46.6	1200	1700	〃	〃
3-3	2	-	51.1(42.6)	45.9	1050		〃	〃
3-4	2	-	38.5(32.1)	43.3	1193	1600	〃	〃
3-6	2	0	56(46.7)	45.6	1175	1600	〃	3-715, 7-13
전체평균			59.8(49.8%)	46.57	1141.3	1623.6		

반면 수컷계통의 산란능력은 49.8%, 난중 46.6g, 16주체중은 암탉1,141g, 수탉1,623g으로 암컷 계통은 산란능력 중심으로 수컷계통은 체중에 집중한 개량이 시도 되고 있다.

4. 재래닭 관리지침

순계의 관리 및 유의사항

| "모든 기록은 가계, 개체 별 정리가 되어야 한다."

* **일반관리**
  . 절대로 외부인(특히 수의사, 사료회사 종사원, 닭상인)의 출입은 통제할 것 (질병문제가 생겼을 경우 이상한 닭은 밖으로 꺼 내어서 관찰 할 것)
  . 순계의 관리자는 다른 닭장에서 일하지 않아야 한다
  . 순계는 가능한한 다른 일반 닭들과 완전 격리 시켜야 한다.
  . 개체별, 가계별 특징, 형태, 성질 등을 기록한다.

*. **예방접종**
  . 뉴캐슬, 감보로, 뇌척수염, 전염성 후두기관지염의 방역 계획에 따른다.
  . 17주령에 종합 oil백신은 처리하고, 질병 크리닝은 한 후 산란용 계사로 이동한다.
  . 산란용 계사로 이동 후에 추백리 검정은 한다.

*. **수컷 선발**
  . 100일령에 수정용으로 매가계별 적어도 수컷은 2-3수 확보하고 나머지는 처분한다.

*. **체중측정**
  . 매 4주마다 개체별 체중의 측정

*. **산란기록**
  . 개체별로 매일 산란 유무를 기록한다
  . 월별로 개체별, 가계별 총산란수를 기록한다.

*. **난중 기록**
  . 1주일에 2회 개체별, 가계별 기록은 한다
  . 월별로 개체별, 가계별 난중의 평균은 기록한다.

*. **점등체계**
  . 최초 3일간 24시간 점등 →4-7일까지 20시간 점등 →매주 1:30분 씩 점등시간은 줄임 →자연일조 시간과 같을 때 점등 필요없음
  . 산란직전(전체 닭 중 처음 알이 생산되는 시점)에 매주 1간씩 점등 증가
  → 총점등시간이 14시간되도록 함 →이후 매주 30분씩 증가시킴
  → 최고 16시간 이후에는 더 이상 증가시키지 않음

* **사료**
  . 사육기간 동안 사료의 변경은 위험하다
  . 절대 사료가 모이통에 떨어지지 않도록 한다

5. 실용 재래닭 개발

1) 재래닭 계통육성 및 육용화개량

축산기술연구소 가금과에서 연구사업인 재래닭의 생산능력을 보완하는 재래닭의 육용화 사업수행에서 50% 또는 25% 재래닭의 유전적 비중을 갖는 2원교배와 3원교배를 통한 실용재래닭을 생산하는 작업이 수행되었다.

재래닭의 육용화 개량을 위해 다음과 같은 단계로 수행하였다.

① 국내 산재된 재래닭 집단으로부터 기초계 수집 및 순수화복원(1992~)
- 외모특성에 따른 순수계통육성 및 능력검정
- 적갈색, 황갈색, 흑색, 백색, 회갈색 등 5계통
- 외래개량종과 차별화된 기초유전소재 유지보존

② 재래닭을 이용한 교배 및 사양시험연구
- 산육능력 및 육질개량을 위한 품종간 계통간 교배시험
- 사육환경 및 사료급여 방법에 따른 생산성 연구

2) 재래닭 육용화연구

- 재래닭의 생산능력 평가 및 품종기준 설정
- 재래닭 작출 단계별 유전특성 구명
- 우량교배조합선발 및 교배종의 사양관리기준 설정
- 실용재래닭 개발 및 사양관리체계와 육질특성 연구

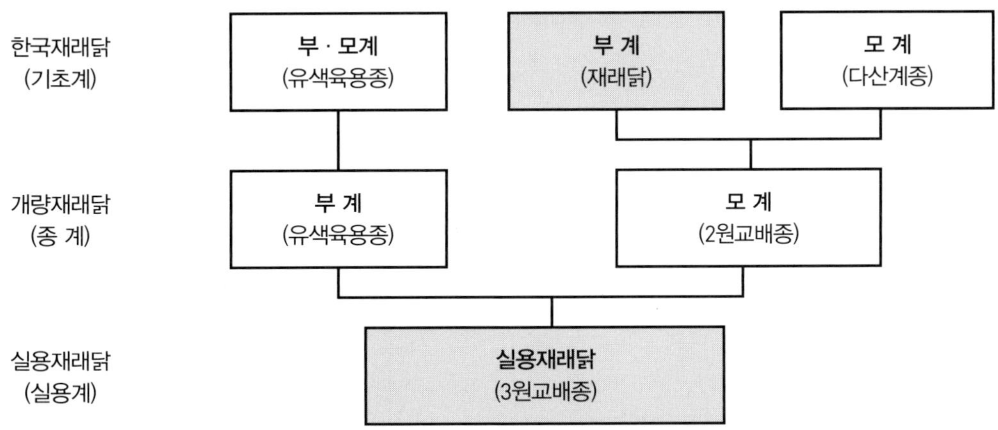

[그림 1-12] 실용 재래닭 생산모식도

3) 실용 재래닭의 생산능력 및 육질특성

■ 표 1-29 재래닭의 생산능력(64주령)

구 분	성계생존율 (%)	시산일령 (일)	산란수 (개)	평균난중 (g)	성계체중 (kg)	유전적 순수도
한국재래닭 (순계, A)	90.8	154	197	50.3	2.0	100%재래닭
개량재래닭 (종계, B)	97.6	146	226	53.4	2.2	50% 재래닭 (2원교배)
B/A(%)	107	95	115	106	110	

■ 표 1-30 실용재래닭의 산육능력

구 분	생존율(%)		증체효과(kg)		사료요구율		유전적 순수도
	8주령	10주령	8주령	10주령	8주령	10주령	
재래닭순계(A)	98.7	98.0	0.75	1.02	3.20	3.59	100%재래닭
실용재래닭(B)	99.1	98.7	1.33	1.77	2.71	3.12	25% 재래닭
전용육계(C)	94.5	92.9	2.93	3.64	2.28	2.73	0% 재래닭
B/A(%)	100	101	177	174	85	87	
B/C(%)	105	106	45	49	119	114	

가. 재래닭의 육질특성

고기의 조단백질함량이 높고 조지방함량은 육계보다 낮았고 닭고기의 쫄깃쫄깃한 느낌을 갖게 하는 코라젠성분이 높고 풍미에 영향을 미치는 메치오닌과 시스틴등 황함유아미노산이 풍부함은 물론 다즙성, 연도, 기호성 등 관능성이 양호하다.

나. 실용재래닭의 특성

기존재래닭의 고기맛과 육질을 유지하면서 증체효과가 개선되고 경제성이 향상되어 기존재래닭에 비해 증체는 1.8배, 출하체중(1.5kg) 도달일수는 35일 단축, 수익성은 2배의 효과를 가져올 수 있다.

[그림 1-13] 실용 재래닭 (출처: 대한양계협회)

Ⅷ 한국재래닭의 연구방향

1. 생명공학 연구의 결과

1) 3배수체 닭(triploid chicken)

닭은 알 많이 낳고 빨리 자라서 생산비용이 적게 드는 효율성이 높은 경제지표를 목표로 한다. 그리고 닭은 세대간격이 짧고 관리가 용이할뿐만 아니라 저비용 가축이라 유전적 개량연구에 가장 많이 사용되고 있다.

1983년 자연상태에서 처음으로 3배수체 닭이 아주 낮은 비율로 존재하고 이들의 체중은 정상닭 보다 훨씬 크다는 사실이 미국의 Minnesota연구팀에 의해 밝혀진 후 인위적인 3배체 닭의 생산이 큰 이슈가 되었다.

여정수연구팀(1988)이 난자의 감수분열 단계를 억제시켜 2배수성의 난자(2n)를 생산하고 이들에 정자(1n)를 수정시켜 3배체(3n) 닭을 생산하였다. 이렇게 생산된 3배체 닭들은 염색체 구성이 3쌍으로 구성되었고 체중은 정상닭의 180%정도로 큰 수퍼(super)닭이었다. 그러나 이 3배체 닭은 번식이 안 되는 간성(間性)의 형태로 씨 없는 수박의 결과와 비슷하였다.

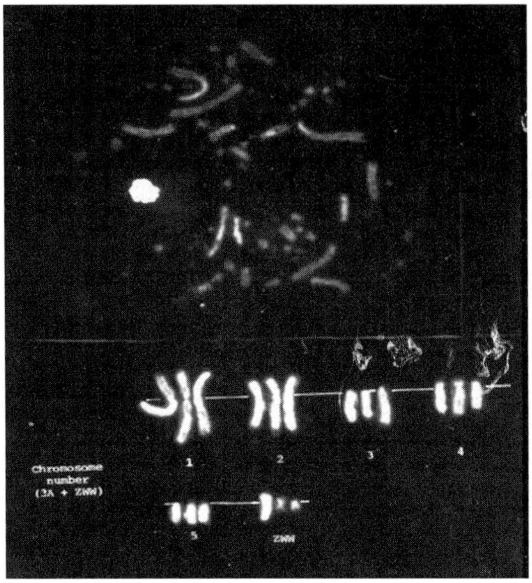

[그림 1-14] 3배체 닭의 염색체구성

[그림 1-15] 정상닭(왼쪽)과 3배체닭(오른쪽)

2) 누드 닭(featherless chicken)

이스라엘 히브리 대학 연구진이 2002년 깃털이 몽땅 뽑힌 기괴한 모습의 누드 닭을 만들어 공개해 효율성만 따진 비윤리적이고, 무자비한 행태라고 소비자들의 비난이 많았다.

털을 없앤 닭을 개발한 이유로 양계산업의 '편의성'과 '경제적 효율성'을 들어, 이 닭은 털을 뽑을 필요가 없어 추가적인 도축 비용이 들지 않고, 도축 과정도 단축돼 시간과 돈을 절약할 수 있는 장점이 있다고 하였다.

또한, 털이 없어 더위에 강해 이스라엘의 무더운 기후에서도 살아남을 수 있고 양계장에서 온도 유지를 위해 별도의 냉방 장치를 설치할 필요가 없다. 이에 더해 털 없는 닭은 체온을 낮추는 데에 소모하는 에너지를 아끼며 빠르게 성장할 수 있어 사육 속도가 빨라져 '효율적인' 생산 및 공급이 가능하다는 목적에서 탄생된 업적이었다.

미국 뉴욕타임스는 털 없는 닭(naked chicken)을 최고의 발명품 중 하나로 신정하기도 했다. 이런 결과는 유전자의 조작된 결과가 아니라 목에 털이 없는 베어넥 종과 일반 닭을 교배한 결과이지만 상업화에 실패한 후 자취를 감췄다고 알려졌다. 그러나 이러한 결과는 인간의 이기심과 욕심이 낳은 괴물로 통하며 앞으로도 생명공학의 한계성이나 두려움으로 여전히 회자(膾炙)될 것이다.

[그림 1-16] 털 없는 누드 닭 (출처: BBC(science/nature))

3) 형질전환 닭

최근 국내에서도 초록형광단백질(GFP, green fluorescent protein)를 난자에 주입하여 이 난자가 정자와 수정된 수정란을 만들어 형광단백질 닭을 생산한 결과가 대구가톨릭대 의대 김태완(2004) 교수팀에 의해 처음으로 성공하였다. 그후 서울대 한재용교수팀(2007)은 닭의 원시생식세포에 형광단백질을 주입하여 90% 이상 정상적으로 분화하여 부리나 발, 머리, 가슴, 날개에 녹색형광 빛을 내는 병아리를 생산하였다. 이러한 결과는 인간이 원하는 유전자를 닭의 유전자에 결합시켜 인슈린과 같은 의약물질이나 콜레스테롤을 낮춘 계란이나 비타민을 높인 계란처럼 기능성 계란도 만들 수 있는 가능성을 보여주고 있다.

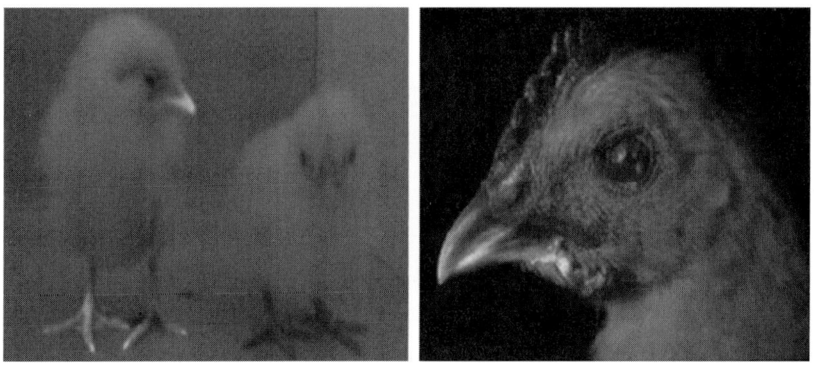

[그림 1-17] 형광 유전자를 조작한 닭

4) 황금 알

일본 산업기술종합연구소의 바이오 메디컬 첨단 게놈 디자인 연구팀은 인간 인터페론β(human interferon β)가 30~60㎎ 함유된 달걀 생산에 성공했다(아사히신문, 2018.9.4일). 인간 인터페론β는 바이러스에 감염됐을 때 체내에서 분비되는 단백질로 암과 간염 치료제로 쓰인다. 연구팀은 닭 수정란 대신 수탉의 시원생식세포(始原生殖細胞)를 분리 배양하는 방법을 택했다. 시원생식세포는 분화돼 정자 · 난자 등 생식세포를 만든다. 시원생식세포에서 흰자 주성분을 만드는 난백알부민 형성 유전자를 제거하고, 대신 인간 인터페론β 형성 유전자를 넣은 후 게놈 편집된 시원생식세포를 수컷 배아에 이식해 수탉(0세대)을 부화시켰다. 이 수탉이 야생 암탉과 교배해 황금알을 낳는 후대를 생산하였다.

유전자 조작 기술로 항암 성분을 함유한 달걀을 낳는 닭은 항암 치료제 성분의 판매 가격으로 환산했을 때, 달걀 하나가 6000만~3억엔(약 6억~30억원)에 달하는 '황금알(金卵)'이라는 게 연구팀 설명이다.

5) 항암제 달걀

영국의 에딘버르대 헬렌 상교수는 BMC Biotechnology논문(2019. 1)에서 닭에게 사람의 유전자를 주입하여 암의 치료용으로 쓰이는 2종류 인체단백질이 계란의 흰자위에서 나타난 결과를 발표하였다. 인체단백질은 바이러스와 암세포를 공격하는 면역단백질과 손상된 조직을 치유하는 단백질로 기존의 항암제 가격보다 1/100 저렴하게 치료용 단백질을 생산할 수가 있다.

인체 단백질은 한 해 약 8조어치가 팔리는 유방암치료제(허셉틴)처럼 다양한 질병의 치료에 쓰이고 있다. 달걀 3개로 1회 접종분의 치료용 단백질을 생산할 수 있어 닭 한 마리가 1년에 300개의 알을 낳을 수 있어 충분한 상업성이 있다고 밝혔다.

2. 재래닭 유전적 특성과 유전학적 위치

1) 닭의 기원에 대한 선행연구

닭에 있어서 분자생물학적 기법을 이용하여 기원을 계통분류학적으로 접근한 연구는 Fumihito 등이 1994년과 1996년에 mitochondrial DNA D-loop(mtDNA D-loop) 영역의 분석을 통하여 닭의 기원은 태국 및 그 주변 지역에서 서식하고 있는 적색야계가 유력하다고 보고하였고, 그 후 2002년에 Niu 등에 의한 중국의 6개 재래닭의 mtDNA D-loop 영역을 이용한 분석 결과와, 2003년에 Hill 등에 의한 유럽 16개국 및 중국, 태국, 이집트, 이스라엘의 재래닭 등 52집단에 대해서 microsatellite(MS) 표지를 이용한 분석에서도 닭의 기원은 적색야계가 가장 유력하다고 보고하였다. 또한 2008년에 Kanginakudru 등은 MS 표지를 이용한 분석에서 인도의 적색야계가 현재의 닭의 기원이라고 주장하였다.

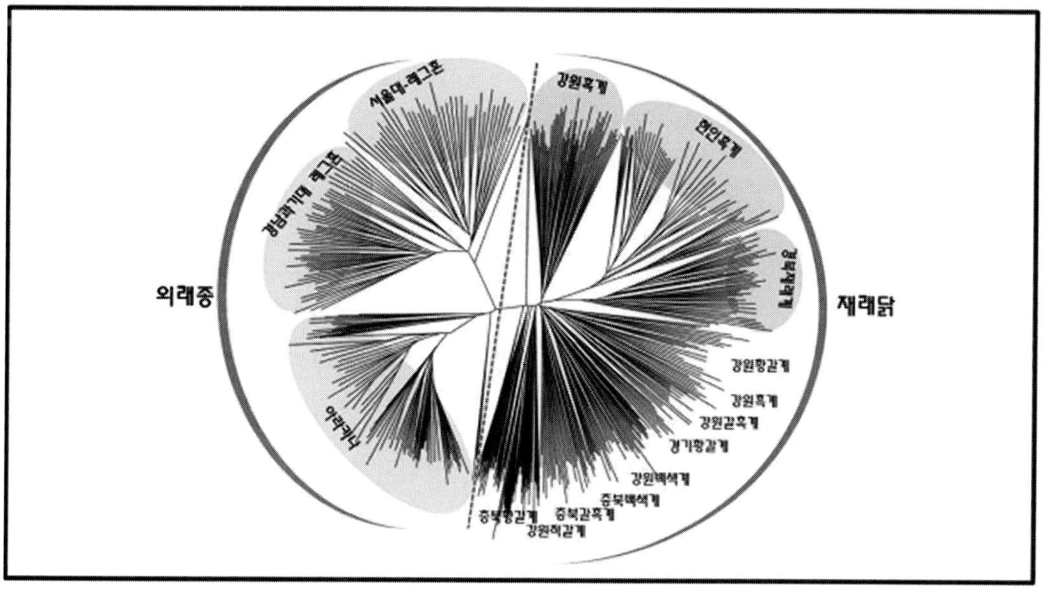

[그림 1-18] 닭 mtDNA 분석에 의한 9개 haplogroup, Liu 등 2006

반면에 2004년 Schlotter과 2008년 Eriksson 등은 닭의 황색피부색 연관 유전자인 BCDO2를 분석한 결과, 닭의 기원은 적색야계와 회색야계가 관여하였다고 보고하였다. 2006년에는 Lui 등이 중국의 운남성을 중심으로 한 31개 재래닭 집단의 mtDNA D-loop을 조사한 결과, 다수의 야계가 닭의 가금화에 관여하였다고 보고하였다.

2) 분자생물학적 분석 기법

가축의 유전적 다양성, 계통유전학적 분석 등을 통한 가축의 기원, 가축화시기 및 유전적 이동경로 등을 해석하기 위해서 일반적으로 mtDNA(mitochondrial DNA)와 MS(microsatellite) 표지를 적용한 많은 연구들이 수행되고 있다.

mtDNA는 모계유전양상을 보이며 반수체(haploid) 특징과 유전자재조합이 거의 발생하지 않는다. 특히 mtDNA 내부의 D-loop 영역은 높은 염기변이율에 의한 풍부한 유전적 정보를 가지고 있어 집단유전학적 분석 및 가축화 기원 연구에서 많이 이용하고 있다.

MS 표지는 단백질을 암호화하지 않는 영역으로서, 1~6개의 염기가 10~50회 가량 단순하게 반복적으로 배열되는 형태로 genome 내부에 매우 많이 나타난다. MS 마커에 의한 대립유전자형은 서열의 반복 횟수에 의해서 결정되며, 개체에 따라서 다양하게 나타난다.

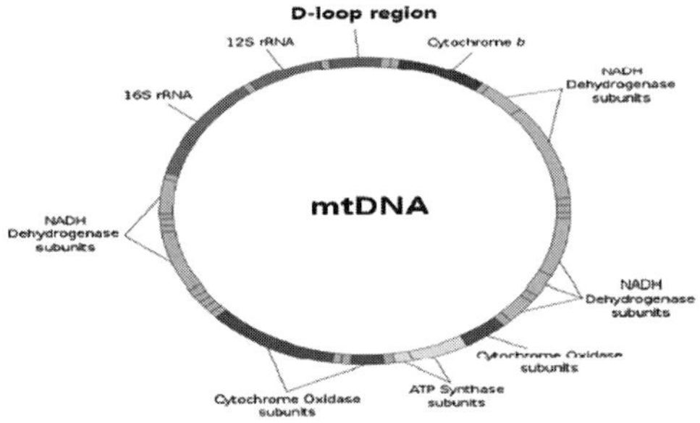

<mtDNA D-loop>

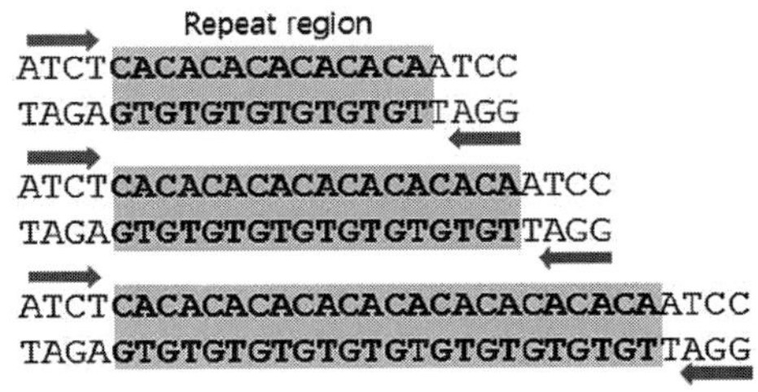

<MS 표지>

[그림 1-19] mtDNA D-loop 영역 및 MS 표지 모식도

3) 재래닭의 유전특성 및 유학적 위치

현재 우리나라 재래닭의 기원 및 유전학적 위치를 파악하기 위한 계통유전학적 분석을 위해서 mtDNA(mitochondrial DNA) D-loop 영역과 유전체 상에 존재하는 MS(microsatellite) 표지를 이용한 우리나라 재래닭의 유전학적 위치에 대한 분석결과를 소개한다.

가. mtDNA D-loop 영역에 대한 우리나라 재래닭의 기원

황갈색계통, 흑색계통, 적색계통 및 오골계 등 국립축산과학원이 보유하고 있는 재래닭과 제주도 축산진흥원에 보유 중인 재래닭, 긴꼬리닭 3개 계통이 공시되고 외래품종으로는 코니쉬, 로드아일랜드 및 백색레그혼 등 3개 품종을 함께 이용하여 분석하였다.(조 등, 2011)

모든 공시시료의 mtDNA D-loop 서열을 분석한 결과 35개의 변이부위가 동정되었으며, 이로 인해 21개의 반수체 (haplotype)로 분류되었다. 재래닭에서만 19개의 반수체가 동정되었으며, 이들 중 9개는 GenBank database에 미등록된 신규 반수체로 확인되었다.

닭 반수체의 유연관계를 추정하기 위하여 관찰된 21개 반추체와 집단을 고려하여 median joining 방법을 이용한 상관성 분석을 실시한 결과 우리나라 재래닭은 적어도 모계(母系)혈통이 다른 4~5개의 선조집단에 영향을 받아 형성되었다는 것을 추정할 수 있다. 또한 재래닭에 대한 일본과 중국의 연구결과와 비교해봤을 때 중국과는 매우 유사한 반면 일본과는 상이하게 나타났다. 이런 결과는 중국의 재래닭이 한반도로 이입(移入)되었음을 알 수 있으며, 또한 일본은 한반도로부터의 유입과 더불어 한반도 이외의 지역으로부터의 유입 가능성을 보여주는 것이다. 이상의 결과로 우리나라 재래닭은 모계혈통이 다른 복수의 모계에 의해서 집단이 형성되었음을 짐작할 수 있다.

나. MS 표지에 기초한 우리나라 재래닭의 기원

MS 표지에 기초한 우리나라 재래닭의 집단내 및 집단간 유전적 변이성 분석도 재래닭은 황갈색계통, 흑색계통, 적색계통 및 오골계 등 4집단과 제주재래닭, 긴꼬리닭 3집단 및 3개 외래품종(코니쉬, 로드아일랜드, 백색레그혼) 등 11집단 462수를 분석에 공시하였다.

집단간 유전적 유연관계를 분석한 결과 긴꼬리닭 3개 계통은 하나의 클러스터를 형성하며 가장 가까운 유전적 유연관계를 보인 반면 각각의 재래닭 집단들은 뚜렷한 별도의 클러스터 형성 없이 독립적인 위치를 보였다. 또한 재래닭 3계통간 유전적 거리지수는 0.112~0.181인 반면 재래닭 각 계통과 오계간 유전적 거리지수는 0.190~0.231로 나타나 재래닭 각 계통-오계보다는 재래닭 3계통간에 유전적으로 더 가깝게 나타났다.

우리나라 재래닭의 집단 내 유전적 균일도를 조사한 결과, 긴꼬리닭 3 계통, 오계, 백색레그혼종 및 로드아일랜드종의 6집단은 90% 이상의 균일도를 보이며 특정한 군락을 형성하는 것으로 밝혀졌다.

반면에 재래닭 집단 중 제주, 흑색, 황갈색 80% 이상의 균일도을 보였으나, 적갈색종은 63.8%의 비교적 낮은 균일도를 보였다. 코니쉬종은 52.9%와 41.6%의 균일도를 보이는 2개의 군락이 확인되었다. 긴꼬리닭, 오계, 흑색, 황갈색 및 제주 계통은 비교적 유전적인 균일도가 높은 것으로 추정되었다.

3. 품종 등록

현재 국내 가축에 대한 공인된 품종등록 인증기관이나 인증 절차는 없는 것으로 알고 있다. 그러나 농작물 종자에 대하여서는 품종등록 인증기관으로 국가기관인 농림수산식품부 소속 국립종자원(國立種子院)이 1974년 설립되어 운영되고 있다. 국립종자원은 신품종 육성자의 권리보호 및 신품종 등록, 주요 농작물 종자의 성능관리 및 품종보호, 신품종 보호 및 품종등록을 위한 재배시험, 농작물 종자의 유통관리, 농작물 우량종자의 생산 · 판매 및 보급, 종자생산에 관한 기술개발 및 경종확립에 관한 사무를 관장할 목적으로 설립되어 현재 4개과 7개 지원으로 구성된 기관이다.

세계 각국의 유전 자원 보유 각축이 이루어지는 가운데 고유 품종에 대한 상업적 독점권을 보호받기 위해 이제는 가축에 대한 품종등록 인증절차와 전담기관이 있어야 할 때이다. 품종보호 개념에서 품종 보호출원과 품종보호권이 부여되어 시장에서 독점적 지위를 확보하고, 분쟁의 사전예방과 더불어 향후 추가 기술개발의 토대를 마련하여야 한다. 작물에서와 마찬가지로 품종 등록을 위해서는 신규성, 구별성, 균일성, 안정성, 품종명칭이 기본 조건이 되고, 등록 후 품종의 권리를 법적으로 보장하여주는 지적재산권의 한 형태로서 보호 권리를 부여하여야 한다. 현재 가축에 있어서 국립종자원과 같은 품종인증 관련 전담기구의 설립은 차치하더라도 최소 품종등록을 위한 출원과 심사에 관한 업무는 전담할 수 있는 전담 조직이 시급히 만들어져야 하겠다.

IX 인용문헌

1. 菊池爲行, 1907 朝鮮在來鷄에 대하여. 韓國中央農會報, 1~3券: 23~
2. 三田淸三郎, 1911 南朝鮮의 養鷄業(一) 朝鮮農會報 6~7券 8~
3. 三田淸三郎, 1911 南朝鮮의 養鷄業(二) 朝鮮農會報 6~7券 20~
4. 三田淸三郎, 1911 南朝鮮의 養鷄業(三) 朝鮮農會報 6~7券 20~
5. 케이티生, 1914. 朝鮮養雞概要(下). 朝鮮農會報 9~12券 31~
6. 吉田雄次郎, 1921. 朝鮮의 養鷄 現況. 朝鮮農會報 6券, 1~
7. 油井岱治, 1926. 在來鷄 肥育에 대해. 勸業模範場彙報 2券, 159~
8. 油井岱治, 1927. 在來鷄 産卵能力調査. 勸業模範場彙報 3券, 185~
9. 閑亭生, 1927. 朝鮮의 養鷄 將來에 대하여. 朝鮮의 畜産 6-3:44~49
10. 吉田雄次郎, 1927. 慶北知禮豚과 靑里養鷄部落. 朝鮮의 畜産 6-4:23~32
11. 조선농무휘보(朝鮮農務彙報) 明治45(1912) 朝鮮總督府, 農業政策
12. 권연주. 여정수 외, 1995. 한국산 토종닭고기의 품질특성. 한국가금학회지 22(4) 223-232
13. 오봉국, 1985. 한국가금발달사(韓國家禽發達史), 오당(梧堂) 오봉국박사 회갑기념편찬위원회
14. 여정수,1988. 닭에서 2배수성 난자의 생성에 관한 연구. 한국가금학회지 15:67-71
15. 여정수 외, 1993. 한국 재래계의 유전자 지문에 관한 연구. 한국 가금학회지 20(4):209-216
16. 여정수, 1994.유전자 지문을 이용한 한국재래계의 식별. 한국축산학회지36(3): 221-225

17. 여정수, 1997. 유전자지문을 이용한 한국재래닭의 유전적식별과 보존에 관한 연구. 경북 축산기술연구소.

18. 여정수. 김재우, 1995. DNA지문을 이용한 토종닭의 유전적 소질에 관한 연구. 한국축산 학회지 37(4) 329-335

19. 여정수 외, 1998. 유전자지문을 이용한 한국재래계의 경제형질연관 유전표식에 관한 연 구, 영남대 자원개발 17(1):1-8

20. 정선부, 정일정, 박응우, 여정수, 1989. 한국재래닭의 유전적 특성에 관한 조사연구. 한 국가금학회지 16(4) 209-217

21. 조창연, 이풍연, 고응규, 김학규, 박미나, 연성흥. 2011. mtDNA D-loop 변이로 확인된 한국재래닭의 다양한 모계기원. 한국가금학회지. 38(1):5~12.

22. 한성욱외, 1995. 재래닭의 경영 및 판매 실태에 관한 조사연구, 가금지 22(3);167~178

23. 최철환, 2003. 가금 유전자원 보존 활용. 축산기술연구소

24. A Fumihito, T Miyake, S Sumi, M Takada, S Ohno, and N Kondo. 1994. One subspecies of the red junglefowl (Gallus gallus gallus) suffices as the matriarchic ancestor of all domestic breeds. PNAS. 26:12505-12509

25. Niu, D., Y. Fu, J. Luo, H. Ruan, X.P. Yu, G. Chen and Y.P. Zhang. 2002. The origin and genetic diversity of Chinese native chicken breeds. Biochem. Genet,. 40: 163-174.

26. Sriramana Kanginakudru, Muralidhar Metta, RD Jakati and J Nagaraju. 2008. Genetic evidence from Indian red jungle fowl corroborates multiple domestication of modern day chicken. BMC Evolutionary Biology. 8:174.

27. Eriksson J., Larson G., Gunnarsson U. et al. (2008) Identification of the yellow skin gene reveals a hybrid origin of the domestic chicken. PLoS Genetics 4, e1000010, doi: 10.1371/journal.pgen. 1000010.

28. Liu Y.P., Wu G.S., Yao Y.G., Miao Y.W., Luikart G., Baig M., Beja-Pereira A., Ding Z.L., Palanichamy M.G., Zhang Y.P. (2006) Multiple maternal origins of chickens: out of the Asian jungles. Mol. Phylogenet. Evol.,38,12 - 19.

제 2 장

재래돼지

I 역사 속의 돼지

기록에 남겨진 우리나라의 돼지와 관련된 것은 644년 편찬된 진(晉)나라 역사책인 진서(晉書)에, 부여국(夫餘國)에서는 돼지를 도축하는 과정에서 가죽과 털을 활용하기 위해 가죽을 벗겨 털을 제거하여 도축하였고 "부여(夫餘)국에서는 소와 양은 없고 돼지를 많이 길러서, 그 고기는 먹고 가죽은 옷을 만들며 털은 짜서 포(布)를 만든다"라고 기록하고 있다. 그리고 발해국지장편(渤海國志長編, 김유불, 1935)에서 783년 발해가 당나라에 돼지가죽 1,000장을 수출한 기록이 있다는 역사적 사실에서 우리 조상들의 생활 속에 돼지의 가치도 중요한 부분임을 짐작할 수가 있다. 돼지는 약 2,000여 년 전 고구려 시대부터 소형종 만주 돼지가 유입되어 한반도에 유래 확대된 것으로 알려지고 있고 신라에서는 육전(肉典, 궁중요리를 맡는 부서)에서 외딴 섬에 돼지를 놓아서 길렀다는 기록도 있다.

1. 삼국시대의 돼지

삼국사기(三國史記)에 "고구려 유리왕 19년(기원전 1) 8월에 교시(郊豕)가 달아나므로 왕이 탁리(託利)와 사비(斯卑)라는 자로 하여금 뒤를 쫓게 하였더니 장옥택(長屋澤, 지명) 중에 이르러서 돼지를 찾아 다리 근육을 끊었는데 이 사실을 왕이 듣고 '제천(祭天)할 희생(犧牲)을 어찌 상하게 한 것이냐.'하며 두 사람을 구덩이에 넣어 죽였다."는 기록이 있다.

이를 통해 고구려에서는 제사를 지낼 때 필요한 희생물을 관리하는 관리들이 따로 있었으며, 희생용 돼지를 매우 중요하게 여겼음을 볼 수 있다. 그런데 2년 후에도 교시(郊豕)가 달아났는데, 이를 뒤쫓던 관리가 국내위나암(國內尉那巖)에 이르러 이 지역 자연이 준험하고, 토양이 오곡을 재배하기에 적합하며, 또한 산짐승과 물고기 등 산물이 많은 것을 임금께 아뢰었고 이것이 계기가 되어 서기 3년에 고구려의 수도를 국내로 옮기고 위나암성을 쌓게 된 것이다.

- 희생(犧牲): 천지(天地), 종묘(宗廟) 제사 때 바치는 동물
- 교시(郊豕): 조상과 천지신명께 드리는 제사에 산채로 바치는 행사에 쓰일 돼지

고구려 10대 산상왕(山上王, 재위: 197~227)은 대를 이을 아들이 없어 근심을 앓고 있었는데 208년 교시(郊豕)가 달아나자 관리들이 쫓아가다가 주통촌(酒桶村)이란 곳에서 후녀(后女)라는 처녀가 먹이로 돼지를 유린해서 붙잡게 되었다. 관리들이 후녀에 대해 임금께 이야기하

였고, 마침내 임금이 후녀와 관계하여 아들을 낳았다. 이에 아들의 이름을 '교체(郊彘 - 성밖의 돼지)'라 하였는데, 그가 곧 동천왕(東川王, 재위: 227~248)이 된다.

소와 말은 철기시대부터 가축화 되었지만 돼지의 경우는 통일신라시대까지 사육의 증거는 출토되지 않고 있다. 고구려 벽화에는 멧돼지 그림이 있는데, 사육한 돼지는 그 흔적이 거의 발견되지 않고 있다. 그 큰 이유로 생각할 수 있는 것은 소는 풀만 뜯어 먹어도 쉽게 키울 수 있는데 돼지는 사람이 먹는 곡물을 축내는 짐승이라서 기르기 힘이 든다는 것이라 여겨진다. 그 증거로 조선 후기의 실학자 한치윤(韓致奫)의 "해동역사"(1823)에 보면 조선시대 고기의 가격이 나오는데 소고기는 한 근에 7~8푼, 돼지고기는 한 근에 1전2푼으로 더 비싸다.

고구려 지배층의 혼인풍습으로 남자가 처가 옆에 마련한 서옥(사위집)에 들어갈 때 돈과 옷감 등을 예물로 주었으나 혼인 풍습이 변하여 남자 집에서 돼지고기와 술을 보낼 뿐 다른 예물은 주지 않았다. 중국 북사(北史) 고구려(高句麗) 편에도 혼인에 있어서는 남녀가 서로 사랑하면 바로 결혼시키고 남자 집에서는 돼지고기와 술만 보낼 뿐이지 재물을 보내주는 예는 없다고 기록되어 있고 고려나 조선시대의 춘분날 조정에서 빙실(氷室)의 얼음을 내기 전에 사한제(司寒祭)를 올렸는데 이때 돼지 한 마리를 올렸다는 기록이 있다.

중국 청(靑)대의 식육은 거의 돼지고기 일색이었지만 우리나라는 고래부터 육식과 거리가 멀었고 고구려, 백제, 신라 모두 농경을 위주로 한 경제였고 가축은 매우 귀했기 때문에 그리고 또 4세기 이후부터 보급되는 불교의 영향으로 국가적인 육식을 금했기 때문에 고기를 먹는 문화가 형성되지 못했다.

[그림 2-1] 고구려 고분 안악3호분의 육고(肉庫) 그림 (출처: 동북아연구재단)

2. 쇠퇴한 육식문화

신라의 33대 성덕왕(聖德王 10년, 711년)은 가축을 함부로 죽여 육식하지 말라는 의미의 도살(屠殺)을 금하라는 명령을 내렸다. 불교가 도입된 이후, 함부로 살생을 금지하는 법이 생겨 육식 소비에 영향을 어느 정도 미치게 되었음을 알 수가 있다. 968년 고려 광종(光宗)도 도살하는 것을 금지하고, 궁에서 쓰는 고기도 시장에서 사들인 것으로 볼 때, 불교의 영향으로 소나 돼지를 죽이는 것을 차츰 꺼리게 되었음이 분명하다. 그러다보니 고기를 다루는 것도 차츰 서투르게 되어 육식 문화가 전반적으로 쇠퇴하게 되었다.

1123년 고려를 방문한 송(宋)나라 사신인 서긍(徐兢)은 그의 책 고려도경(高麗圖經)에서 당시 고려의 육식문화가 발달하지 못했다고 적었다. "고려는 정치가 심히 어질어 부처를 좋아하고 살생을 경계하기 때문에 국왕이나 상신(相臣)이 아니면 양과 돼지고기를 먹지 못한다. 또한 도살을 좋아하지 아니하여 다만 사신(使臣)이 이르면 미리 양과 돼지를 길렀다가 시기에 맞추어 사용하는데, 이를 잡을 때는 네 발을 묶어 타는 불 속에 던져, 그 숨이 끊어지고 털이 없어지면 물로 씻는다. 만약 다시 살아나면, 몽둥이로 쳐서 죽인 뒤에 배를 갈라 장위(腸胃)를 다 끊고, 똥과 더러운 것을 씻어낸다. 비록 국이나 구이를 만들더라도 고약한 냄새가 없어지지 아니하니, 그 졸렬함이 이와 같다." 이처럼 고기를 다루는 문화가 퇴보함에 따라, 가축 가운데 돼지의 인기가 떨어지게 된 것이다. 말(馬)은 군사적 필요에 의해, 소(牛)는 농사에 필요하기 때문에 많이 길러졌지만, 농사에 도움이 되기는커녕 곡물을 먹고 밭을 망가뜨리는 돼지(猪)는 육식을 삼가는 고려에서 환영 받지 못하는 가축이었음을 짐작할 수 있다.

3. 조선시대의 돼지

1392년 조선의 건국 초기의 큰 변화는 불교를 억제하고 유교를 숭배하는 억불숭유정책(抑佛崇儒政策)으로 "육식금지"가 풀리는 미미한 밥상문화의 변화를 엿 볼 수 있었지만 조선시대에 돼지 키우기가 보편화 되지 못했던 것은 소가 고기보다는 농사에 필요하여 돼지 보다 더 경제적이었기 때문이었다. 그리고 온돌에 필요한 땔감으로 숲이 사라지고 숲에서 먹을 것이 부족한 돼지는 결국 인간이 먹어야 할 곡식을 먹을 수밖에 없어 식량이 넉넉하지 않은 상황에서 돼지를 키우는 것은 부담스러웠던 것이다. 때문에 돼지는 뒷간에서 분뇨를 먹으며 키워지기도 했다.

1448년 명(明)나라 사신 동월(董越)이 집필한 조선부(朝鮮賦)에서 '조선에서는 집에서 돼지를 기르지 않으며 목축에는 염소를 볼 수 없다고 했다. 또 말을 부리는 사람은 있으나 소를 부리는 사람은 적다'라고 할 정도로 조선에서는 돼지를 많이 기르지를 않았다(동방한문학, 2012).

중국문화와 풍습에 의존하며 살았던 우리에겐 중국이 중세까지 돼지고기가 사람에게 해롭다고 여겨 한약복용에는 금기시 됐던 것으로 인하여 우리나라도 중국 고대 의서를 좇아 19세기 초까지도 돼지고기를 기피했다. 물론 조선시대에도 돼지는 소, 양과 함께 3대 희생(犧牲) 제물이었기에 전국에서 길러졌다. 특히 돼지는 종묘(宗廟)와 사직(社稷) 등 여러 제사에서 사용됐을 뿐만 아니라 사신 접대를 위해서도 필수품이었기 때문에 일정부분의 돼지사육을 유지하여 왔다.

조선 후기의 실학자 서유구(徐有榘: 1764~1845)가 저술한 농서 임원경제십육지(林園經濟十六志)에는 중국 당나라 의서『천금식치(千金食治)』를 인용해 '돼지고기를 오랫동안 먹으면 정충이 감소하여 병을 앓게 되고 온몸의 근육이 아프며 기억력이 없어진다'라고 했다. 그리고 당나라의 의서『식료본초』를 인용해서는 '돼지고기를 오랫동안 먹으면 약효가 받지 않고 풍(風)을 통하게 하여 열병. 고질병. 학질. 이질. 치질 등의 질병을 가져 온다'라고 했다.

이처럼 돼지고기의 기피는 쇠고기의 선호로 나타났지만 농경사회에서 소는 없어서는 안 될 가축이었기 때문에 조선시대에는 자주 도우금지령(屠牛禁止令)을 내려 소를 보호하였다.

조선의 실학자 박제가(1750~1805)는『북학의』에서 '우리나라에서는 돼지고기나 양고기는 병이 날까봐 기피하고 소고기만 먹는다. 소의 번식력이 돼지나 양만 못한데 자꾸만 도살해 버리니 농사에 커다란 지장을 준다'라고 소고기에 대한 지나친 선호를 경계하였다.

[그림 2-2] 재래돼지 풍속화 (출처:NH 농협)

II 돼지의 역사적 기록

1. 왕조실록과 기록속의 돼지

조선왕조실록을 통해 돼지고기가 사용된 중요한 사실들을 살펴보면 돼지의 역사적 의미를 이해할 수 있을 것이다.

1) 제향(祭享)에 사용된 돼지

■ 태종 13년(1413년 1월 21일)

예조에서 종묘 · 사직제의 희생을 쓰는 제도(用牲之制)를 올리었다.

"종묘에서는 소 · 양 · 돼지를 쓰고, 사직에서는 소 · 돼지만을 쓰고, 선농(先農) · 선잠(先蠶)에서는 돼지만을 썼으니, 청컨대, 이제부터는 고제(古制)에 의하여 사직 · 선농 · 선잠에서도 모두 양(羊)을 쓰게 하소서."그후 태종13년(1413년)4월 제사제도를 대사(종묘.사직), 중사(선잠.선농), 소사(사한.마조)로 정하였다.

- 종묘(宗廟): 조선시대 역대 왕과 왕비의 『魂』을 모시고 제사지내는 사당
- 사직(社稷): 농사의 풍년을 기원하는 토지신인 『社』와 곡식의 신인 기장『稷』을 모시는 것
- 땅의 신(社)과 곡식의 신(稷)에게 제사하는 대제사(大祭祀)와 풍년을 비는 선농(先農), 좋은 베 짜기를 비는 선잠(先蠶), 좋은 기후를 바라는 우단(雩壇)에 제사하는 중제사(中祭祀)가 있었다.

■ 태종 18년(1418년 8월 1일) 조선왕조실록

하늘에 기우제(祈雨祭)를 지내고 3일 동안 비가 오면 천신의 은혜에 감사하는 보사제(報祀祭)를 지내는데 이때 제사에는 수돼지를 올리는 풍습이 있다. 보사제를 행할 때 보면 돼지가 살찌지 않은 것을 사용하는 것은 하늘(天)을 섬기는 뜻이 없어 하늘을 제대로 섬기지 못한다고 책망하는 상소가 있어 태종은 이 상소를 그대로 따르라고 명한다.

■ 세종 6년(1425년 8월 11일)

사제(司祭) 희생(犧牲)은 모두 거세(去勢)한 양과 돼지를 썼으므로, 그들을 접대하던 의정부 참찬 황희(黃喜)가 묻기를, '희생을 어찌하여 거세한 것을 쓰느냐.'고 하니, 양선이 대답하기를, '숫 짐승은 비리기도 하고 살지고 크지도 않으므로, 무릇 원구단(圓丘壇)이나 종사(宗社)의

제사에는 우생(牛牲) 외에는 모두 거세한 것을 쓴다.'하고, 겸하여 희생을 선택하여 미리 기르는 법을 더 자세하게 말하였다.

■ 세종 7년(1426년 4월 24일)

"대소(大小) 제향에 쓸 짐승은 깨끗한 곳에서 기르는데, 담을 쌓고 문을 달아 다른 짐승들과 섞이지 않게 하여 깨끗하고 살찌게 합니다. 그러나 짐승을 바칠 때 소에 싣기도 하고, 사람이 지기도 하는데, 이렇게 하면 깨끗하지 못하고 더럽게 되어 정성을 쏟고 공경을 드리는 뜻에 어긋남이 있사오니, 청컨대 선공감(繕工監, 토목,영선,시탄의 공급을 맡던 관청)에 명령하시어 상자가 장치된 수레를 만들어 싣기 어려운 제사소(祭祀牛) 외에는 염소나 양이나 돼지는 수레로 실어 바치게 하소서."하니, 그대로 따랐다.

2) 돼지의 가치

■ 세조 5년(1459년)

돼지가죽 1장은 베 10필의 가격인데 이를 가공한 갑옷은 베 50필에 달한다 라고 기록되어 있어 피혁제품의 생산을 위한 돼지껍질의 가치가 돼지고기보다 높고 귀중함을 알 수 있는 부분을 기록하고 있다

■ 성종 12년(1481년 5월 4일)

경기 관찰사(京畿觀察使)가 와서 아뢰기를, "중국 사신(天使)을 접대하기 위해 본도(本道)에서 별공(別貢)하는 돼지(猪)는 3백여 구(口)인데, 큰 고을에서는 15구(口)이고, 작은 현(縣)에서는 7, 8구(口)입니다. 몸체가 크고 살이 찌지 아니한 놈은 받아들이지 아니하기 때문에 한 마리의 값이 혹은 포목 20필(匹)에 이르기도 합니다. 지금 큰 소의 값이 포목 10필(匹)을 넘지 않는데, 돼지는 그 갑절이나 됩니다. 소 한마리를 돼지 네 마리에 준(准)하게 하고, 섞어서 쓰는 것이 어떠하겠습니까?"

■ 명종 21년(1566년 4월 17일)

10묶음 채소의 값이 쌀 20두(斗)에 이르며, 1마리의 돼지 값이 쌀 10여 곡(斛)에 이르니, 백성의 생활이 어떻게 곤궁하지 않을 수 있겠습니까?

• 1승(升) = 1되, 1두(斗) = 1말, 1곡(斛) = 10 말

■ 인조 15년 승정원일기(1637년 8월 28일)

인조와 영접도감(迎接都監)사이에 중국사신의 밥상에 돼지고기(猪肉) 대신 소고기(牛肉)로 대체한 일로 "왜 중국사신 접대에 전례에 어긋나는 돼지고기(猪肉) 대신 소고기(牛肉)를 마련했는가?"라는 인조의 질문에 영접도감은 "매일 연향에 저육을 쓰는 곳이 많아 부족할까 걱정되어 전날 반선에 우육을 마련하였는데 저육 2근이 너무 소략한 것 같아 우육을 한 근 더 마련한 것입니다. 혹 저육을 먹자고 청하거든 저육으로 바꿔 주겠습니다."라고 하는 기록에서 돼지고기의 부족함을 엿 볼 수 있다.

3) 금기시한 돼지고기

■ 태종 17년(1417년 윤 5월 8일)

조선 사신단이 명(明)나라에 도착했는데 황제가 내시를 불러 명령했다. "조선인들은 원래 돼지고기를 먹지 않으니 소고기와 양고기를 공급하도록 하라" 조선사람들이 돼지고기를 즐기지 않는다는 것을 명나라 황제도 익히 알고 있었던 것이다.

■ 세종 25년(1443년 3월 4일)

"노루나 사슴은 사냥을 해야 하니 번거롭고 돼지고기는 어떨고?"하니 그건 아니 되옵니다. 본시 우리나라 사람들은 원래 돼지고기를 즐기지 않습니다. 보통사람들도 그러한데 전하의 수라상에 돼지고기를 올릴 수 있겠습니까?

임금(세종)이 돼지고기를 먹겠다 해도 신하들은 말렸다.

4) 전염병 문제

가축사육에서 가장 큰 위협은 전염병 이었다. 이들의 전염병은 때로 인간에게 전염도 문제지만 전염병이 돌면 가축들이 대량으로 죽기 때문에 사육농가에 큰 피해를 입혔다.

■ 중종36년(1541년 11월 2일)

돼지전염병이 돌아 신하가 임금께 아래는 글로 '돼지가 병들어 죽는 일이 걱정됩니다. 중대한 제물로 쓸 희생물이 이처럼 많이 죽으니 이는 막대한 재앙이라 매우 경악스럽습니다. 소의 전염병은 치료라도 있지만 돼지는 치료방법이 없으니 어떻게 해야 할지 모르겠습니다'

이해 3월부터 다음해 1월 까지 강원도, 함경도, 황해도, 경기도 등지에서 많은 돼지가 죽었음에도 당시의 조치라고는 돼지를 격리하는 정도뿐이었다.

■ 숙종 8년(1682년 1월 28일)

숙종때 송시열은 조선 사람들의 소고기 집착을 지적하기도 했다.

"전하, 소 돌림병(牛疫)이 있은 뒤로 남은 것이 많지도 않은데 여전히 백성들은 소 잡기를 그치지 않고 있다고 하옵니다."

숙종은 "조선 사람이 즐겨먹는 고기가 소고기 말고 딱히 없지 않은가?"하니 "그건 워낙 우리나라 사람들이 고기만을 먹는 버릇 때문에 그런 것입니다."라고 고기에 대한 기록이 많다.

5) 돼지고기 음식과 조리방법

돼지고기가 호평을 받고 음식을 조리하는 방법의 장단점을 지적한 기록을 찾을 수 있다.

- ■ 숙종 45년(1719년), 영조 20년(1744년), 순조(1800~1834) 때 집필된 진찬의궤(進饌儀軌)와 그리고 광무 5년(1901년)의 고종 50회 생일잔치 기록인 진연의궤(進宴儀軌)에 저포탕(猪胞湯)과 저육탕(猪肉湯)이 등장한다. 여기서 저포탕은 돼지의 태반으로 끓인 탕이고 저육탕은 오늘의 돼지국밥이다.
- ■ 박제가(1750~1805)의 "북학의"에서 조선 사람들의 소고기 편식을 비판했다. "어떤 사람들은 우리나라에 다른 가축이 없어서 소 도살을 금지하면 딱히 먹을 고기가 없다고 걱정하지만, 천만에! 소 도살을 금지한 뒤에 백성들에게 다른 가축사육에 힘을 쏟게 한다면 우리나라에서도 필시 돼지와 양이 번성하게 될 것이다"어떤 사람은 돼지와 양이 우리나라 습성에 맞지 않아 먹으면 병이 걸릴 것이라 걱정하는데 음식은 자꾸 먹어야 습성이 생기는 법이다. 중국사람들이 돼지나 양을 먹는다고 병에 걸렸던가? 라고 음식습관을 질타하기도 하였다.
- ■ 빙허각 이씨(憑虛閣 李氏, 1759~1824)는 조선시대 여성실학자로 생활경제 백과사전인 규합총서(閨閤叢書)에서 '돼지고기는 본디 힘줄이 없으니 몹시 차고 풍병(風病)을 일으키며 회충의 해를 끼치니 풍병(風病)이 있는 사람과 어린아이는 많이 먹으면 안 된다. 쇠고기와 같이 먹으면 뱃속에 벌레가 생기고 생강과 같이 음식 만드는 것을 삼갈 것이며 붕어, 양의 간 등과는 같이 먹지 말라'고 하면서 돼지고기로 만든 요리로는 찜과 굽기, 돼지가죽 요리만 소개되고 있으며, 돼지 키우기는 언급 조차 되지 않고 있다.
- ■ 철종9년(1858년 11월) 중국인 21인이 풍랑으로 충남 태안에 표류 중 입항했는데 이들이 가진 것은 황두(黃豆), 소미(小米) 와 더불어 저육(猪肉)이 있어 돼지고기는 중국인들의 비교적 흔한 음식재료인 것으로 알게 되었다.

2. 돼지와 연관된 풍습

1) 속신(俗信)

가. 굿 행사

무당의 큰 굿에서는 돼지머리 만을 제물로 쓰는 경우가 많고 동제(洞祭)에서는 온마리 돼지를 사용하는데 이는 돼지가 지신(地神)의 상징으로 인식되었기 때문이다. 돼지머리의 제사상위에 올라가는 제물은 일본에도 중국에도 없는 우리나라만의 고유한 풍습은 이미, 삼국시대 고구려에서부터 그 맥이 이어져오고 있다.

나. 풍년 행사

조선 후기에 홍석모(洪錫謨)가 연중행사와 풍속들을 정리하고 설명한 세시풍속집 동국세시기(東國歲時記)에 의하면 상해일(上亥日)에 궁중에서는 나이가 젊고 지위가 얕은 환관 수백인을 동원해서 횃불을 땅위로 아래위로 휘저으며 "돼지주둥이 지진다"고 하며 돌아다니게 하였는데 이는 풍년을 비는 뜻이라고 하였다.

다. 기타

임신 중 여자가 돼지고기를 먹으면 아이의 피부가 거칠고 부스럼이 많다고 하며, 산모가 돼지발을 삶아 먹으면 젖이 많이 난다고 한다. 또한 돼지꼬리를 먹으면 글씨를 잘 쓴다고 믿으며 꿈에 돼지를 보면 복이 오고 재수가 있다고 한다.

2) 속담

가. 돼지가 더럽고 우둔한 동물

제격에 맞지 않는 치장을 할 때 '돼지우리에 주석 자물쇠'라는 표현을 쓰고, 결함이 있는 사람이 결함이 없는 사람을 나무랄 때 '똥 묻은 돼지가 겨 묻은 돼지 나무란다', '그슬린 돼지가 달아맨 돼지 타령 한다'와 같이 사용된다.

나. 먹는 일과 관련된 속담

주된 본(本)일 보다 부수적 일이 큰 비중을 차지할 때 '돼지 값은 칠푼이요, 나무 값은 서돈이라'고 하며 염치없이 음식을 탐하는 사람을 보고 '파리한 돼지 두부 앗는 날'이라고 말한다.

다. 목청이 크고 거칠어서

듣기 싫은 노래를 크게 부를 때 '돼지 멱따는 소리'라 하고 컬컬한 쉰 목소리를 '모주 먹은 돼지청'이라 한다.

Ⅲ 의약서를 통해서 본 돼지

1. 음선정요(飮膳正要)

중국 원나라 홀사혜(1314년)가 황실에서 음선(飮膳)을 담당했던 경험을 토대로 지은 궁정 요리책에 정리 된 돼지고기와 관련된 내용에서 그 효능을 잘 기록하고 있다.

1) 돼지고기 효능

- 돼지고기는 폐혈하고 맥이 약하며 근육과 뼈가 약한데 좋다.
- 몸이 찬 사람과 살이 많은 사람은 적게 먹는 것이 좋고, 기생충이 있어 날(生) 것으로 먹는 것을 금하며 반드시 익혀서 먹어야 한다.
- 돼지고기는 음기(陰氣)를 보호하는 효능이 커서 위와 장에 윤기를 주고 피부를 윤택하게 하며 변비와 마른기침에 좋다.
- 돼지기름은 해독과 살충작용이 있어 수은과 같은 중금속 중독의 예방과 치료에 효과가 있어 납을 다루는 사람은 자주 돼지고기를 먹어 납의 독을 제거할 수 있다고 하고, 먼지를 많이 먹을 경우 돼지 삼겹살을 찾게 되는 경우를 볼 수 있다.

2) 돼지고기 장기(臟器)별 효능과 약재

① **돼지 염통과 허파**: 보혈작용이 있고 심장에 유익하며 심신을 안정시킨다.

② **돼지 간**: 양혈(養血)하고 간을 보호하며 눈을 밝게 한다.

③ **돼지 지라**: 비장을 튼튼하게 하고 소화작용을 촉진한다.

④ **돼지 폐**: 폐를 윤택하게 하고 기침을 멎게 한다.

⑤ **돼지 콩팥**: 허를 보하고 신장을 좋게 하며 땀을 멎게 하고 수(壽)를 도와준다.

⑥ **돼지 췌장**: 폐에 유익하고 비장을 보하며 음을 자양하고 조(爪, 손톱)를 윤택하게 한다.

⑦ **돼지 위**: 비장과 위장을 튼튼하게 하고 허약과 소산(小産)을 보호해 준다.

⑧ **돼지 쓸개**: 종기를 가라앉히고 통증을 멎게 하며 해독작용이 있고 습(濕)을 제거해 준다.

⑨ **돼지 껍질**: 음을 자양하고 열을 제거해 준다.

⑩ **돼지 족**: 보혈하고 젖을 잘 나오게 하며 신장을 자양하여 정력을 왕성하게 한다.

2. 동의보감

1) 돼지 부위별

① **돈육(豚肉: 돼지고기)**: 성질이 차고(寒), 서늘하다(凉)고도 한다. 맛이 쓰며(苦) 독이 약간 있다. 열을 내리는 힘이 있어 열로 대변이 막힌 데와 혈맥(血脈)이 약하여 힘줄과 뼈(筋骨)가 허약한 것을 치료한다.

- 돼지고기는 약 기운을 없애고 풍(風)을 동(動)하기 때문에 오랫동안은 먹지 말아야 한다.
- 수은중독과 광물성 약 중독을 치료한다.
- 돼지고기를 먹으면 살이 빨리 오르는데 그것은 비계가 많기 때문이다.
- 돼지는 수(水)에 속하는 집짐승이다. 그리고 맛이 좋은데 달면서 짜다. 그 성질은 약간 찬데 그 기운은 먼저 신(腎)으로 들어간다.
- 돼지고기에서 골은 버리고 먹어야 한다.

② **돈랑(豚卵: 돼지 음낭)**: 성질이 따뜻하고(溫) 맛이 달며(甘) 독이 없다. 분돈증(奔豚證)과 5가지 융폐증(癃閉證,소변불통), 사기(邪氣,나쁜 기운), 연축(攣縮, 순간 근육수축), 경간(驚癎,경련), 전질(癲疾,간질), 귀주(鬼疰, 귀신이 붙음), 고독(蠱毒,저주에 의한 병)을 치료한다. 일명 돈전(豚顚)이라고도 하는데 그늘에서 말려 두되 썩지 않게 해야 한다.

③ **돈방고(豚肪膏: 돼지 기름)**: 피부를 좋아지게 하고, 손에 바르는 고약을 만들어 바르면 손이 트지 않는다. 여러 가지 악창과 옹저(癰疽)를 치료하고 벌레를 죽이는데, 이것을 졸여서 여러 가지 고약을 만들어 쓴다. 반묘(斑猫,가뢰)와 원청(芫靑,멍)의 독을 풀어준다. 음력 섣달 해일(亥日)에 삽은 것을 쓰는데, 물이 들어가지 않은 것은 오랫동안 변하지 않는다. 오달(五疸, 황달)을 치료하며 태반을 나오게 하고 해산을 쉽게 한다.

④ **돈혈(豚血: 돼지 피)**: 분돈기(奔豚氣,복통증후군) 및 해외장기(海外瘴氣, 풍토병)에 주효하다.

⑤ **돈기고(豚鬐膏: 돼지 갈기(목덜미)로 만든 고약)**: 성질이 차고 머리털을 나오게 한다.

⑥ **대저두(大猪頭: 돼지 머리)**: 허(虛)함을 보(補)하고 기(氣)를 돋우어 경기와 간질(驚癎), 치

질(五痔)을 없앤다.

⑦ **저뇌(猪腦: 돼지 뇌)**: 풍(風)기가 있고 뇌가 혼미할 때 그리고 동창(凍瘡)에 주효하다.

⑧ **저골수(猪骨髓: 돼지 골수)**: 성질은 차다. 박손(撲損, 타박상)과 동창(凍瘡)에 주효하다.

⑨ **저골(猪骨: 돼지뼈)**: 여러 종류의 독을 해독한다. 불로 태워 재를 물에 섞어 복용한다.

2) 돼지 장기별

① **저간(猪肝: 돼지 간)**: 성질은 온하다. 묽은 설사(冷泄久滑), 여성의 대하(赤白帶下)에 주효하고 습(濕)을 제하여 각기(脚氣)병을 치료한다.

② **저심(猪心: 돼지 염통)**: 성질은 열하고 경기(驚邪), 간질(驚癇), 심혈부족을 치료한다.

③ **저비(猪脾: 돼지 비장)**: 비장과 위장의 허열(虛熱)에 주효하다. 진귤홍(陳橘紅, 잘 익은 귤), 생강, 인삼, 총백(蔥白, 파뿌리), 진미(陳米, 묵은쌀)와 함께 갱(羹, 갱식이)으로 끓여 먹는다.

④ **저폐(猪肺: 돼지 허파)**: 성질은 한(寒)하다. 폐를 보호하고 반묘(斑猫, 가뢰), 지담(地膽, 쓸개)의 독을 없앤다.

⑤ **저신(猪腎: 돼지 콩팥)**: 성질은 냉(冷)하다. 신장의 기운을 바르게 하고 방광을 원활히 통하게 하고 수장(水藏,오줌통)을 보(補)하여 요슬(腰膝,허리와 무릎)을 따뜻하게 한다.
이롱(耳聾, 귀머거리)과 요통을 치료하고 신장을 보하는 것이지만 자식 수를 적게 한다.
동절기에는 먹지 말아야 한다. 사람의 진기(眞氣)를 손상한다.

⑥ **저두(猪肚: 돼지 밥통)**: 성질은 미온(微溫)하다. 골증열로(骨蒸熱勞,뼛속이 후끈후끈 달아오르는 증세)에 주효하고 허리(虛羸, 허약함)를 보(補)하며 기운을 돋게 하며 지갈(止渴, 갈증해소), 지리(止痢,설사멈춤), 허약함을 치료한다. 노충(勞蟲)을 없앤다. 사계절 어느 때 먹어도 무방하다.

⑦ **저장(猪腸: 돼지 창자)**: 허갈(虛渴,허약한 기운) 소변삭(小便數, 잦은 뇨)에 주효하다. 하초(下焦, 배꼽아래)의 허갈(虛渴)을 보(補)한다.

⑧ **저담(猪膽: 돼지 쓸개)**: 성질은 미온(微溫)하고 때로는(一云) 대한(大寒)이기도 한데 맛은 고(苦,쓰다)하다. 상한열갈(傷寒熱渴,심한열감기), 골열로극(骨熱勞極, 뼈에 열이 극함), 대변불통, 습닉(濕䘌,등창), 지혈부지(膿血不止,지혈이 안됨)에 주효하다. 또 어린이들의 오감(五感, 시각, 청각, 미각, 후각, 촉각), 살충(殺蟲)에 주효하다. 원활한 배변이 이뤄져 심장으로 연결되어 맥이 통한다.

⑨ **저이(猪胰: 돼지 췌장)**: 성질이 한(寒)하다. 마른기침(肺氣乾脹)의 천급(喘急,천식), 기창

(氣脹, 폐의 확장) 에 주효하고 준포(皴皰, 피부가 터짐), 간증(皯黵,기미)을 없앤다.

⑩ **저황(猪黃: 돼지 담석)**: 종기, 혈변설사에 주효하다. 쓸개 중의 누른색으로 물에 녹혀 복용한다.

[그림 2-3] 삶은 머리와 내장

3) 기타 부위별

① **저치(猪齒: 돼지 이빨)**: 성질은 평(平)하고 소아의 경기 및 뱀에 물렸을 때 주효하다.

② **저유즙(猪乳汁: 돼지 젖)**: 소아의 경기나 천조(天弔,소아간질), 성인들의 저계간병(猪雞癎病,腎과 肝의 간질)에 주효하다,

③ **저설(猪舌: 돼지 혀)**: 비장을 건강하게 하고 사람으로 하여금 능히 진식(進食,입맛이 돌아옴)하게 한다.

④ **저사족(猪四足: 돼지 족발)**: 성질은 차고 맛은 달(甘)다. 기운을 돋우고 유즙을 내리게 하며 전탕(煎湯, 따린액)으로 상처를 씻으면 심한 통증을 없앤다.

⑤ **저현제(猪懸蹄: 돼지 무릎안쪽 군살)**: 성질은 평(平)하고 치질, 장옹내식(腸癰內蝕,장이 썩음)에 주효가 있다.

⑥ **저이중구(猪耳中垢: 돼지 귀지)**: 뱀에 물린 상처에 주효하다.

⑦ **저부(猪膚: 돼지 껍질)**: 성질은 한(寒)하고 맛은 달고 독이 없다. 상한객열(傷寒客熱,열감기), 설사, 인후통증, 가슴통증, 심장통을 치료한다. 돼지는 수축(水畜)이다. 그 氣는 신장으로 들어가 소음(少陰)인의 열을 없앤다. 부(膚,피부)란 기부(肌膚,표피)를 말하며 옻을 먹인 돼지의 껍질 위의 흑피(黑皮)를 사용하도록 한다.

- **저부(猪膚)**: 돼지를 뜨거운 물에 데칠 때 문지르는 흑부(黑膚)/겉질의 바깥피(皮)

⑧ **저시(猪屎: 돼지똥)**: 성질은 차다. 천행열병(天行熱病, 심한열병), 황달, 습비(濕痹,관절염), 벌레 독을 치료한다. 오줌을 불로 태워 남은 재로 열독을 치료한다.

Ⅳ 일본 치하의 양돈업

일본의 을사조약(乙巳勒約, 1905년) 이후 1908년을 전후하여 개량종인 버크셔종(Berkshire)과 요크셔종(Yorkshire)의 국내 도입으로 도입종과 재래종 사이에 교잡화가 실시되었다. 일제강점기에 재래돼지와 버크셔종의 누진교배(累進交配)를 장려하여 순수한 재래돼지 혈통은 거의 소멸되는 위기에 처하였다. 단지, 산간오지나 도서지역의 일부에서 순수한 재래돼지 형태를 유지하고 있었다. 이러한 조선 농촌의 계몽과 일본 내지의 돈육 공급을 위해 조선총독부에는 우리 서서로 가지지 못했던 정확한 조선 재래돼지의 기록과 그 당시 농촌의 여건을 알 수 있는 기록들이 남겨져 있다.

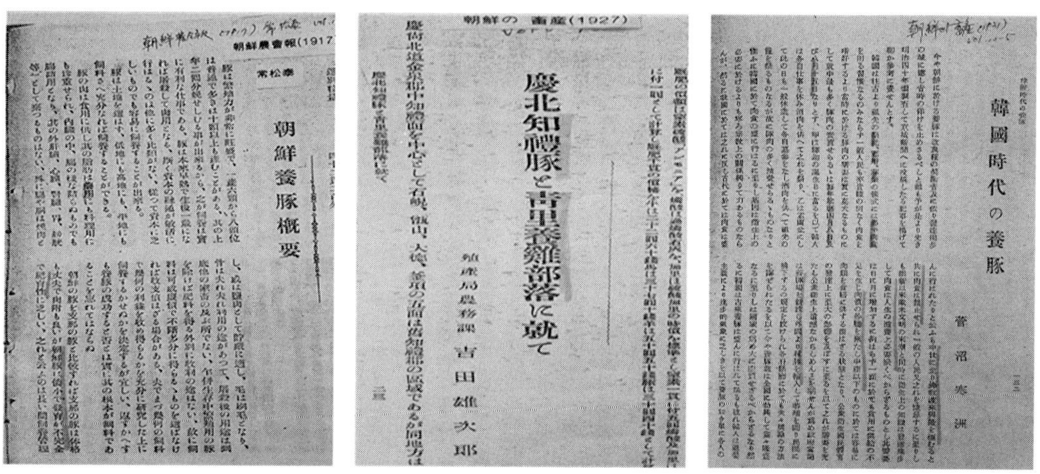
朝鮮農會報(1917

朝鮮養豚概要

常松泰

朝鮮の畜産(1927)

慶北知禮豚と吉里養雞部落に就て

殖産局農務課 吉田雄次郎

韓國時代の養豚

[그림 2-4] 조선 재래돼지의 기록

1. 재래돼지의 특징과 능력

1) 재래돼지 특징

재래돼지 특징이나 특성에 관한 문헌상 기록에서 100여년 전 실상을 엿 볼 수 있다.

가. 1920년대 발간된 조선농업편람

재래돼지는 피모가 흑색으로 체격은 왜소하고 체중은 22.5~32.5kg이며, 머리는 길고 뾰족하며, 배는 심히 하수되어 있고, 만숙에다 비만성이 없으나 체질은 강건하고, 번식력도 양호하며, 특히 육미(肉味)는 조선 사람들의 입맛에 적합한 것 같다고 기술하였다.

나. 조선총독부 권업모범장 성적요람(1927)

조선의 재래돈은 체질이 강건하고 번식력이 강하다. 체격은 극히 왜소하여 6~7관(22.5~26.25kg)에 지나지 않는다. 또한 성숙이 늦고 비만성이 결핍하여 경제 가치는 열등하여 이를 개량하는 것이 극히 긴요하다 라고 기록하여 재래돼지의 개량 필요성을 강조하였다.

다. 국립 농사시험장 보고서(1946)

"국립농사시험장에서 구입한 재래종으로 보이는 돼지의 체중은 8~10kg 정도로 왜소하며, 비량진직(鼻粱眞直)하고 종(縱)으로 주름이 있고, 배선(背線)은 심히 아래로 구부러지며 임신하면 배가 활처럼 땅에 닿고 번식력도 왕성하고, 저항력도 강하며, 고기는 거의 적육 뿐인 흑색돈이다 라고 기록되어 있다.

라. 한국 재래돼지의 외형적 특징

① **모색**: 전체 흑색이고 광택이 있다(얼굴과 꼬리 끝의 흰색이 있는 경우도 있다)

② **얼굴**: 함몰형의 안면, 긴 주둥이, 큰 눈. 직립형 귀

③ **몸**: 둥근 어깨, 좁은 배면, 10-12개 젖꼭지, 넓은 가슴, 긴 엉덩이

④ **다리**: 짧지만 균형된 사지

마. 양돈산업의 상황

① 일본인들의 한국 재래돼지의 특성과 사육조건의 체계적인 조사를 하였고

② 개량돼지의 도입으로 성장이 늦은 한국 재래돈의 농가사육은 기피하였으며

③ 재래돼지의 우수한 육질과 개량종의 육량을 목표로 한 잡종돼지 생산이 이뤄졌다.

2) 생산능력

번식력과 육질에 우수한 경제성을 가지면서도 왜소한 체구의 더딘 발육성을 가진 재래돼지의 생산능력을 정리한 기록에서, 1917년에 조사된 기록과 비교한 10년 후 1927년의 생산능력은 성성숙이 2개월 이상 단축되었고 산자수도 2두 이상 증가되어 출하월령도 2개월 단축되는 기록을 보여주고 있다.

■ 표 2-1 10년간 재래돼지의 생산능력 비교

	1917년(常松泰)	1927년(지례돼지, 吉田雄次郎)
성 성 숙	14개월	10–12개월
산 자 수	보통 6–8두(10두도 생산)	보통 10두(최고 15두 생산)
출하월령	12개월	10개월(암;30kg, 수;40kg)
분만회수	년간 2회(숙련된 농가)	년간 2회
이유월령	8주령(일반농가 10–12주령)	8주령
경 제 성	장점: 강한 번식력, 우수한 육질, 조방사육에 강한 적응력 단점: 왜소한 체구, 늦은 발육, 저조한 비육성	

2. 조선양돈 개요

일본인 常松泰(1917)는 100년 전 조선양돈업의 구체적인 상황을 정리한 보고서를 작성하였다.

1) 사육관리

돼지는 번식능력이 1산 차에는 6~8두이고 다산 개체는 10두 이상으로 1년 2회 분만을 한다. 사양관리가 잘 되면 조숙한 개체는 생후 1세에 육용으로 도살할 수가 있어 자본의 회전과 경제적 운영이 잘 이뤄질 수 있다.

돼지고기는 식용으로, 지방은 약용이나 조리용으로, 그리고 내장 중 장기(臟器)에 따라 취급하는 정도가 다르지만 간장, 심장, 신장, 위, 방광 등은 버려질게 하나도 없고 특수부위인 퇴(腿, 넓적다리살), 동(胴, 몸통)은 훈증(熏蒸)육으로, 염장(鹽藏)으로 저장에 적당하다.

조선돼지는 支那(중국)돼지에 비해서 왜소하고 발육이 불완전하여 비육성이 결핍되어 있다. 그러나 재래돼지는 번식력이 강하고 조방사육에 잘 견디기 때문에 재래돼지의 암컷을 이용한 점진적인 개량이 필요하다. 육용으로 사용되는 수컷은 생후 4~5주에 거세(去勢)를 한다.

2) 종자돈(種子豚)으로 버크셔종의 표준

재래돼지의 흑색모와 체격 형태가 비슷한 버크셔(Berkshire)종은 강건하고 중형으로 후구(後軀)가 길고 깊으며 4지(四肢)의 배치가 양호할 뿐만 아니라 자돈의 성장이 강인하고 13개월에 최고의 고기를 생산할 수가 있기 때문에 재래돼지와 교잡을 통해 생산능력을 증대시키는데 가장 적합하다.

버커셔종의 종돈으로서 표준체격을 모색(毛色), 전구(前軀), 중구(中軀), 후구(後軀), 품위(品位), 자세(姿勢) 등을 상세히 기록하고 있다.

① **어미돼지(牝豚, 빈돈)**: 번식력이 강하고 유두(乳頭)가 10~12개가 되어야 하며 번식적령은 생후 8개월에서 만 1세로 발정은 30~40시간 지속되고 발정 후 12~13에 종부가 가장 좋다. 발정은 21일마다 반복되기 때문에 수태여부를 알 수가 있는 척도이다.

② **아비돼지(牡豚, 모돈)**: 1세가 지나야 번식용으로 활용하고 5~6세엔 번식력이 떨어지고 비만을 시켜 비육용으로 제공된다.

③ **아비돼지(牡豚) 대 어미돼지(牝豚)의 합사(合祀)비율**: 강건성과 영양상태를 고려하여 초년 모돈 (牡豚)인 경우 1: 2,30두 암컷, 2,3세의 경우 40두 암컷과 합사함으로서 교미가 잘 이뤄질 수 있다.

④ **평균 임신기간**: 116일~120일로 어미의 유두가 팽창하고 유즙이 흐르면 24시간 이내에 분만이 되고 분만완료 후 15~30분에 태반이 만출 된다.

⑤ **자돈인 새끼**: 어미의 유량과 발육이 깊이 관여되고 이유 시엔 3,4일간 매일 1회 어미의 포육을 시키고 격리시키는 방법이 좋다.

3) 돼지의 분만조견표

돼지를 종부한 후 누구나 쉽게 분만 예정을 종부후 114일로 예측하는 표를 나타내고 있다. 가로 첫줄의 종부 월(月)과 세로 첫줄의 종부 일(日)이 마주치는 날짜가 분만 예정일이 된다.

예로서 3월 10일에 교배를 시켰을 경우 7월 3일이 분만예정일이 되는 것이다.

4) 질병관리

가. 돈슬(豚虱)

자돈, 비육돈, 임신돈에 기생하여 발육부전을 일으키는 것으로 초기에는 미지근한 콜탈(2%)로 돈사를 세척하고 2주 후 한번 더 소독한다. 1:1로 석유와 기계유 또는 테래핀기름 (송

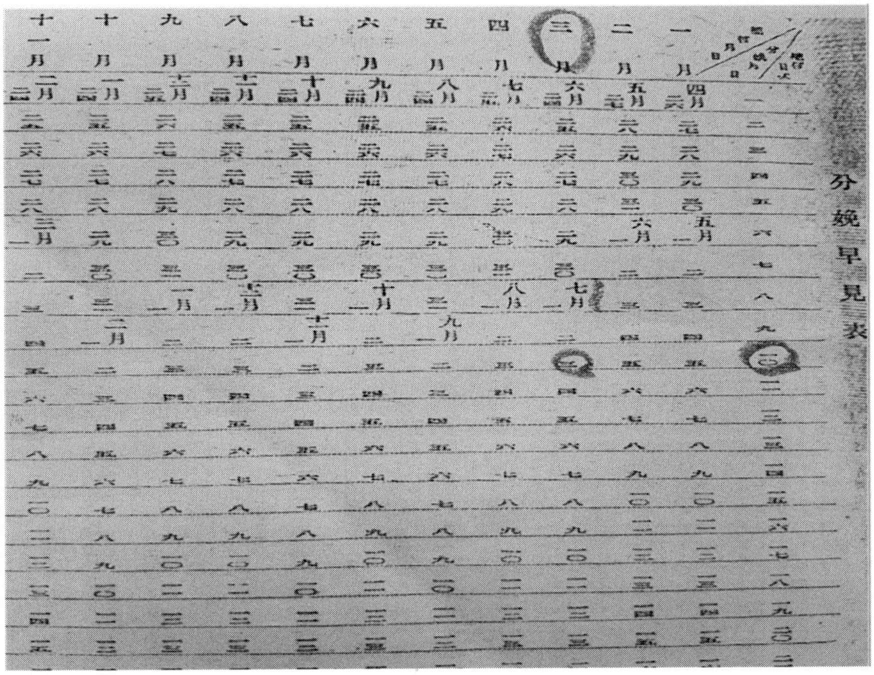

[그림 2-5] 돼지의 분만조견표, 1917

진에서 추출)과 기계유 1:2로 희석해서 몸에 발라준다.

나. 내장충(內臟蟲)

돈사의 불결함과 사양관리 불결에서 오는 기생충으로 영양장해로 발육부전과 관절이 약해져 체구가 왜소해 진다. 회충, 화조두충, 신충, 폐장충 등을 제거하기 위해서 테래핀기름을 체중 80근 당 3g 또는 4g을 3일간 아침사료에 혼합해서 먹인다.

다. 하리(下痢)

포유 중인 자돈의 설사로 산후 어미돼지에 지방질이 많은 사료의 과식이나 농후사료 과식으로 생기는 병으로 아침저녁으로 어미사료에 소량의 녹반과 석탄수를 혼합하여 급여하면 된다.

라. 변비(便祕)

운동부족과 농후사료 과다 급여로 생기는 것인데 아마인 박(粕)을 사료에 혼합하면 효과가 좋다.

마. 구루병(佝僂病)

자주 새끼에 나타나는 관절과 근골에 생기는 문제로 동물질 사료의 부족이나, 식물질 사료의 과다, 운동의 부족, 돈사의 불결한 환경, 산성사료, 태양광선이 부족한 돈사에서 오기 때문에 충분한 위생에 주의하면 해결이 된다.

3. 재래돼지 사육현황

돼지는 새끼를 많이 낳아야 하고 조비조숙성(早肥早熟性), 사료이용성(飼料利用性), 우량 비료생산(肥料生産)과 우수 가공품(加工品)을 생산하는 것이 최고이다. 미국에서 주장하는『일산일돈(一産 一噸)』, 즉 어미돼지 한 마리가 한배 새끼를 낳아 판매 시 새끼들이 1톤의 고기를 생산한다는 것을 목표로 하였다. 현재의 WSY(weight/sow/year) 2,500kg과 같은 사육목표의 홍보로 이용되었다.

1) 세계돼지 사육현황

吉田雄次郎(1927)은 그 당시에 국제 돼지사육현황을 정리한 내용을 기록하였다.

미국의 돼지사육두수는 제일 많았고 인구비례 사육두수는 일본의 500배로 일본의 돼지사육은 매우 적고 인구비례 사육두수도 조선의 1/6밖에 되 않았다. 조선의 사육두수는 일본의 2배 정도로 인구 천명 당 사육두수는 조선의 1/6, 그리고 국토 면적당 비율도 1/3정도로 일본의 양돈사육이 저조하였다.

■ 표 2-2 세계 각국의 돼지사육현황

국 별	돼지사육두수	인구 천명 당 두수	면적 1평방마일 당 두수
영 국	3,566,944	80	38
독 일	16,843,512	282	96
불란스	5,405,840	137	25
덴마크	2,854,854	876	166
미 국	54,234,000	5,130	18
캐나다	5,026,509	572	1
내지(일본)	667,820	11	11
대 만	1,341,486	337	122
조 선	1,150,027	68	36

2) 조선의 지역별 돼지 사육현황

조선의 돼지사육농가 수는 737,775호로 조선의 총 호수 3455,080의 21.4%였다. 이들이 사육하는 총 사육두수는 1,150,027두로 인구 1,000명당 68두의 사육규모로 보고되었다. 개량종을 제외한 조선돼지 사육두수가 874,859두(전체의 76.07%)로 각도별로 나타난 두수도 다음 표에 정리하였다.

■ 표 2-3 조선의 돼지사육현황, 1927년

도 명	조선종			버크셔종과 그 잡종			요크셔종과 그 잡종		
	수	암	합	수	암	합	수	암	합
경기도	13,688	22,747	36,435	13,471	26,148	39,655	951	1,755	2,706
충청북도	22,767	20,131	31,898	736	1,573	2,309	39	74	113
충청남도	13,825	19,739	33,564	3,657	5,270	9,027	97	139	236
전라북도	41,320	51,892	94,212	5,481	6,892	12,373	24	37	61
전라남도	54,650	71,543	126,193	5,433	10,385	15,818	266	469	735
경상북도	19,048	27,073	46,157	691	1,019	1,711	237	363	600
경상남도	25,279	34,145	59,424	791	1,312	2,103	17	26	43
황해도	27,433	43,483	70,916	6,479	16,484	25,963	305	354	659
평안남도	9,661	13,373	23,034	18,780	34,077	52,857	276	249	525
평안북도	49,279	66,530	115,809	2,241	15,544	26,785	279	258	537
강원도	22,372	45,392	67,764	4,697	7,849	12,546	–	–	–
함경남도	35,604	48,615	88,219	11,104	14,387	25,491	–	–	–
함경북도	40,900	40,334	81,234	4,043	5,141	9,183	302	384	686
합계	369,862	504,997	874,859	89,604	146,217	235,821	2,793	4,108	6,901

개량종 사육두수는 275,168두(전체의 23.93%)로 버크셔종과 그 잡종 235,821두, 요크셔와 그 잡종 6,901로 보고하였다.

버크셔종과 그 잡종을 500두 이상, 요크셔와 그 잡종 200두 이상 사육하는 부군(府郡)을 각 도 별 분포에서 버크셔의 경우 평안북도 용천에선 6,700두로 요크셔는 경기도 강화도에서 700두로 제일 많이 사육하고 있다.

중국(支那)종도 함경도 온성(穩城)에서 2,800두로 제일 많이 사육하고 있다.

조선 재래돼지는 전라남도와 평안북도에서 10만두 이상으로 제일 많이 사육을 하고 개량종과 그 잡종은 평안남도와 경기도에서 많이 사육하는 분포였다.

4. 재래돼지 개량

吉田雄次郎(1927)의 조사기록에서 조선의 양돈을 적극적으로 변화시킬 수 있는 조선의 특별한 점을 분석하였다.

1) 조선 양돈사육의 장단점

가. 유리한 점

조선농가들은 양축, 애축의 양돈사상 보급과 농가가 아닌 일반인도 자연스레 돼지를 기르는 사람이 많다.

대부분 부녀자들이 담당하는데 잉여 노동력의 경제화로 양돈에 종사하고자 하는 의식이 보편화될 것으로 생각한다.

잔반, 기타 농산물 폐기물을 이용하는 사양관리에서 술찌거기(豆糟), 겨(糠), 소주박(燒酒粕), 감자 등을 이용한 사료공급이 가능할 것이다.

나. 취약한 점

자급자족에 근거한 사육으로 과학적 경영의 노력이 부족할 뿐만아니라 품종개량 의지가 약하다. 그리고 가축위생 개념이 부족하여 전염병예방이 항상 염려된다.

협동조합과 같은 조직화나 관(官)의 협력에 자치적 훈련이 되어있지 못하다.

다. 3대강령

이러한 특성을 살려 양돈업을 더욱 발전시키기 위해 절대로 필요한 장래 조선양돈의 3대강령 골자는;

- 제1이 품종의 개량,
- 제2가 돈육가공업 장려,
- 그리고 제3은 전염병 예방대책이다.

2) 품종개량의 기대효과

품종개량을 위해 재래돈을 버크셔종과 교배를 통해 흑색의 재래돈 외모를 유지하면서 체중을 증대시키는 개량체계를 마련하고, 요크셔종과 지나종(중국종) 등 개량종 돼지를 보급하고 있다.

大正3년(1914) 개량종 보급 통계는 1만두였으나 大正14년(1925)엔 24만두로 총 사육두수의

21%에 달하고 있다. 1년간 도축두수는 75만두를 상회한데 이는 조비조숙(早肥早熟)한 개량종의 돈육 생산율을 100% 향상하여 선진 양돈국의 실예를 배우고 년간 100만두 도축으로 가공사업도 발전시킬 수 있다. 앞으로 1농가당 1두의 돼지 사육으로 현재보다 10배 향상된 미래를 예상해 볼 수 있다.

■ 표 2-4 양돈개량 증식과 육량생산 증가 예상표, 1927

	사육두수	1년간 육돈생산수	1년간 생산총 근량	
현재	1,000,000	750,000	46,500,000	1두 62근
현재두수 유지	1,000,000	1,000,000	175,000,000	1두 175근
농가1호당1수	2,700,000	2,700,000	472,500,000	1두 175근

*사육두수의 육돈생산율 75%, 품종개량 후 육돈생산율 100%
*재래돈 평균 62斤, 버크셔, 요크셔 육돈체중 175斤(경성도축장 평균 근량)
*1貫당 1圓50錢

3) 양돈업 3대강령

- 개량종의 돈육 생산율을 100% 향상
- 년간 100만두 도축으로 가공사업으로 발전
- 1농가 당 1두의 돼지 사육

이러한 양돈 3대강령이 실현될 때, 생돈 1두당 42圓으로 1년 1억1430만원의 생산가액이 되고 150만두의 생육수요가 늘게 되면 120만두는 가공을 하여 1두당 80圓의 생산액으로 증가되기에 1년간 1억 5천9백만원의 생산이 증대되어 개량종 보급의 중요성이 더욱 요구될 것으로 예상하였다.

5. 양돈 특화지역 김천 지례

吉田雄次郎(1927)은 경상북도 김천군 지례면 중심으로 석현, 증산, 대덕, 부항 등 옛 지례군 지역에서 지례돈이 형성된 중심인물, 기후환경, 사료자원 내용을 기록하였다.

1) 지례돈에 대한 기록

수백년 전부터 이 지방에 양돈이 성업하여 산간지대에 방사하여 사육했으며 동절기엔 저녁에 소량의 맥강을 급여로 사료비를 줄이면서 생산자돈의 상당한 수익을 올리는 농가 부업으로 점차 사육자가 증대하고 있다.

지례돼지의 특징은 순 조선종으로 암컷이 8관(30kg)내외, 수컷은 10관(37.5kg)이상이고, 번식력이 왕성하여 초산 1산차에 10두 내외, 경산돈의 경우 15두 내외의 새끼를 생산한다.

육질이 좋고 피모가 기려한 순흑색으로 질병에 강한 특색이 있다. 개량종 버크셔와 지례돈 교배에서 자손의 개량을 통해 생후 10개월에 암컷이 약 10관을 성장하기에 지례 개량돈 사업의 명성이 널리 알려지고 있다.

2) 지례개량돈 사육

지례의 개량돈 사업의 중심인물은 지례읍 金天俊, 부항 유촌리 李範俊, 부항 천산리 朴正夏 등이다.

지례돈 사양관리는 어린돼지 1마리를 1평에 수용하는 면적이고 경계담을 돌과 점토로 쌓고 출입구는 소나무 말뚝을 박고 열고 닫는 문을 설치하였고 깔짚으로는 보통 볏짚과 솔잎을 사용하고 동절기에는 보릿짚이나 밀짚도 썩는다.

3) 지례돈 개량

지례돼지 개량을 위해 버크셔종은 생후 2,3개월령의 것을 7-8圓에 면비(面費)와 축산조합비로 구입하여 昭和 2년(1928년) 1월에 55두의 수컷종자(種牡豚)을 배치하였다.

개량돈과 종부를 장려로 개량용으로 사용할 암돼지 재래돈의 2개월 새끼는 2圓이고 개량돈 종부 잡종 자돈은 3圓-3圓50錢으로 1두당 1-1.5圓의 수익이 생겨 개량돈의 종부 희망자가 계속 늘어나 大正14년(1925)에 양돈개량계(養豚改良契)를 만들어 계원 1호당 1년에 보리 3升(되)와 무료로 종부를 실시하여 584두, 昭和원년(1927)에는 1058두를 종부하였다.

■ 표 2-5 양돈농가의 수지타산

지 출		
암컷구입대	6圓	2세 6貫인 母豚
사료구입대	7圓20錢	맥강3石6斗(1斗20錢)
합계	13圓 20錢	
수 입		
비료매각대	4圓	1년 돈사의 배설물판매
암컷 매각대	6圓	母豚 1두
자돈매각대	51圓	1회생산 8두, 2회 10두 암컷1두 씨앗돈, 17두 1두당3원매각
합계	61圓	
이익	**47圓80錢**	**암컷 1두의 1년간 이익**

*石:10말(斗), 斗: 10되(升), 升:10홉

4) 채비양돈과 잠업

유기적인 순환농법으로 돈사배설물을 뽕밭에 거름으로 활용하여 양잠업과 보리농사에 적극 활용하였다.

자돈생산과 판매는 昭和元年(1927) 12월에 지례 5개면 양돈호수는 2774호로 전체농가수의 2/3이상으로 재래종 모돈1771두, 개량잡종 1373두로 합계 3414두가 매월 700-800두 자돈을 생산하고 2개월령 재래돈은 3圓, 개량잡종은 4-5圓에 거래되어 경남 거창, 전북 무주, 성주 방면으로 유출되고 있다.

5) 지례의 양돈 경제

지출비용은로 6貫 짜리 모돈(母豚) 1두 구입비 6圓과 자가 생산 맥강(麥糠)의 사료비용 1斗(말) 당 20錢의 견적으로 마리당 1일 1되(升)를 소비하는 경우를 전제로 7圓20錢을 합해 총 13圓20錢 이고, 소득은 배설물의 비료대 4圓, 1년 후 모돈 판매대 6圓, 그리고 1년간 18두 자돈 생산으로 암컷 1두는 씨앗돈(豚)으로 남겨두고 17두의 판매대금 51圓으로 총 61圓 수입으로 수지계산을 실시한 결과 암컷 1두의 년간 이익은 47圓80錢 이었다.

[그림 2-6] 자전거로 운반되는 돼지 (출처: http://blog.naver.com/texasatm)

6. 조선 양돈업 분석

1) 일반개황

管沼寒洲(1931)는 경성신문(京城新聞) 투고기사에서 한국인들의 조상에 대한 제사, 관혼, 장례의식에 고기를 사용하는 관습이 있어 일반인들이 좋아하는 고기는 돼지고기로 그 수요가 막대한데 특히 매년 음력 4월8일 부터 8월15일의 경우 술과 고기를 준비해서 조상의 산소에 참배하기에 많은 고기가 소비된다고 하였다.

이조 중엽까지는 불교흥륭으로 육식금지가 일반적이었으나 미국의 문명이 도래하고 신지식의 도입과 깨우침으로 고기가 일상의 영양분 공급원으로 인식하여 식용으로 고기의 공급이 부족한 육류가격의 폭등이 양돈장 신설, 종돈수입, 개량번식체계의 구축이 이뤄졌다.

2) 분석내용

가. 사료원

장류박, 전분박, 이조(飴糟,엿질금), 소두박(팥), 주박(술찌꺼기), 과실폐기물이나 감옥소, 여인숙, 음식점의 잔반(殘飯, 음식찌꺼기)을 이용한 먹이의 공급이 이뤄진다.

나. 깔짚

감자나 덩굴식물을 심거나 푸줏간의 잔재물을 활용하고, 고간류(藁稈類, 마른볏짚)와 건초를 깔짚으로 활용함으로 생산성을 높일 수 있다.

다. 고기가공

육류를 염육(鹽肉, 소금절임), 훈육(燻肉, 연기로 구움)으로 가공한 제품으로 저장성을 높여 이득을 최대화 하여야 한다.

라. 부업사육

경성부근인 남대문 밖의 갈월리, 서대문 밖의 신촌동, 공덕리, 서강, 동호, 마포, 용산 등 돼지사육이 한집에 5~6두 내지 10두를 부업으로 사육하고 있다.

마. 사료급이

사료는 주로 박류(粕類)인 소주박, 탁주박, 두부박 등을 썩어 여기에 미강을 혼합하여 급여한다.

V 근대의 재래돼지

1. 양돈업의 현황

1) 권업모범장 평가기록

가. 권업모범장 보고(1907)

조선의 재래종 돼지를 사양하고 비육시험을 실시하여 마른체구를 기름지게 살찌우는 특성이 모자라서 비육목적을 달성하기는 어려워 도저히 육용동물로서 경제적 가치가 없음이 증명되었 다는 기록이 있다.

특히 일제치하의 한반도 토종돼지의 열등한 능력기록이 1918~1919년 권업모범장 보고에 수치로 기록해 놓았는데, 2년을 키운 조선돼지의 무게가 겨우 30~37.7kg으로 비교집단인 만주돼지에 비해 1/4, 버크셔에 비해서는 1/6의 크기로 경제적 가치는 제로라고 하였다.

나. 권업모범장 성적요람

조선의 가축 중에서 우등한 것은 한우였으나 재래돼지는 개량의 대상으로 판단하였다. 한우는 일본종에 비해 골격이 크면서 온순하고 영리해 일소로는 최상의 조건을 갖추고 있고 거친 사료도 잘 먹고 환경적응 능력이 매우 뛰어나 일본은 1910년부터 1945년 까지 150만 마리의 한우를 수탈하였다. 이에 비해 재래돼지는 체질이 강건하고 번식력이 강하나 체격은 왜소하여 6~7관 (22.5~26.5kg)에 지나지 않는다. 또한 성숙이 늦을 뿐만 아니라 비만성이 결핍하여 경제가치는 열등하며 이를 개량하는 것이 극히 긴요함을 강조하고 있다.

2) 돼지고기 음식

한국음식에 관한 "조선무쌍신식요리제법(朝鮮無雙新式料理製法, 위관 이용기, 1924)에서 아저찜(兒猪蒸: 새끼돼지찜)과 가정생활서인 실학자 홍만선의 산림경제(山林經濟)에 자아저방(炙兒猪方:새끼돼지구이)을 만들기 위해 어린돼지를 뜨거운 물에 담궈 털을 뽑는 도축방법도 제시하고 있다. 한국식품연구원의 전통식품 콘텐츠에 따르면 돼지고기 요리가 처음 나오는 것은 1670년에 저술된『음식디미방(飮食知味方)』이며, 우리나라에서는 고려 말 이래로 돼지고기는 그다지 좋아하지 않았고 사육도 많이 하지 않았던 것으로 추측되고 있다.

근대 이후 100년간 한국 육류구이 문화의 변화에서 제육구이에 대한 내용은『시의전서(是議

全書)』에서는 '제육구이'로, 『조선무쌍신식요리제법(朝鮮無雙新式料理製法)』의 경우 본문에는 '저육구이'로 『조선요리법(朝鮮料理法)』에서도 '저육구이', 『이조궁정요리통고(李朝宮廷料理通攷)』에서는 '돈육구이'였고 그 외에는 제육구이라고 쓰였다.

주재료는 모두 '돼지고기, 저육, 돈육'등으로 나타났고 제육구이의 조리과정은 '고기를 얇게 저며 칼집을 넣고 양념에 버무려 재우거나 그냥 굽는 방법'이라고 할 수 있는데 이러한 조리과정은 너비아니와 같다. 제육구이의 양념은 모든 조리서에 '간장'이 들어가며『조선요리법(朝鮮料理法)』부터는 고추장이 사용되었다. '깨소금, 후추, 파, 참기름, 설탕, 마늘'이 들어가는 것은 갈비구이, 너비아니와 같지만 쇠고기에는 '배즙'을 쓰는 대신 돼지고기에는 '생강즙'을 사용하였다.

[그림 2-7] 너비아니 구이 (출처 : 10000recipe(만개의 레시피))

3) 양돈업 장려

가. 해방과 한국전쟁

해방이 된 후 정부의 적극적인 양돈업의 장려로 1945년 195,291두였던 돼지가 1949년 525,028두로 일시적인 증가가 있었지만 광복이후 혼란으로 피폐해진 축산업이 미처 회복하기도 전에 6.25전쟁이 발생되어 만성적인 식량부족으로 엄청난 고통을 겪게 되었다. 이에 돼지의 가죽이 피혁 제품으로 활용보다는 먹거리로 활용하는 수밖에 없는 먹고 살기가 힘들었던 3년간 전쟁으로 돼지의 수가 급격하게 감소했으나 1950년대 후반에는 130만두 까지 증가하였다.

나. 잡종교배

일본은 소형종인 재래돼지의 생산능력을 향상시킨다는 미명으로 재래돼지와 외래종인 버커셔(Berkshire)종과 요크셔(Yorkshire)종을 무분별하게 교배를 시켜 재래돼지는 사라지게 되었고 6.25전쟁과 산업화를 거치면서 거의 멸종하게 되었다.

다. 똥 돼지

제주에서는 오래 전부터 돌담을 둘러 터를 잡고 통시(便所)에 돼지를 함께 길렀는데 이 시설을 '돗통(돼지우리)'이라고 부른다. 돗통은 배설물과 음식물 쓰레기 처리, 퇴비 생산이라는 생태순환적 원리가 반영된 제주 특유의 시설로 발전했고, 이를 통해 제주흑돼지는 '똥돼지'라는 별칭도 얻게 됐다

2. 돼지사육법

1) 전형적인 돼지우리

소나무 울타리로 만들고 경사진 땅에 토굴을 파서 그 앞에 문을 만든 우리도 있으며 평지에 동서로 우리를 만들어 음양(陰陽)에 따른 암수를 분리해서 사육하기도 했다.

남부지방이나 제주에서는 경사진 땅에 2층 목책을 만들어 위 칸은 측 칸, 아래 칸은 돼지우리로 이용하기도 하였다.

2) 경기도와 강원도의 사육방법

집의 구석진 귀퉁이에 말뚝을 박고 여기에 돼지 귀를 뚫어 새끼줄로 매어서 기르기도 했다.

돼지 먹이는 주로 음식찌꺼기, 쌀과 보릿겨, 술비지, 또는 살을 찌우기 위해 수조. 해조류를 먹였고 삼(蔘)씨 두되에 소금 한두 되를 같이 찧어 겨 3말을 넣어 먹이거나 오동나무 꽃을 먹였다. 또는 물을 좋아해 물가에 매어 놓고 풀을 먹여 살을 찌우는 사육을 했다.

3) 사육기술

고기를 연하게 하기 위해 상수리(꿀밤) 죽을 먹였고 성질이 부드럽고 살을 찌도록 하기 위해 거세를 하였다.

돼지의 질병예방을 위해 꼬리 끝을 잘라 피가 나오게 하였고, 온역(瘟疫, 열병)에 걸리면 무, 무잎, 팔배나무 꽃을, 장역(瘴疫, 유행성 열병)에는 치자나무 열매를 우린 물이나 녹두즙을 먹였다.

3. 돼지고기의 속설

1) 돼지고기와 금기식품

가. 사람이 돼지고기를 먹을 때

매실, 도라지, 연뿌리 등과 돼지고기를 같이 먹으면 설사가 나고 도꼬마리(국화과에 속한 한해살이 풀)와 같이 먹으면 풍의 원인이 되며, 메밀과 같이 먹으면 머리카락이 빠진다.

나. 화채, 붕어, 계란, 노란콩, 자라고기 등

돼지고기와 같이 먹으면 좋지 않은 것들인데- 화채를 같이 먹으면 치질이 생기고, 붕어, 계란, 노란콩 등과 같이 먹으면 기(氣)가 체하고 자라종류의 고기와 같이 하면 내장이 상하며 특히 생강과 같이 먹으면 풍의 요인이 될 뿐만 아니라 얼굴이 검어진다.

다. 기타

돼지의 골은 남자의 양기를 감퇴시키고 돼지고기도 고혈압의 증상인 풍의 원인이 된다.

2) 약재로서 돼지고기

돼지고기를 건강과 연계한 속설을 살펴보면 지금까지 과학적으로 인정되는 부분도 있다.

가. 돼지 부위별

① 돼지의 허파는 사람의 허파와 해소병에 좋고

② 돼지의 목덜미 살은 술에 체했을 때 사용하고, 얼굴이 노랗고 배가 늘어나는 증세를 막는다.

③ 노인의 귀가 잘 안 들릴 때는 돼지 콩팥으로 흰죽을 쑤어 먹는다.

④ 눈병에는 돼지 간을 먹고

⑤ 젖이 잘 안 나올 때는 돼지족발을 고아 먹는다.

⑥ 돼지고기의 입부분은 입술의 종기나 식은땀에 좋다.

⑦ 돼지 잇빨은 단옷날에 태워 가루를 만들어 어린이 경기(驚氣)나 뱀에 물린데, 또는 소고기 먹고 중독된 대 약효가 있다.

나. 기타

① 돼지꼬리에서 뽑은 피는 갑자기 쓰러져 죽어가는 사람을 살리는 묘약이며

② 등뼈의 골수는 사람의 골수에 좋다.

③ 변비를 해결하기 위해서 돼지쓸개 1개를 즙을 내어 식초를 조금 타고 항문 속에 쏘아 넣으면 얼마쯤 있다가 대변이 절로 나온다.

④ 이질(痢疾)에는 저간환(豬肝丸)이 좋다.

⑤ 탈항에는 저간쇄(豬肝涮)가 특효다.

⑥ 각종 피부병과 천식등 호흡기 질환에는 돼지발톱이 효과를 준다.

⑦ 돼지꼬리 태운 재를 머리에 바르면 머리가 난다.

⑧ 돼지털을 태운 재를 깨 기름에 이겨 화상에 바르면 낫는다.

⑨ 돼지 혓바닥은 비위가 약한 사람에 좋다.

⑩ 돼지뼈 중 특히 턱뼈를 태운 재는 천연두 앓는 아이의 곰보기운을 줄이는 역할을 하고

⑪ 패결핵에는 콩팥 기름을 술에 풀어서 대나무 통에 넣고 데워 마신다.

[그림 2-8] 재래돼지의 유전자연구에 대한 관심

Ⅵ 재래돼지의 복원과 유전적 차별화

영남대학교 동물유전학실험실과 포항 자명농장, 그리고 경상북도와 산(産)·학(學)·관(官)이 협력하여 진행되어 온 재래돼지 복원과 개량을 위한 연구가 처음 시도되어 그 결과들을 요약 제시했다.

1. 재래돼지의 유전적 차별성

국내 최초로 첨단기술에 의한 재래돼지의 유전적 차별성과 유전적인 소질을 규명하기 위해 경상북도 연구사업비 지원(1996~1998)으로 영남대학교 동물유전학연구실과 포항 송학재래돼지농장에서 공동으로 수행한 결과들이 정리되었다.

1) 유전자지문(DNA fingerprinting) 표식

일본인들의 기록과 고증에 따른 흑돈(黑豚) 100여두, 개량종인 Yorkshire, Landrace, Hampshire, Duroc 각 10두를 사용하여 DNA지문방법으로 품종별 유전적 특성을 규명하는 연구가 수행되었다.

가. 재래돼지 차별화 과정

- 5세대 동안 재래돼지 유전적 특성을 검정하여 가계집단을 구성하고,
- 수입 개량돼지와 차별되는 DNA구성을 확인한 다음에
- 외형적으로나 유전적으로 차별화 되는 재래돼지 집단을 형성하여
- 100% 유전적으로 순수한 재래돼지 선발 기준을 통해 산업화를 시도하고자 한다.

나. 차별화 DNA표식

유전적 차별성 확보를 위한 유전자지문(DNA fingerprinting)기술을 통해서 재래돼지가 외국 수입종인 요크셔, 듀록, 랜드레이스, 그리고 햄프셔와 차별화 유전적 표식(DNA표식) 3개를 규명할 수가 있었다.

- 유전자의 위치 2.7kb에서 재래돼지에는 표식이 없지만 다른 품종에서 나타나는 특성을 알 수가 있다.

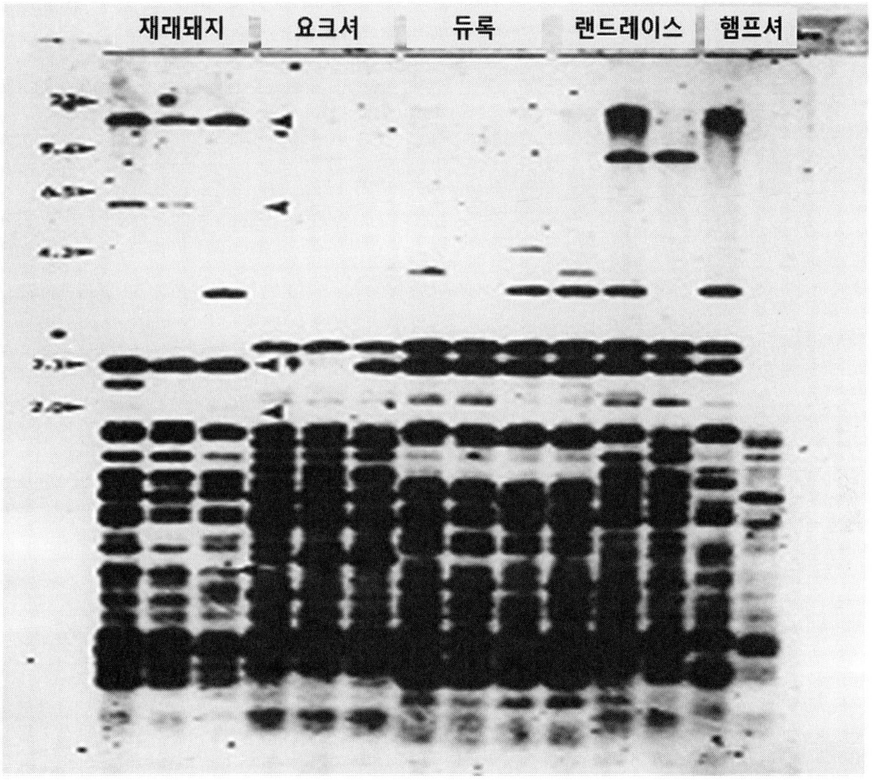

[그림 2-9] 재래돼지(KPN)의 차별화 DNA marker, ◀ 재래돈 DNA표식

- 6.0kb와 17kb에서는 다른 품종의 돼지에서 나타나지 않는 재래돼지의 고유의 표식이 있어 이들 DNA표식을 한국재래돼지가 유전적으로 차별화 할 수 있는 특성으로 활용할 수가 있을 것이다.

다. 여러 돼지품종 간 유전적 비교

이러한 재래돼지의 유전적 고유성과 차별의 정립과정에서 이뤄진 결과들을 다른 지역과 기관에서 사육되고 있는 국내의 흑돈(黑豚) 3종류(A, B, C타입)와 개량종 돼지의 유전자지문의 검정에서도 차별성을 확보할 수가 있다.

재래돈 A에서 3종류 특이적 DNA표식(2.7, 6.0, 17kb)을 분명히 확인할 수 있고 반면에 재래돈 B와 C는 17kb에서만 개량종과 차별화를 보이고 있다.

또한 6.0kb에서의 표식은 재래돼지 뿐만 아니라 요크셔종에도 일부 나타나는 표식이었다.

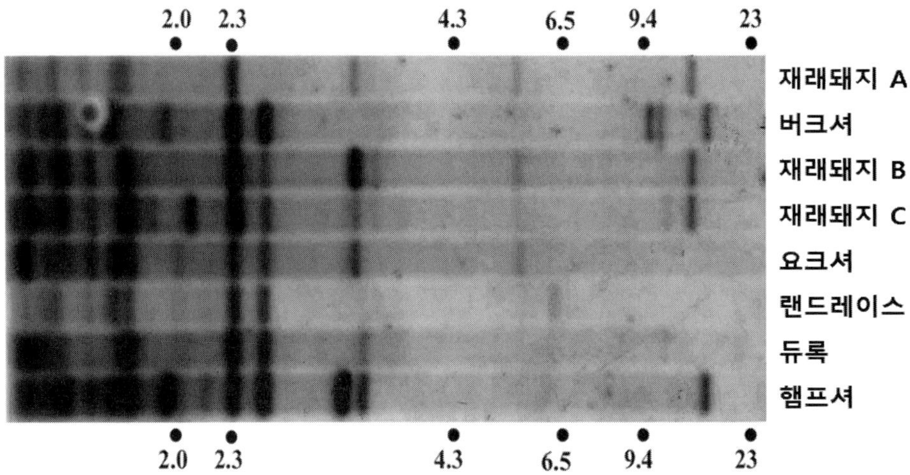

[그림 2-10] 지역별 재래돼지와 개량돼지들의 DNA표식양상

2) RAPD(random amplified length polymorphism) 유전적 표식

유전자지문과 다르게 실험과정이 간편한 DNA기술인 RAPD(random amplified length polymorphism)을 통해 국내의 흑돈들(포항, 경북축산기술연구소, 지례)과 개량종 4종류의 돼지들의 DNA구성을 분석한 결과 국내 흑돈들의 차별성을 나타내는 DNA표식을 규명할 수 있었다.

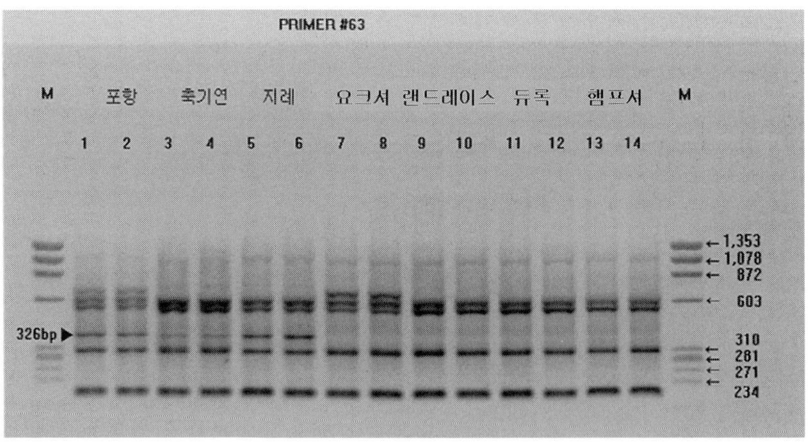

[그림 2-11] 개량돈과 흑돈들의 DNA 차별, ▶ 흑돈의 DNA표식

RAPD검정에서 모든 지역의 재래돼지들(1~6 lane)이 가지고 있는 고유한 DNA표식을 326bp에서 확인할 수가 있다. 또한 포항의 재래돼지(1~2 lane)와 요크셔종(7~8 lane)이 다른 품종에 없는 유전적 표식(650bp)이 나타난 것은 앞서 언급된 유전자지문 그림에서와 동일한

결과로 나타났다.

이러한 DNA표식은 재래돼지가 수입종과 차별화되는 유전적 표식이며 재래돼지의 생산, 도축, 가공, 판매 단계 등 어떤 경우에도 개체를 확인할 수 있는 수단으로 활용할 수가 있다.

3) AFLP(amplified fragment length polymorphism) 유전적 표식

AFLP기술은 1998년 이후 가축에 적용되고 있는 최신의 DNA기술로 DFP와 RAPD의 장점을 모두 가지고 있어 다양한 DNA다형현상을 얻을 수 있는 유전분석기술이다.

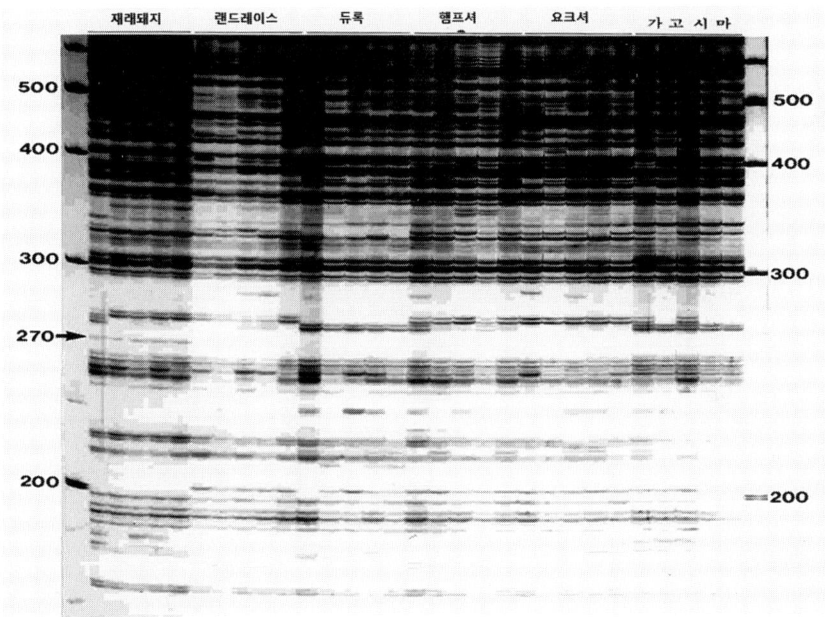

[그림 2-12] AFLP기술을 이용한 돼지 품종별 유전적 다형현상(→재래돼지 고유표식)

한국재래돼지의 특이적 DNA표식의 규명을 위해 가축에서 주로 이용되고 있는 EcoR I 2/ Taq I 2 primer를 이용한 AFLP 분석에서 그림에서와 같이 270bp의 DNA표식이 수입품종 돼지(Landrace, Duroc, Hampshire, Yorkshire, 일본 가고시마 돼지)에서는 나타나지 않고 재래돼지에서만 나타나는 차별화 되는 한국 재래돼지의 특이적 DNA표식으로 확인 되었다.

이러한 재래돼지의 특이적 DNA표식인 270bp 표식을 가진 개체들을 선발하여 수년간 가계를 유지하였다. 따라서 유전적 검정이 이루어진 재래돼지집단 250 개체에서 재래돼지의 특이적 DNA표식을 모두 나타내고 있는 유전적 순수성이 확보되어진 것을 확인할 수 있었다.

2. 재래돼지와 개량돼지의 유전적 소질 분석

1) 유전적 동질성

품종들이 가지고 있는 DNA구성을 통하여 각 품종이 얼마만큼 동일한 유전자를 가지고 있는가 하는 비율로 나타내는 Band sharing을 계산하여 품종들의 유전적 동질성(genetic similarity)을 측정한 결과를 표에서 알 수가 있다.

재래돼지, 햄프셔, 듀록, 랜드레이스, 요크셔 순으로 품종내의 유전적 동질성이 높은 것으로 나타났다. 재래돼지 집단내의 유전적 동질성 0.84는 이미 품종으로 확립된 다른 수입 품종돼지의 유전적 동질성 0.66-0.78 보다 높은 추정치를 보였다.

따라서 재래돼지가 품종으로서의 유전적 동질성을 충분히 확보한 것으로 판단되어지는 결과를 보였다.

■ 표 2-6 돼지품종들의 유전적 동질성

	재래돼지	A 흑돈	B 흑돈	요크셔	랜드레이스	듀록	햄프셔
Band sharing	0.84	0.70	0.67	0.66	0.67	0.77	0.78

2) 품종간 유전적 유사도

국내의 유전적으로 고정된 재래돼지를 비롯한 2종류 흑돈과 개량돼지들 간 유전적으로 동일한 DNA구성을 공유하는 비율로서 추정되는 유전적 유사도를 추정하여 정리하였다.

한국 재래돼지 집단은 국내의 흑돈들과 유전적 유사도는 높았고 개량종들과의 유전적 유사도가 다른 흑돈 A와 B 보다 낮은 것으로 판명되었다. 재래돼지와 수입품종 돼지간의 품종 서로간의 유전적 유사도를 측정한 결과에서 재래돼지와 요크셔, 랜드레이스, 듀록, 햄프셔 간에 0.71~0.58의 품종 간 유전적 유사도가 높게 측정되었다. 우리나라에서 사육 중인 흑돈은 전반적으로 개량종인 랜드레이스와의 유사도가 제일 낮았고 복원된 재래돼지와 B지역의 흑돈은 햄프셔와, 그리고 B지역 흑돈은 요크셔와 가장 높은 유사도를 보였다.

이 결과를 바탕으로 품종 간에 유전적으로 가까운 것끼리 짝을 짓는 유전석 거리(genetic distance)는 수입품종돼지와 재래돼지는 유전적 유사도가 상대적으로 먼 것으로 우리의 고유한 유전자원의 자질이 개량종과 분명하게 차별화되는 결과임을 알 수 있다.

■ 표 2-7 돼지품종 간 유전적 유사도

	재래돼지	A 흑돈	B 흑돈	요크셔	랜드레이스	듀록	햄프셔
재래돼지	1.00						
A 흑돈	0.83	1.00					
B 흑돈	0.77	0.79	1.00				
요크셔	0.67	0.69	0.74	1.00			
랜드레이스	0.58	0.62	0.55	0.64	1.00		
듀록	0.62	0.71	0.59	0.61	0.67	1.00	
햄프셔	0.71	0.73	0.72	0.86	0.55	0.65	1.00

3) 품종간 유전적 거리

개체별, 집단별(集團別)로 나타나는 유전적 구성에 따라 정리한 국내 3종류 흑돈(포항, 지례, 경북축기연)과 개량돼지들과의 유전적 거리를 측정하였다.

유전적 거리추정에서 재래돼지 집단과 요크셔와 햄프셔집단, 그리고 듀록과 랜드레이스집단이 그룹화 되었다. 재래돼지그룹은 요크셔와 햄프셔집단과 더 가까운 유전적 거리로 추정되었다. 유전적 거리에서 그룹화는 유전적으로 동질성이 높고 근원이 비슷한 것으로 추정할 수가 있다.

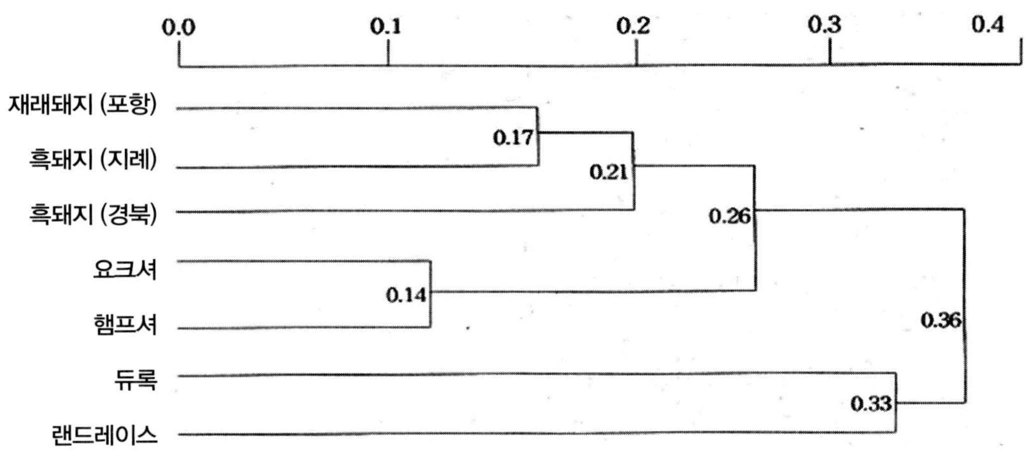

[그림 2-13] 재래돼지와 개량종과의 유전적 거리추정

3. 재래 돈육의 화학적 성분 비교분석

영남대학교 생활과학대학 조리학 연구팀(1999)이 재래돼지와 개량돼지 고기의 부위별(다리살, 삼겹살, 등심살) 주요한 구성성분인 당(糖), 아미노산, 그리고 지방산을 분석한 결과를 제시하였다.

1) 돼지고기 부위별 당의 함량

당(糖)의 함량은 고기질의 감미(甘味)를 나타내는데 영향을 한다. 국내 소비자들이 가장 선호하는 부위인 삼겹살은 당(糖) 함량이 매우 낮아 당(糖) 이외의 성분으로 감미(甘味)가 좌우된다고 여겨진다.

고기의 감미(甘味)가 가장 낮은 다리살에서 재래종이 개량종 보다 월등히 높아 재래종 다리살의 맛도 좋다. 특히 비선호 부위인 다리살에서 포도당의 함량이 월등히 높은 것은 재래돼지 다리살의 고품질화 할 수 있는 장점으로 인정된다.

■ 표 2-8 재래종과 개량종 돈육의 부위별 당(糖)의 함량 (mg/고기100g)

당의 종류/부위	다리살		삼겹살		등심살	
	재래돼지	개량돼지	재래돼지	개량돼지	재래돼지	개량돼지
Glucose(포도당)	132.0	93.3	52.0	69.1	142.8	140.3
Fructose(과당)	4.0	3.5	2.5	5.0	5.7	2.8
Maltose(저당)	12.7	0.0	0.0	0.0	30.0	25.5

2) 돼지고기의 부위별 아미노산

필수적인 영양소인 아미노산의 분석에서 특히 성장기 어린이에 필요한 Arginine은 다리살과 삽겹살에서 재래종이 개량종 보다 높게 나타났고 재래돼지의 삼겹살은 모든 필수아미노산 함량이 개량종 보다 높은 고품질 돼지고기임을 알 수 있는 분석결과였다.

■ 표 2-9 재래종과 개량종 돈육의 부위별 아미노산의 함량 (mg/고기100g)

아미노산/부위	다리살		삼겹살		등심살	
	재래돼지	개량돼지	재래돼지	개량돼지	재래돼지	개량돼지
Arginine	4.46	1.60	3.14	2.56	0.75	0.75
Histidine	0.94	0.94	0.87	0.96	극소량	극소량
Isoleucine	3.02	4.88	2.29	0.68	1.26	1.29
Leucine	4.30	8.20	3.08	2.66	3.04	2.27
Lysine	1.08	1.13	1.44	0.10	0.61	2.14
Methionine	2.70	5.46	3.20	1.37	2.60	0.92
Threonine	31.85	23.27	55.50	41.69	26.17	10.44
Valine	4.07	7.09	3.28	4.49	2.09	3.95

3) 돼지고기의 부위별 조지방과 콜레스테롤

지방과 콜레스테롤의 지나친 섭취는 동맥경화나 혈관계 질환 및 노화를 일으키는 원인이 된다. 그러나 콜레스테롤이 부족하면 지방의 소화와 흡수를 돕는 담즙산 생성과 호르몬의 생성이 적어져 생리적 문제가 발생할 수 있다.

우리나라 소비자들이 가장 선호하는 삼겹살의 지방함량에서 재래돼지는 개량종의 절반 수준일 뿐만 아니라, 콜레스테롤의 함량은 모든 부위에서 재래종이 개량종에 비해 낮아 재래종 돼지고기의 우수성을 알 수 있다.

■ 표 2-10 재래종과 개량종 돈육의 부위별 지방과 콜레스테롤의 함량

지방콜레스테롤/부위	다리살		삼겹살		등심살	
	재래돼지	개량돼지	재래돼지	개량돼지	재래돼지	개량돼지
조지방(g/고기100g)	71.4	75.7	8.2	15.7	87.1	85.6
콜레스테롤(㎎/고기100g)	7.5	8.5	16.2	17.4	27.4	49.3

4) 돼지고기의 부위별 포화지방산과 불포화지방산

지방산 중에서 높은 비중을 차지하는 포화지방산은 고체로서 동물성지방의 형태인 반면에 불포화지방산은 액체로서 식물성지방의 형태로서 체내에서 합성되지 않고 반드시 식품에서 섭취되어야 한다.

포화지방산들은 재래종이 개량종 보다 낮고 특히 재래종 삼겹살은 개량종 보다 월등히 낮았다. 고기의 질과 영양을 나타내는 척도는 포화지방산과 불포화지방산의 상대적 비율이 절대적인데 불포화지방산의 비율은 재래종의 삼겹살과 등심살이 개량종 보다 2배가 높아 재래돼지의 영양학적 가치가 인정되는 중요한 자료였다.

■ 표 2-11 재래종과 개량종 돈육의 부위별 포화지방산과 불포화지방산의 함량 (㎎/ 고기100g)

지방산 부위		삼겹살		등심살		다리살	
		재래종	개량종	재래종	개량종	재래종	개량종
포화지방산	Palmitic acid	26.0	25.8	22.7	47.2	19.2	9.7
	Stearic acid	28.7	38.2	20.5	98.5	12.8	25.4
불포화지방산	Oleic acid	34.2	20.3	6.7	21.8	3.4	5.6
	Linoleic acid	39.2	23.6	6.7	0.0	소량	0.0
	Linolenic acid	0.0	소량	소량	0.0	소량	0.0
불포화지방산/포화지방산(비율)		1.34	0.68	0.31	0.15	–	0.16

5) 재래돼지 고기의 차별화 특성

과학적으로 유전적 개량절차에 따라 관리되어 온 포항 재래돼지의 차별화 특성은 고유한 유전자원으로서 가치를 가지고 있음을 확인할 수 있다. 특히 고기의 감미(甘味)가 가장 낮은 다리살에서 개량종 보다 월등히 높아 다리살의 맛이 좋았고 삼겹살에서 모든 필수아미노산 함량이 개량종보다 높은 고영양 고품질 돼지고기이다.

삼겹살의 지방이 개량종의 절반 수준일 뿐만 아니라 콜레스테롤의 함량은 개량종에 비해 낮아 재래종 돼지고기의 우수성을 알 수 있다.

불포화지방산 비율이 높아 고기맛이 개량종 보다 우수함은 물론 필수영양소를 갖춘 건강식품일 뿐만 아니라 혈중 콜레스테롤을 증가시키지 않는 최고급 육질의 특성을 가지고 있다.

고기의 질과 영양을 나타내는 척도인 포화지방산과 불포화지방산의 상대적 비율에서 재래종의 삼겹살과 등심살이 개량종 보다 2배 높다.

6) 시식평가회

조리방법 (삶은 고기, 소금구이, 주물럭 불고기, 찌개 등)에 대한 연구에서 얻어진 결과의 소비자 검정을 받기 위해 재래 돈육과 개량 돈육의 조리 및 시식회평가회를 영남대 생활과학대 조리실습실에서 다양한 소비자들을 대상으로 실시하였다.

> **〈재래돈육의 기호적인 차별화〉**
> - 재래돼지의 저질부위인 햄(뒷다리)이 일반 돈육의 최고부위인 삼겹살 보다 질이 높다.
> - 육색의 쇠고기와 같은 적육이다.
> - 육질의 질감, 특히 지방(비계)의 맛이 좋다.

[그림 2-14] 재래돼지 음식 시식회

4. 재래돼지의 유전적 기작(mechanism)의 규명

영남대학교와 포항 송학재래돼지농장의 2년간(1996~1997) 경상북도 연구사업비 지원으로 수행된 "재래돼지 유전자들의 후대인 자손에 전달되는 기전"을 규명하는 연구가 한국재래돼지의 유전자 연구의 시작이라 할 수 있다.

이 연구는 재래돈 근교(近交)가계(포항, 지례, 축기연)와 개량돈 4품종(요커셔, 랜드레이스, 햄프셔, 듀록) 각각 10가계의 부 · 모 · 자손의 DNA지문을 통한 품종별 DNA특성의 후대전달 유전양식을 규명하였고 5세대 동안 재래돼지 유전적 특성을 검정하여 외형적으로나 유전적 차별화가 이뤄진 재래돼지 집단을 형성하였다.

1) 재래돼지의 고유한 유전적 표식

RAPD(random amplified length polymorphism)기술인 DNA검정에서 외형적으로나 유전적으로 재래돼지 표준으로 선발된 포항의 재래돼지들의 고유한 유전적 차별 DNA표식(731bp)은 다른 흑돼지나 수입개량종에 나타나지 않는 것으로 포항 재래돼지의 차별화 척도로 활용이 가능하다.

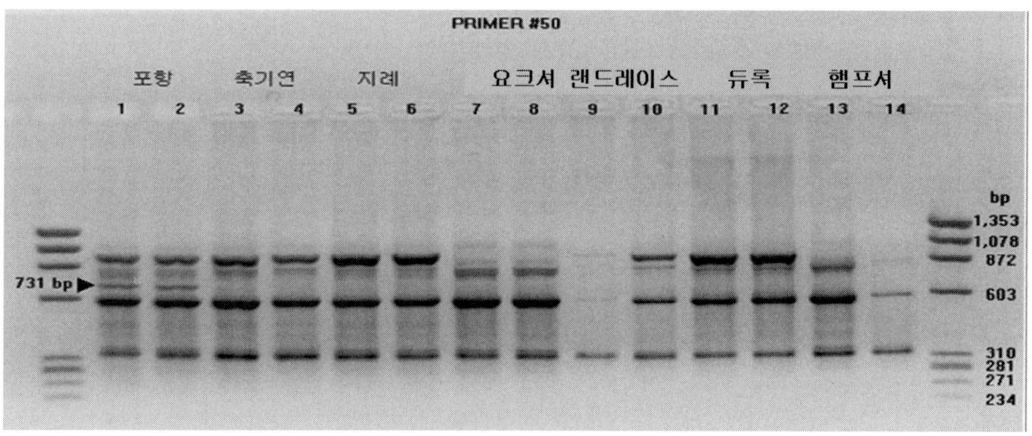

[그림 2-15] 지역별 흑돈과 개량돈의 DNA표식 ▶포항 재래돼지 차별표식

포항 재래돼지의 유전적 차별성은 PCR-RFLP(polymerase chain reaction - restraction fragment length polymorphism) 기법을 이용한 분석에서도 외래종과의 차별성 뿐만 아니라 제주 재래돼지 및 내륙 지방의 재래돼지와 확연히 다른 차이를 확인할 수 있었다.

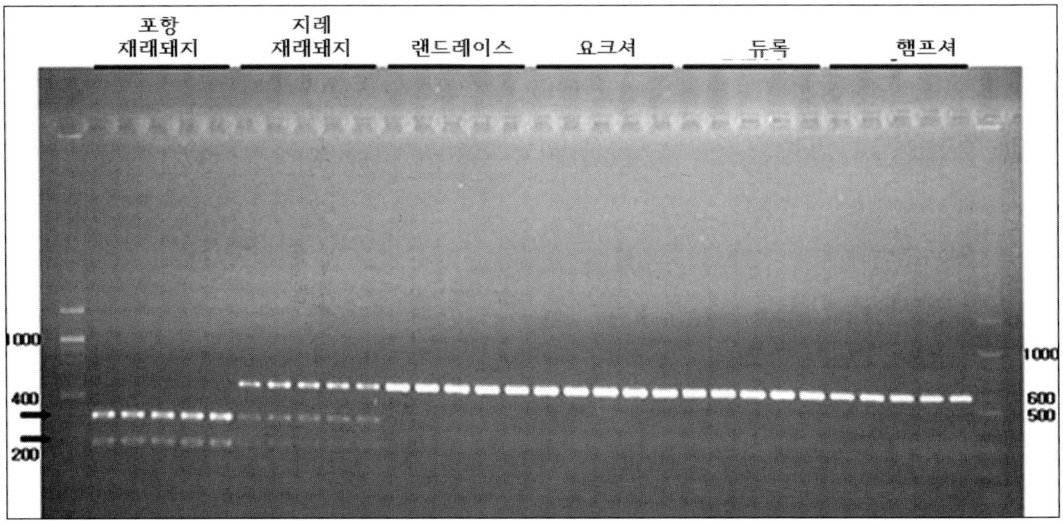

[그림 2-16] PCR-RFLP기법을 이용한 분석

2) 유전적 표식의 후대 전달기전

재래돼지나 개량돼지들이 가지고 있는 고유의 DNA표식이 후대의 자식들에 전달되는 기전을 규명하는 것은 부모에서 자손으로 유전자 흐름을 알 수 있어 유전적 개량에 크게 기여할 수 있는 연구가 된다.

가. DNA표식의 후대전달

개체의 DNA변이를 최대화하는 유전자 기술인 AFLP(amplified fragment length polymorphism)기술로 재래돼지와 랜드레이스종에서 나타나는 DNA표식 4종류(350bp, 340bp, 270bp, 그리고 200bp)가 재래돼지와 랜드레이스의 교잡에서 태어난 16가계의 자식 158두에 어떻게 전달되는지를 검정하였다.

■ 표 2-12 DNA표식의 후대전달 분포

부모의 DNA표식 유무			자식에 전달된 DNA표식의 분포		자손두수 (가계수)
DNA표식	재래돼지	랜드레이스	재래돼지 type	랜드레이스 type	
350bp	○	×	20 (0.40)	30 (0.60)	50(5)
340bp	×	○	6 (0.17)	30 (0.83)	36(3)
270bp	○	×	28 (0.61)	18 (0.39)	46(5)
200bp	×	○	5 (0.19)	21 (0.81)	26(3)
Total			59 (0.37)	99 (0.63)	158(16)

AFLP DNA표식 270bp는 재래돼지는 가지고 있고 랜드레이스는 없는 표식이다. 자손세대에서 재래돼지표식 270bp를 가진 자식은 28두(61%), 표식이 없는 랜드레이스형은 18두(39%)%가 태어났다. 그러나 재래돼지 표식인 350bp 표식은 270bp표식과 반대로 재래돼지형이 20두(40%), 랜드레이스형이 30두(60%)로 많이 나타났다.

랜드레이스에만 나타나는 340bp와 200bp표식은 후대에서 랜드레이스형이 80%이상이 나타나는 강력유전현상을 볼 수가 있다. 재래돼지의 2가지와 랜드레이스 2가지 DNA표식이 이들의 교배로서 후대에 전달된 전체의 결과는 재래돼지 type이 59두(37%), 랜드레이스 type이 99두(63%)로 멘델의 우열법칙(3:1)에 준하는 유전양식을 보이고 있어 이들 DNA표식은 랜드레이스 돼지가 우성인 것으로 판단된다.

나. DNA표식의 유전양식

앞선 실험 결과에서 재래돼지에서는 나타나지 않고 랜드레이스만 가지고 있는 다른 4종류 DNA표식(380bp, 350bp, 260bp, 그리고 210bp)들이 과연 우성의 유전양식에 따르는 것인지를 검정하기 위해 후대 12가계, 117두에 나타나는 유전적 기전을 파악하였다.

랜드레이스만 가지고 있는 4종류 DNA표식들이 후대에 나타나는 결과는 랜드레이스 형이 65%를 보였고 DNA표식이 없는 재래돼지 형은 35%였다. 이러한 랜드레이스의 특이적인 고유표식의 경우 카이제곱 검정결과 우성(優性)의 역할을 하고 있는 것으로 재확인되었다.

2회의 AFLP실험에서 얻어진 재래돼지와 랜드레이스종 간의 서로 다른 DNA표식들의 후대전달 분포는 $\chi 2$검정결과 랜드레이스의 강력 유전을 확인할 수 있다. 1차실험에서 340bp와 200bp, 2차실험에서 210bp는 재래돼지와 랜드레이스 간 유의적인 전달 분포를 보이고 있어 특정 형질과 연관된 DNA표식일 경우 개체선발에 유효한 기준으로 활용할 수 있어 계속적으로 연구할 대상으로 판단된다.

■ 표 2-13 DNA표식의 유전양식

부모의 DNA표식 유무			자식에 전달된 DNA표식의 분포		자손두수 (가계수)
	재래돼지	랜드레이스	재래돼지 type	랜드레이스 type	
380bp	×	○	13 (0.42)	18 (0.58)	31(3)
350bp	×	○	14 (0.52)	13 (0.48)	27(3)
260bp	×	○	14 (0.36)	25 (0.64)	39(4)
210bp	×	○	0 (0.00)	20 (1.00)	20(2)
Total			41 (0.35)	76 (0.65)	117(12)

5. 재래돼지의 경제형질연관 DNA 마커 개발

1) 경제형질 연관 유전자 표식

여정수 등(2000)은 재래돼지의 중요한 경제형질과 연관된 유전자 표식을 규명하고 이들 유전표식을 활용한 재래돼지 개량체계를 구축하고자 하였다.

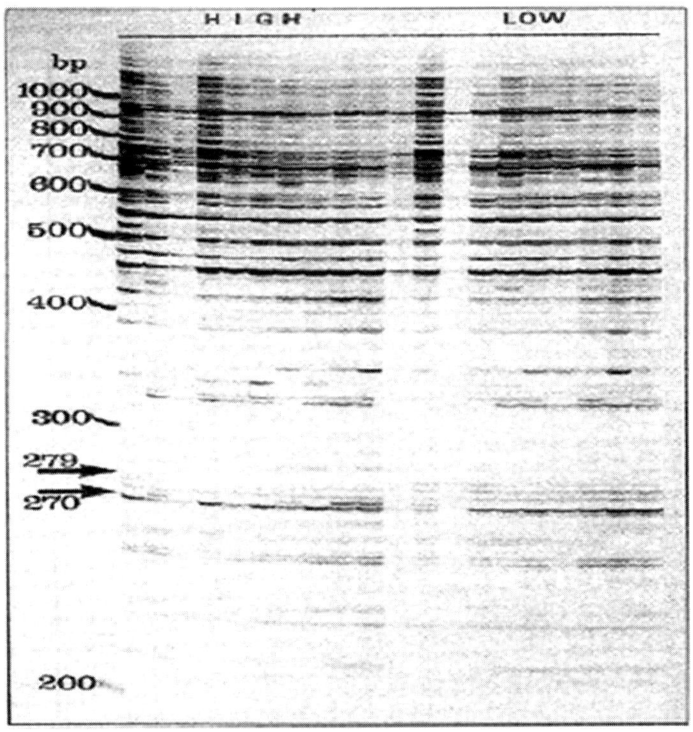

[그림 2-17] AFLP기술을 이용한 재래돼지의 High와 Low 능력개체들의 DNA표식

일당증체량과 등지방두께의 성적이 높은(high)그룹과 낮은(low)그룹 개체들이 가지고 있는 DNA표식들의 분포를 정리한 자료에서 경제형질과 연관된 표식을 규명할 수가 있었다.

일당증체량이 높은그룹에 포함된 돼지들은 400g으로, 낮은그룹 240g 보다 하루 150g 더 자라는 기록이다. 일당증체량 유전자표식인 279bp 표식은 낮은그룹에서 100%, 높은그룹에서는 10%만 나타내었다. 다시 말하면 이 DNA표식을 갖는 재래돼지는 일당증체량이 낮은 개체들이다.

등지방두께는 성적이 높은그룹에서 15.2mm로 낮은그룹 10.3mm로 5mm가 더 두꺼운 자료이다. 등지방두께에서 290bp의 표식은 낮은그룹에서 70%, high그룹에서는 10%만 나타내었다. 다시 말하면 이 DNA표식을 갖지 않는 재래돼지는 등지방두께가 뚜꺼운 개체들일 가능성이 높다.

앞으로 재래돼지에서 중요한 형질인 빠른 성장과 낮은 지방의 목적을 달성할 수 있는 강력한 방법으로 이러한 결과를 활용할 수 있을 것이다.

■ 표 2-14 일당증체량과 등지방두께 높은(High)그룹과 낮은(Low)그룹에서 AFLP DNA표식의 빈도

Markers / Performances	Daily gain(E3T2)[1]					Backfat thickness(E4T4)[2]				
	Mean(g) ±SD	270bp	None	279bp	None	Mean(mm) ±SD	290bp	None	360bp	None
High group (%)	400 ± 17	40	60	10	90	15.15 ± 0.709	10	90	90	10
Low group (%)	250 ± 24	10	90	100	0	10.25 ± 1.087	70	30	20	80

[1] *EcoR* I EP3 and *Taq* I TP2. [2] *EcoR* I EP4 and *Taq* I TP4.

[그림 2-18] 경북형 재래돼지 (출처: 경상북도 축산기술연구소)

2) 형질연관 유전표식의 후대 발현

DNA검정을 통하여 유전적 균일성을 확보하고 있는 재래돼지 가계집단에서 AFLP(amplified fragment length polymorphism)기술로 밝혀진 경제형질 연관 DNA표식이 후대 자손에 전달되는 기전을 규명하기 위해 부모의 DNA표식 중 높은(high) 그룹과 낮은(low) 그룹간 현저한 차이를 보이는 일당증체의 279bp와 등지방두께의 290bp 표식을 검정하였다.

■ 표 2-15 재래돼지 일당증체량과 등지방두께 연관 AFLP DNA표식의 후대전달 분포

Pedigree \ Marker		Daily gain 279bp(E3T2)[1]			Backfat thickness 290bp(E4T4)[2]		
Family No.		1	2	3	1	2	3
Sire		marker	marker	×	marker	marker	×
Dam		marker	×	marker	marker	×	marker
Number of offspring	Marker	6	5	5	4	12	2
	None	0	0	0	0	0	3

[1] *EcoR* I EP3 and *Taq* I TP2. [2] *EcoR* I EP4 and *Taq* I TP4.

1: 부모 모두 DNA표식을 가진 가계, 2: 아비만 DNA표식을 가진 가계, 3: 어미만 DNA표식을 가진 가계 등 3가계의 구성개체들(부, 모, 자식)의 결과를 분석

AFLP 마커인 279bp표식은 일당증체량에 연관된 것으로 후대전달체계에서 부모 중 한쪽만 표식을 가지고 있어도 모든 후대에 전달되는 우성작용을 나타내는 강력유전현상을 보여 재래돼지의 일당증체량이 낮은(low) 집단으로 구성되어 있는 유전적 근거를 규명할 수 있어 이러한 유전자 표식은 체중을 증가시키는 요인으로 활용할 수 있다.

290bp의 등지방두께에 연관된 유전자표식의 경우에도 부모가 모두 이 표식을 갖거나 아비가 표식을 가질 경우 자식에 100% 나타나는 강력유전이나 어미가 유전표식을 갖는 경우엔 자식 5두 중 2두만 유전표식을 가지고 있어 부계가 모계 보다 후대전달 영향이 강한 기전을 보여 저지방 개체선발에 이러한 표식을 활용할 수 있을 것이다.

Ⅶ 재래돼지 보존과 개량의 실제

1. 재래돼지의 복원 배경

1) 재래돼지 사육현황

국내 재래돼지 사육두수는 정확히 조사된 바는 없으나 1996년에 전국 8개도의 진흥원을 통하여 조사한 바에 의하면 9,138마리였다(농촌진흥청, 1997).

2000년도에 설문서로 조사한 결과에서는 2,218농가에서 61,968마리를 사육하고 있는 것으로 파악되었다. 하지만 다양한 교배에 의한 잡종후손이 대부분이며 농가에서는 재래돼지와 교

배된 것이나 또는 흑색의 돼지를 모두 재래돼지로 부르는 경우도 있었다. 비교적 순수도가 높은 재래돼지는 국가연구기관이나 각도의 축산연구기관에서 보유한 것이 대부분이다.

2) 복원배경

1910년 한일합방(韓日合邦) 이후 개량종과의 교잡으로 거의 멸종의 위기에 처한 한국 재래돼지는 첨단 유전공학 기술로 식별, 유지, 개량함으로서, 국제적으로 인정받을 수 있는 고유 유전자원의 확보 및 산업화의 필요성이 대두되었고, 외국 종돈에만 의존되는 축산자원의 종속적 여건을 탈피할 수 있는 일이라 판단하였다.

우리나라 소비자들의 기호에 맞는 토종 돼지고기의 공급이 이뤄질 수 있고 수입돈육과 차별화로 고품질 축산물로 정착이 이뤄질 수 있을 것이다. 또한 고유한 맛과 우수한 육질로 국제적 추세인 수입개방에 따른 사회적 안정과 농가소득 향상에 큰 몫을 할 수 있을 뿐만 아니라 일본을 위시한 동남아 수출시장을 확보할 수 있을 것으로 기대되었다.

2. 외형적으로 고유한 형태의 재래돼지 집단의 형성

1) 집단형성 과정

1992년부터 영남대학교 유전학연구실과 포항의 송학재래돼지농장이 공동으로 전국에 흩어진 흑돈 집단 중 일본 문헌에 근거한 재래돼지의 외형적 특징에 의한 500여두 흑돈을 수집하였다. 이들의 개체관리를 통한 5세대에 걸친 선발과 교배체계로 가계를 형성하였다.

[그림 2-19] 한국재래돼지의 개량집단 (포항 송학 재래돼지 농장)

외형적 재래돼지 특성을 가진 집단을 형성하여 재래돼지의 유전적 차별성을 가진 순수성 DNA검정이 완료된 재래 종돈 400여두 확보하였다.

재래돼지 집단에서 주요 경제형질(체중과 등지방두께)에 관여하는 유전자 표식을 규명하여 이들 유전자표식을 활용한 선발(MAS, DNA marker assisted selection)을 적용하여 첨단기술에 근거한 한국재래돼지의 개량을 실시하였다.

2) 재래돼지 능력

인위적 선발이 없었던 최초의 재래돼지 집단의 능력은 개량돼지에 비해 아주 저조하였다.

개량돼지의 150일(5개월) 비육출하 집단과 비교한 재래돼지의 체중은 56%정도였고 정육율과 등지방두께는 차이가 없다.

7개월령 재래돼지 체중이 5개월령 개량돈 체중의 88%에 도달하기에 향후 사양관리 개선과 유전적 개량이 가해지면 재래돼지의 7개월령 출하는 5개월령 개량돈 수준에 달할 것으로 판단된다. 개량돼지의 150일(5개월) 비육출하 집단과 비교한 재래돼지의 체중은 56%정도였고 정육율과 등지방두께는 차이가 없다.

■ 표 2-16 재래돼지의 능력

	5개월령			7개월령			비 고	향후 2 년 후
	체 중 kg	등지방 cm	정육율 %	체 중 kg	등지방 cm	정육율 %		
재래돼지 (포항 송학)	51	1.1	60	78	1.2	58	유전적 차별 확보	• 7개월체중 90kg • 대량 생산체계 확립
개량 돼지	90	1.1	58	–	–	–	150일령 출하	

3) 재래돼지 가계구성과 선발

재래돈 200두의 능력검정(증체,등지방,도체형질)을 통해 이들 경제형질과 연관되는 유전적 표식의 규명하고 경제형질 별 우수한 능력의 재래돼지를 선발할 수 있는 유전적 검정수단인 minisatellite probe의 개발로 유전적 차별성의 재래돼지 집단을 구성하고자 하였다.

이 기록에서는 재래돼지의 유전자표식과 경제형질 능력의 분포별로 A, B, C, D그룹으로 각 그룹별 10~15가계로 50~60두를 관리하고 있다.

그룹 내에서 암, 수, 자손에 대한 가계구성을 이표로 표시하고 이들의 출생과 돈방에서 위치를 표시하고 있다.

그룹별 다음대에 암.수의 선발 기준(체중, 가계분석 결과)에 근거한 모(母)돈과 부(父)돈의 두수가 결정되고 근친을 고려한 교배조합이 이뤄진다.

■ 표 2-17 재래돼지의 가계구성과 선발 기록, 영남대 동물유전학연구실

97 포항재래돼지 group설정(1997년 11월 22일)

구분	부 모		자손	암/수		이 표	출생일	비 고
	부no	모no		우	♂			
A	51	6	3(8)	3	0	57,58,60	96.6.24	Stall
	73	6	2(3)	2	0	163,167	96.12.7	"
	73	6	8(10)	5	3	126,127,128,130, 131,132,133,134	97.5.30	" (체중,가계분석)
	73	52	3(10)	2	1	104,106,107	97.4.7	Stall
	15	53	4(5)	2	2	108,110,111,112	97.5.16	" (체중)
	73	57	5(7)	4	1	40,43,44,45,46	96.4.30	Stall (체중)
		58	2(8)	2	0	22,24	96.2.1	"
			4	3	1	146,147,148,150	기록무	Stall
	15	60	3	1	2	95,96,97	97.7.13	비육돈방
	14가계		58	암컷:23(자돈1), 수컷 10(자돈2)				
부: 73, 15, 53, 54 Stall확보 모돈:23개				모: 6,55,52,53,54,57,58,59,60 부돈: 5두만 선발				
//								
B	15	45	3(4)	2	1	135,136,137	97.5.26	Stall
	53	71	1(6)	1		34	96.5.12	"
	51	100	2(9)	2	0	188,189	97.3.12	"
	16	34	7(8)	2	5	190,191,192,193, 194,195,196	97.5.16	" (체중,가계분석) 192탈장
	15	29	1(4)		1	101	97.4.23	"
		4	3(5)	2	1	69,72,73	96.6.?	"
	27	100	5(11)	3	2	9,10,11,12,13	97.9.13	비육돈방,(체중,가계분석)
	12가계		51	암컷:12(자돈3), 수컷:10(자돈2)				
부: 16,77 Stall확보 모돈:10개				모: 13,18,44,45,100,29,4 부돈: 5두만 선발				

3. 재래돼지의 능력개량과 교배체계

1998년부터 5년 동안 가계구성과 경제형질과 연관된 유전능력을 규명하고 원종돈(GPS, grand parent stock), 종돈(PS, parent stock), 비육돈(CM, commercial)체계를 구성하기 위한 시도가 처음으로 재래돼지에서 계획하였던 기록을 볼 수 있다.

이러한 개량체계를 구축하고 관리하기는 현실적으로 어려움이 많고 기술적인 부분도 선진국들과 같은 수준에서 실시하기란 불가능하였지만 기획했던 흔적과 체계적 방법이 정리되어 있다.

1) 육종교배체계 1단계

경제형질과 연관되는 유전능력이 최대화되는 4개의 순수 유전자집단을 구성하여 4개 집단 간 최상의 유전자 조합과 잡종강세가 가장 크게 나타나는 교배조합을 만들고 4개 집단의 능력이 최대화되는 4원교잡종을 만들어 내는 것이다.

2) 육종교배체계 2단계

재래돼지가 원종돈(GPS), 종돈(PS), 비육돈(CM)체계를 구성하기 위해

① **A가계**: 체중과 연관된 순수집단인 가계
② **B가계**: 등지방두께의 순수집단인 가계,
③ **C가계**: 산자수에 만 집중화 된 가계,
④ **D가계**: 그리고 포육능력만의 순수집단인 가계를 원종돈으로 구성한다.

3) 육종교배체계 3단계

① **부(父) 가계**: AB 교잡의 父가계에서는 체중과 등지방,
② **모(母) 가계**: CD교잡의 母가계는 산자수와 포육능력의 유전적 우수성이 최대화되는 교배조합으로 종돈체계를 구성한다.

4) 육종교배체계 최종단계

체중이 높고 등지방두께가 얇으며 산자수가 많고 포육능력이 뛰어난 4원교잡종 비육돈생산체계를 만드는 것이다.

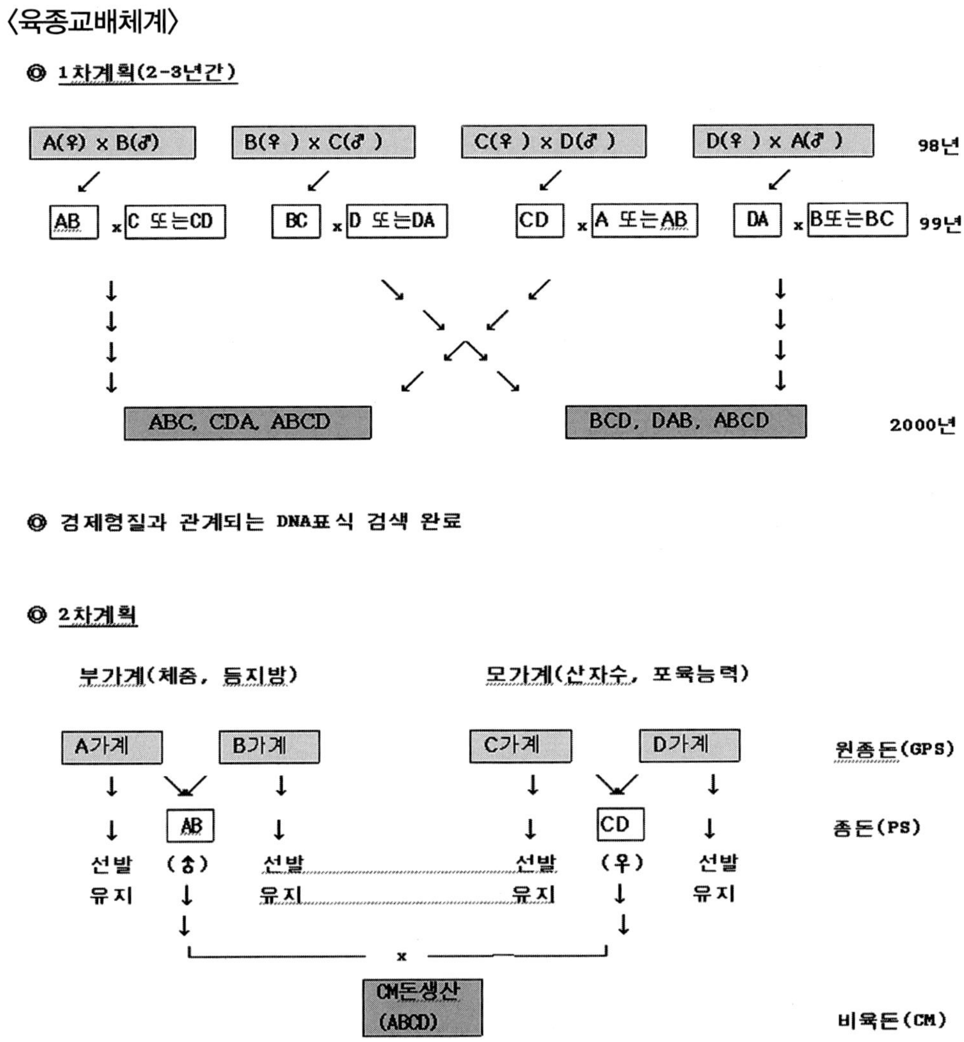

[그림 2-20] 재래돼지 집단의 육종교배체계도, 영남대 동물유전학연구실

4. 재래돼지의 생산체계

구체적인 육종교배체계의 현장에서 실현하는 구체적인 계획구상은 5개년(1998～2002)간 구체적으로 정리하였다.

■ 표 2-18 재래돼지의 4원교잡종 생산체계 구상도, 영남대 동물유전학연구실

년도	원종돈 (GPS)	종돈 (PS)	비육돈 (CM)	비 고
1998	A계통 (♀15/♂5) B계통 (♀15/♂5) C계통 (♀15/♂5) D계통 (♀15/♂5)	모계통 A×B (♀50/♂20) 부계통 C×D (♀30/♂20)	Hybrid (A×D×C×D) 200두	• 비육돈생산: PS모돈 50두×산자수8두×2회=800두
	80두(♀60/♂20)	120두(♀80/♂40)	200두	400두
1999	A계통 (♀30/♂10) B계통 (♀30/♂10) C계통 (♀30/♂10) D계통 (♀30/♂10)	모계통 A×B (♀240/♂20) 부계통 C×D (♀50/♂50)	Hybrid (A×D×C×D) 800두	• PS생산: GPS30두(50%발)×산자수8두×2회분만=240두 • 비육돈생산: PS모돈240두×산자수8두×2회분만=3,800두
	160두(♀120/♂40)	360두(♀290/♂70)	800두	1,320두
2000	A계통 (♀50/♂15) B계통 (♀50/♂15) C계통 (♀50/♂15) D계통 (♀50/♂15)	모계통 A×B (♀400/♂50) 부계통 C×D (♀100/♂50)	Hybrid (A×D×C×D) 3,800두	• 비육돈생산: PS모돈400두×산자수8두×2회분만=6,400두 • 종돈분양 • 규격돈 생산
	260두(♀200/♂60)	600두(♀500/♂100)	3,800두	4,660두
2001	A계통 자체조절 B계통 자체조절 C계통 자체조절 D계통 자체조절	모계통 A×B 자체조절 부계통 C×D 자체조절	Hybrid (A×D×C×D) 6,400두	• 계열화사업 • 대일수출
	약500두(자체조절)	약2,500두(자체조절)	6,400두	약 8,000두
2002	A계통 자체조절 B계통 자체조절 C계통 자체조절 D계통 자체조절	모계통 A×B 자체조절 부계통 C×D 자체조절	Hybrid (A×D×C×D) 자체조절	
	약 500두(자체조절)	약 3,000두(자체조절)	자체조절	약 30,000두 이상

① **원종돈(GPS, grand parent stock)**: 원종돈에서 4종류의 경제형질별 순수한 유전적 집단을 500두 이상 만들어 내고

② **종돈(PS, parent stock)**: 종돈단계에서 2원교잡종의 부.모계통 약 3,000두를 형성하여

③ **비육돈(CM, commercial)**: 경제형질 연관 유전능력이 최대화되는 4원교잡 비육돈을 생산하는 체계를 구축하는 계획이다.

④ **재래돈 집단**: 여기서 최종적으로 체계적 개량집단을 구성하는데 최소한 30,000두이상의 재래돼지를 사육관리할 수 있어야 한다.

5. 재래돼지 개량체계 실현 연구계획

위와 같은 계획으로 재래돼지의 개량체계구축과 산업화를 위한 연구용역 과제를 시도했던 노력의 단면을 볼 수가 있다.

연구과제명: 유전공학 기술에 의한 한국 재래돼지의 유전적 특성과 능력개량에 관한 연구

연구기간: 1997.3 - 1999.2(3년간)

연구의 필요성

.사회 경제적 측면에서 우리나라의 고유한 유전자원인 **재래돼지의 復元, 維持, 生産, 改良**체계를 이루는 것은 우리의 고유한 옛맛을 갖인 돼지고기의 생산으로 우리나라 소비자들의 **嗜好에 맞는 축산물의 공급**이 이뤄지므로서 輸入開放에 대처하는 **差別化 高品質 畜産物**의 생산으로, 수입돈육과 시장 競爭體制로 정착될 수 있다. 나아가 食性이 비슷한 일본 및 동남아 시장에 **수출도 가능**하리라 본다.

.기술적 측면에서 1990년 이후 국제적으로 가축의 유전적 개량에 가장 확실한 방법으로 인정받고 있는 **첨단의 遺傳工學技術인 遺傳子 指紋(DNA Fingerprinting)**을 이용하여 우리나라의 고유한 遺傳資源인 재래돼지의 유전자(DNA)구성의 특성을 밝히고, 나아가 재래돼지의 경제형질과 연관된 **유전적 표식 (genetic marker)을 이용**할 수 있는 재래돈 고유의 DNA probe의 개발로 **능력개량체계**를 이룰 수 있다.

.이러한 연구결과를 통하여 국제적으로 공인받는 **우리의 고유자원의 산업화**는 물론 매년 외국 종돈을 수입해야만 하는 현재의 **축산자원의 從屬的 여건을 어느정도 탈피**할 수 있다.

연구의 목표

본 연구의 목표는 무엇이 재래돼지이고, 어떻게 유지하고, 무엇을 어떻게 개량할 것인지의유전적 규명을 설정하고자 하는 DNA차원의 연구는;

. 외국의 개량종들과 비교한 재래돈의 유전적 특성 즉 차별성을 규명하여 **재래돈의 식별**을 할 수 있도록하고, 이렇게 유전적 식별이 이뤄진 집단을 통하여 이러한 유전적 특성의 **유전적 mchanism** 을 밝힌 후,

. 주요한 **경제형질에 대한 유전적 표식**을 밝히고,

. 재래돼지를 개량할 수 있는 유전적 표식에 대한 **재래돈 고유의 DNA probe를 개발**하고,

. 이렇게 개발한 재래돼지 고유의 probe를 이용한 **능력개량의 체계를 확립**하고자 한다.

[그림 2-21] 재래돼지개량을 위한 연구용역 신청서, 영남대 동물유전학연구실

6. 지례돼지 사업화 구상

경북 지례지역을 중심으로 한 지례돼지의 역사적 가치뿐만 아니라 기후풍토가 돼지의 사육에 적합한 여건을 통해 지례돼지의 복원과 개량, 그리고 지역관광산업과 연관된 산업화를 구상하기도 하였다.

한국 재래돼지의 산업화 추진

<추진방향>
- 국민정서와 역사적으로 한국 재래돼지는 지례돼지라는 대명사로 남아있다.
- 유전적 순수성에 근거한 경북 김천의 지례지역에서 사업추진이 이뤄 질 계획이다.
- 지례지역은 재래돼지의 메카로 전국적인 관심과 지방자치 시대에 맞는 특산지가 될 수 있다.

<지례지역의 중요성>
- WTO체제의 축산물 수입개방에 중요한 재래자원으로 지역특화로 지례돼지의 국가적인 중요성이 있다.
- 경상북도 지례지역은 재래돼지 환경(물, 기후 등)의 최적지였다.
- 지례, 부항, 증산지역이 역사적으로 재래돼지 사육의 본산지였다.
- 지리적으로 외진 곳으로 외부돼지의 유입이 적은 지례돼지의 특성이 고유하게 유지되었다.
- 무주 리조트, 부항온천, 직지사와 청암사 등의 관광지와 연계되는 요충지이다.

<추진사업>

1. 지례지역의 재래돼지 특수사업
- 국내 유일의 재래돼지(지례돼지) 종돈장 건설(경북도와 농림부의 융자지원)
- 재래돼지의 본산이었던 지례 인근의 재래돼지 산업 belt형성(지례 5개면 농가 계열화사업)
- 관광 중심지역의 지례돼지 먹거리 단지화(규격화된 재래돈육의 공급, 황토흙 바비큐 등)
- 전국 재래돼지 유통의 중심역할(대구, 서울, 부산 등 대도시 유통기관)
- 지례돼지 역사 박물관(100년 전 지례돼지 사육시설 복원)

2. 재래돼지 메카의 복원
- 현재 사육 중인 지례지역의 흑돈은 외형과 유전적으로 순수한 재래돼지로 대체.
- 외형과 유전적 검정이 완료된 포항 자명농장의 재래돼지 원종장의 재래지역으로 흡수.
- 농가의 재래돼지 생산기술 교육, 규격 재래돈의 전량 수매, 농가의 안정적 소득보장.
- 재래돼지의 지례돼지로서 완전한 산업화 정착

[그림 2-22] 지례돼지 산업화 추진계획서,1999 영남대 동물유전학연구실

앞서 이미 기술했던 일본 치하의 양돈업이 농촌경제에 중요한 역할을 하였고 특히 지례를 중심으로 한 5개면(面)의 양돈 열의와 정책적 지원과 성과들은 역사적으로나 지역의 기후 풍토나 환경여건이 양돈에 적합함을 입증해 준 역사적 기록들이 있지만, 최근의 양돈산업의 중심지가 된 경기도 이천의『돼지박물관』의 커다란 호응과 강원도 원주에도『돼지문화원』이 만들어져 양돈사업의 6차산업시대를 이끌어 가는 것을 보면서 역사적인 재래돼지의 중심이었던 김천 지례의 선도적 역할이 아쉽게 여겨진다.

7. 재래돼지의 경제성과 파급 기대효과

1) 재래돼지 산업의 경제성

고유 유전자원으로서 재래돈의 복원으로 예상되는 경제적 가치를 그 당시 기준에서 정리한 내용으로 살펴보았다.

또한 1994년 말 현재 돼지 총사육두수(약 610만두) 중 30%(180만두) 정도만 재래돈이 사육된다는 예측에서 년간 3,900억원 이상의 경제적 이득을 가질 수 있다.

가. 수입대체 효과: 년간 1,350억원

[180만두/16頭(수입종돈 1두 년간 자돈생산)] × 120만원(종돈 1두 수입가) = **1,350억원**

나. 농가수익: 연간 1,188억원

- 재래돈 1頭 판매가: 60kg(출하체중) × 2800원(생돈 kg단가) = 168,000원
- 개량돈 1頭 판매가: 90kg(출하체중) × 1500원(생돈 kg단가) = 135,000원
- 33,000원(판매가격 차이) × 180만두 × 2(년간 2회전) = **1,188억원**

다. 생산능력 향상으로 인한 수익: 년간 1,224억원

- 1頭 당 체중(출하시): 10kg증가/頭 × 2,800원 =28,000원
- 1頭 당 등지방 두께(1cm감소): 100원(kg당 가격상승) × 60kg =6,000원
- 34,000원(두당 가격상승) × 180만두 × 2(년간 2회전) = **1,224억원**

■ 표 2-19 개량돈과 비교한 재래돼지의 두당 생산비, 1998

	현재의 능력	산지 가격	2~3년 후
개량돼지	• 5개월 90kg, • 등지방 1.0cm, • 정육율 58%	• 생산비 122,000원 • 판매가 162,000원 • 두당수익 40,000원(월 8,000원)	
재래돼지	• 7개월 80kg, • 등지방 1.1cm, • 정육율 58%	• 생산비 185,576원(개량돈에 비해 152%) 판매가 25~30만원 • 두당수익 64,424원(월9,234원)	• 20% 생산능력 향상 • 생산비 72,860원 • 판매가 250,000원 • 두당수익 77,140원(월11,020원)
차 이	• 사육기간 2개월 • 10kg체중 감소	재래돼지 두당 1,234원 소득증대	재래돼지 두당 3,020원 소득증대

*계산근거(1997년 말 축협조사월보)

• 개량돼지와 비교한 재래돼지 두당 추가비용
2개월(60일×사료1.8kg×272원=29,376원)
2개월사육비용 =18,000원
출하시 10kg부족×1,620원 =16,200원
합 계 63,576원

• 개량돈 5개월 사육 90kg 규격돈 두당(1997년말 통계)
두당 생산비 =122,000원
산지 판매가 =162,000원
개량돈 두당수익 40,000원(월 8,000원)

2) 파급효과

가. 고유 유전자원으로서 재래돈 복원의 기대효과

재래돼지를 판별하는 고유 DNA표식은 물론 경제형질 개량과 연관된 DNA probe의 개발특허를 얻을 수 있고, 따라서 국제적으로 공인되는 우리나라 고유 유전자원의 확보가 이뤄짐은 물론, 수입 돈육에 대처한 차별적 고품질(高品質) 재래 돈육의 생산체계가 확립되어 수입 개량종돈의 수입에 의존한 국내 양돈산업의 유전적 종속(從屬)관계에서 탈피할 수 있어 농산물 수입개방에 대처한 재래가축의 경쟁력을 제고(提高)할 수 있다.

나. 고품질 재래돼지 고기의 생산체계로 얻어지는 파급효과

수입 돈육과 차별화 된 시장경쟁력이 제고됨과 동시에 수입 돈육과 명확한 DNA구성의 차이로 유통질서의 확립이 이뤄질 수 있어 수입개방에 대처한 우리나라 고유자원의 산업화가 이룩되고, 농가의 유망한 소득향상 원(原)으로 정착될 수 있나.

다. 재래돼지의 보급

정부기관인 축산기술 연구소 등을 통한 계속적인 유지 및 능력개량이 수행되면서 축협과 각 도종축장의 행정적 체제를 통한 농가 보급이나, 민간 종축장의 운영으로 협동단지화(協同團地化) 또는 농가 보급으로 축산농가의 안정적 고소득 수입원(原)이 될 수 있다.

Ⅷ 현재의 재래돼지

광복과 6 · 25전쟁을 지나 안정기로 넘어오면서 토종 돼지 보다는 새끼를 잘 낳는 요크셔와 버크셔 등 외래종이 본격적으로 도입되어 뛰어난 생산력을 바탕으로 사육이 확대됐고 토종 돼지를 기르는 농가는 점차 줄어들었다. 그 결과 1960년대 이후에는 순수한 토종 돼지는 한반도에서 찾아보기 어렵게 됐다. 1980년대 말 유전자원에 대한 인식이 높아지고 토종에 관심이 생기며 국내 토종에 대한 조사와 수집이 시작되었다. 국립축산과학원의 전신인 축산시험장은 '토종흑돼지'나 '꺼먹돼지' 등의 이름으로 불리는 돼지를 각 지역에서 찾아 모으기 시작했다. 이때 토종 돼지를 선발한 기준은 오로지 돼지의 외형이다.

- 한국 토종 돼지는 흔히 보는 돼지와 확연히 다르다.
- 크기가 작고 몸무게도 적게 나갈 뿐 아니라
- 털이 검고 코가 길며 귀가 앞으로 쏠렸다.
- 또 얼굴에는 주름이 있고 턱은 곧다.

1. 한국인 입맛에는 토종돼지

1) 재래돼지 고기의 선호

돼지고기는 자르면 마치 쇠고기 꽃 등심 같은 하얀 마블링이 보여 '돼지고기가 아니다'라는 말이 있을 정도라는 것은 실제로 토종 돼지는 외래종에 비해 근육(붉은 고기 부분) 안에 지방이 풍부하게 들어 있는 것으로 나타났다.

① **등심**: 등심부위를 비교해 보면 토종 돼지의 경우 근육 내 지방 함량이 4~5%지만 요크셔나 랜드레이스 같은 외래종은 1~2% 수준이다.

② **지방**: 풍부한 근육 내 지방 때문에 토종 돼지는 한국인의 입맛에 제격이라는 평가를 받는다. 돼지고기 중 지방함량이 높은 삼겹살이 국내 돼지고기 부위 소비량에서 1위를 차지하는 것만 봐도 한국인의 '지방사랑'을 알 수 있다.

③ **육질**: 2013년 농촌진흥청 조사 결과에 따르면 한국인은 돼지고기를 구워 먹는 것을 가장 선호하는 것으로 나타났는데, 고기의 근육 내 지방함량이 높을수록 구웠을 때 육질이 연하며 육즙이 많이 나온다.

2) 재래돼지의 약점

토종 돼지가 농가에서 인기를 얻지 못하는 이유는 토종 돼지의 생산성이 좋지 않기 때문이다.

① **성장**: 우선 토종 돼지는 외래종보다 생장 속도가 느리다. 외래종이 180일 정도에 110kg까지 자라는 반면 토종 돼지는 230일이 되어도 80kg까지만 자란다.

② **산자수**: 토종 돼지가 한 번에 낳는 새끼 수도 외래종에 비해 적다. 외래종은 한번에 12마리 이상 새끼를 낳는 데 비해 토종 돼지는 7~8마리를 낳는다.

2. 새로운 품종개발

1) 우리흑돈

축산과학원은 토종 돼지의 맛을 보급하기 위해 다른 방법으로 맛 좋은 토종돼지의 육질은 살리면서도 새끼를 잘 낳고 빨리 자라는 외국 품종을 이용한 새로운 합성종(合成種)인『축진참돈』이라는 이름으로 상표등록하여 국제적 유전자원 주권 확보에 앞장섰다.

토종 돼지인 축진참돈과 외래종 듀록을 이용해 만든 '축진듀록'을 교배한 '우리흑돈' 품종을 개발해 선보였다. 우리흑돈의 얼굴은 토종 돼지인 축진참돈과 닮았지만 몸집은 듀록종 처럼 크다. 또 축진참돈은 특유의 쫄깃하고 고소한 맛은 잘 가지고 있으면서도 두록처럼 빨리 자라

[그림 2-23] 우리흑돈 개발 모식도

[그림 2-24] 축산과학원 우리흑돈 (출처: 축산과학원)

는 특성이 있다.

복원한 토종 돼지를 축진참돈이라는 품종으로 국제연합식량농업기구(FAO)의 가축다양성 정보시스템(DAD-IS)에 등록했다. 한국 토종 돼지 혈통으로 품종 등록을 한 것은 이때가 처음이다.(홍,2013)

2) 난축맛돈

한편 제주의 난지축산연구소에서는 제주흑돼지와 새끼를 많이 낳는 품종인 한라랜드(제주랜드레이스)를 교배해 만든 새 품종 '난축맛돈'을 선보였다.

난축맛돈은 근육 내 지방량이 평균 10.5%나 된다. 특히 일반 돼지의 앞다리, 뒷다리 살의 근육 내 지방량이 1~2%인 반면 난축맛돈은 8%나 된다. 따라서 앞다리와 뒷다리 살도 삼겹살같이 부드러운 맛이 나는 것이다.

[그림 2-25] 제주 난축맛돈 (출처: 제주의 소리)

3) 토종돼지의 유전체 연구

축산과학원과 한국생명공학 연구팀은 축진참돈과 제주 흑돼지를 포함한 한국 토종 돼지와 듀록, 랜드레이스, 요크셔 등 외래종의 유전체를 비교해 토종 돼지의 유전체는 외래종과 확연한 차이가 있다는 결과를 발표했다.

한국 토종 돼지와 개량종인 듀록, 랜드레이스, 요크셔의 유전체를 해독해 비교 분석해 토종 돼지에서 변이가 일어난 유전자 26개를 발견했다. 육질과 관련된 유전자인 'TTYH3'의 경우 SNP변이 뿐만 아니라 지방세포 분열을 촉진하는 TWIST1 등 지방 관련 유전자가 토종 돼지에 특히 잘 보존돼 있어 한국 토종 돼지가 근육 내 지방 함량이 높아 육즙이 많고 부드러워 육질이 좋은 증거로 볼 수가 있다.

3. 재래돼지 산업화 연구

한국재래돼지는 흑돼지로 코가 길고 귀가 앞으로 접혀 져 있으며 안면에 주름이 많고 턱이 곧게 나와 있다. 질병에 강한 특성을 지니고 있으며 마블링과 육질이 좋고 고기가 붉은 육색을 띄기 때문에 한국인의 기호에 적합하다. 자라는 속도가 느리고 번식능력이 낮아서 국내 전문 양돈인들은 관심을 보이지 않고 있다.

1) 개략적 재래돼지 현황

재래돼지는 고기 맛이 우수하나 성장능력이 저조한 단점을 가지고 있다.

가. 개략적인 1990년 후반의 국내 재래돼지 현황

개량돼지와 잡종인 흑돈이 약 30~40만두 정도 사육이 되고 있다.

가격은 일반돼지의 약 2배로 거래되어 나라가 어려웠던 IMF시대에도 사육두수가 계속 증가되고 있다.

우리와 유사한 일본의 흑돈 시장에서는 가고시마 흑돈이 일반 돈육의 약 3배 가격으로 고품질화 되어 있다.

나. 고유한 유전자원

한국재래돼지는 일제강점기에 외래종과 교잡으로 순종을 찾기가 어려웠고 1988년 국립축산과학원에서는 외형상으로 순수성이 있는 한국재래돼지를 수집 복원했다.

그리고 2008년에는 개량종과 교잡한 "축진참돈"이라는 품종으로 국제식량농업기구(FAO)에 고유자원으로 등록하였다.

2) 재래돼지 혈통유지

가. 혈통유지

재래돼지 혈통유지를 위해 2008년 136두를 시작으로 연간 100여두 수준으로 순수혈통으로 등록되고 있으며, 주요 등록기관은 국립축산과학원, 제주 축산진흥원, 충북 축산위생 연구소이다.

재래돼지의 낮은 생산성으로 인해 현재는 일반농가보다는 국가 기관 중심으로 혈통이 유지되고 있다. 약 30여년 동안 폐쇄돈군을 유지해서 고유한 유전 집단을 구축한 포항 재래돼지는 종축개량협회를 통해 토종가축 인증 절차를 진행하고 있다. (2019년.4월)

나. 품종보존

국립축산과학원에서는 재래돼지 품종을 보존하면서 재래돼지를 활용한 새로운 돼지고기 생산 체계에 대한 연구를 병행하고 있다. 현재 돼지고기 3원교잡 생산체계에서 육질이 우수하여 부계 수돼지로 활용되고 있는 듀록종과 재래돼지를 교배하여 차별화된 브랜드 육성에 주력하고 있다.

농촌 진흥청에서는 DNA염기서열정보를 비교분석하여 한국재래돼지가 근내지방이 좋고 다즙성과 연도(軟度)면에서 육질이 좋은 증거를 확인하였다.

3) 재래돼지 산업화

재래돼지 고기는 육색이 짙고, 고기의 육향이 풍부하며, 지방의 품질이 매우 우수한 특징을 가지고 있다. 하지만 성장이 느리며 지방의 침착도가 높은 특징으로 인해 삼원교잡종과 같이 생돈육으로 판매하는 것 보다 다양한 육가공품으로 부가가치를 높여 판매하는 것이 합리적이다.

스페인 이베리아 반도에 서식하는 재래흑돼지인 이베리코의 뒷다리를 건조해서 만드는 생햄인 하몬은 높은 가격에 거래되고 있으며, 최상급의 하몬의 경우 800유로가 넘는 고가임에도 불구하고 조기 품절이 될 정도로 소비자들의 수요가 높은 품목이다. 국내에서도 와인의 대중화와 더불어 하몬에 대한 인지도 및 수요도가 지속적으로 상승하고 있다.

[그림 2-26] 스페인 하부고에서 생산되고 있는 하몬

재래돼지로 만든 발효생햄은 고기의 풍미가 좋고 짙은 육색으로 인해 햄 제조시 타 품종으로 만든 생햄과 비교하여 짙은 색의 햄을 만들 수 있어 소비자의 선호도가 높다. 또한 지방의 조직감이 단단해 생햄에 적합한 식감을 만들어내기에 적합하다.

[그림 2-27] 재래돼지 고기로 만든 이태리식 생햄

재래돼지의 산업화는 기존의 삼원교잡종이 생산성 극대화를 목표로 하고 있는것과는 다르게 본연의 장점을 살리는 방향으로 추진되고 있으며, 외식 시장에서 일반 돼지의 3배 이상의 가격에 거래되고 있다. 단순히 돼지고기를 판매하는 전략보다 요리사들과의 협업을 통해 재래돼지에 맞는 요리법을 개발하고, 농가단위에서 실행 가능한 가공법을 연구하여 부가가치를 높

여 소비자에게 다가간다면 생산성이 중요한 돈육시장에서 하나의 새로운 카테고리를 형성 할 수 있을것으로 본다.

Ⅸ 재래돼지의 생명공학 연구

1. 현재의 생명공학 연구들

1) 형질전환 돼지 생산

형질전환(transgenic)은 인체를 포함한 다양한 영역에 폭넓게 쓰이고 있지만 그중에서도 특히 가축의 육종 분야에서 주목하고 있는 기술이다. 형질전환이란 한 개체의 DNA구성에 다른 개체 또는 다른 종의 유전자를 집어넣는 기술로 드물지만 자연 상태에서도 일어나는 현상이다.

형질전환 동물 중 가장 많은 연구가 이루어지고 있는 분야중 하나가 이종장기이식(異種臟器移植, xenotranspotation) 분야이다. 특히 형질전환 돼지를 이용한 인공장기, 인공피부 인공시장 판막, 각막 등 인체의 많은 부분에 거부반응을 줄인 대체조직을 제공하는 연구는 이미 연구실을 넘어 실제 이식 현장에서 활발하게 이용되어지고 있다.

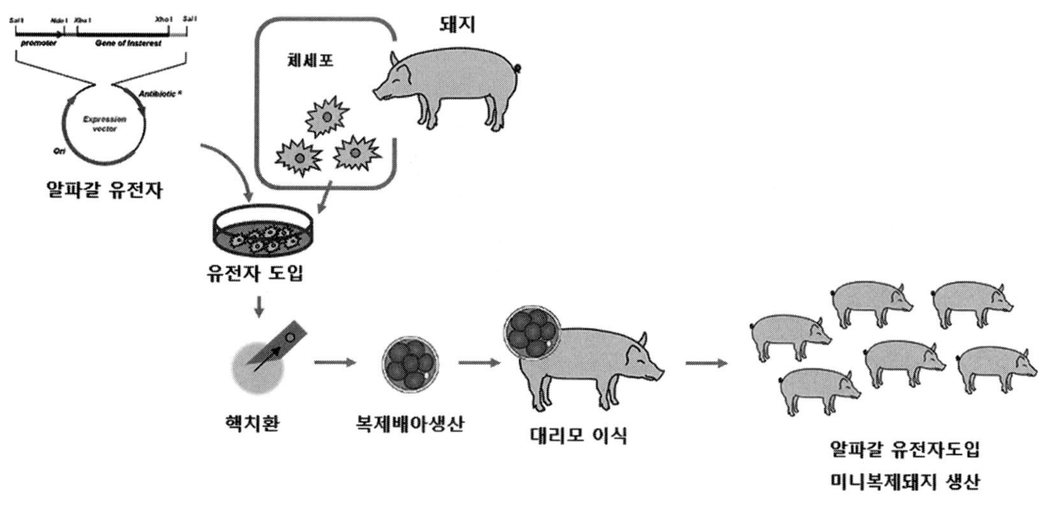

[그림 2-28] 면역거부 유전자를 제거한 장기이식용 돼지의 생산

이종간의 장기이식 시 문제되는 것은 초 급성 면역거부 반응인데. 이 유전자인 알파갈(α-Gal)이 제거된 형질전환 돼지를 이용해서 생산된 돼지의 췌장세포를 원숭이에게 이식해 인슐린 분비를 조절하는 연구가 최근 성공하였으며, 인간에게 적용시키는 연구가 실용화 단계에 들어서 있다.

2) 유전자 변형 기술을 이용한 종돈 개량

유전자 편집(Gene editting) 기술을 양돈산업에 적용한 대표적은 사례로 이중근육돼지(double-muscled pig)를 들 수 있다. 서울대 김진수 교수와 중국 연변대 윤희준 교수팀이 공동으로 제작한 마이오스타틴(myostatsin) 돌연변이 돼지는 일반 돼지에 인공수정으로 번식시켜 돼지의 개량을 꾀하고 있다.

이중근육돼지는 일반 돼지에서 myostatin 유전자를 제거한 것으로 기존 개체들보다 약 40% 이상 근육량이 증가한 개체를 얻을 수 있었다. Myostatin 유전자는 근세포의 성장을 억제하는 유전자로 생물체는 이를 통해 근육의 크기를 유지한다. 일반적으로 myostatin이 부족하거나, 차단되면 더 많은 양의 근육을 가지게 되는데, 한국과 중국의 연구팀은 이 유전자가 제거된 이중근육(double muscled) 돼지를 생산해 내었다. 이는 다른 종의 유전자를 삽입하는 유전자 변형보다 간단하고, 윤리적인 논란 역시 크게 줄일 수 있는 방법으로 향후 돼지를 포함한 동물 육종 시장에서 크게 각광받을 것으로 예상된다. 물론 소비자들의 기호성 부분에서는 아직 유전자 변형 축산물에 대한 거부감이 상당해 실제 소매시장에서 자리잡기 까지 상당한 시간이 필요할 것으로 본다.

[그림 2-29] Myostatin 유전자를 제거한 근육형 돼지 (출처 ; 돼지와 사람)

2. 미래의 재래돼지 첨단연구

1) 장기 이식용 돼지

돼지를 이용한 인공장기 생산 기술은 실용화 단계에 이르렀으며, 영장류에 대한 이식에서 성공사례가 많이 보고되고 있다. 돼지는 인간과 생리특성이 유사하여 인간의 각종 장기를 대체하기 위한 연구가 오래전부터 활발하게 진행되어 왔다. 특히 피부나, 췌도, 각막 등 조직의 경우 형질전환 돼지가 아니어도 거부반응 없이 영장류에 이식을 성공한 사례가 있으며, 장기의 경우 SPF(specific pathogen free) 돼지나 CRISPR(clustered regularly interspaced short palindromic repeat)를 이용하여 면역 거부반응을 줄일 수 있는 신기술 들이 속속 등장하고 있다.

일반적으로 인공장기를 생산하기 위해서는 미니피그를 이용하는데 재래돼지의 경우 일반돼지에 비해 체중과 체형이 작고, 우리나라에서 수 천년간 사육되어오면서 그 기후 및 식생에 적응한 종으로, 한국인에게 맞는 장기 이식용 돼지를 생산하는데 적합한 품종으로 육종, 개량 가능성이 클 것으로 본다.

다음의 그림에서는 SPF무균돼지에서 인슈린(insulin)을 생산하는 췌도세포를 추출하여 면역조절항체가 투여된 당뇨병 환자에게 이 췌도세포를 이식하여 환자의 간에 청착시킴으로 당뇨병을 치료하는 과정으로 이종장기이식의 가능성을 제시하고 있다.

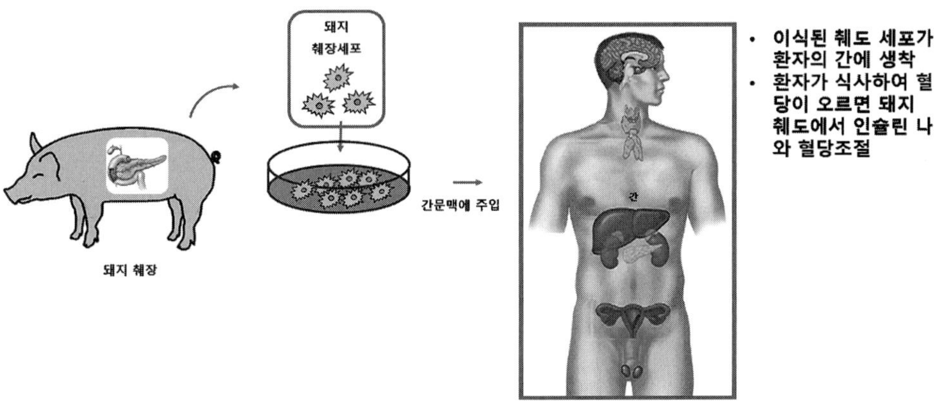

[그림 2-30] 돼지의 췌도세포를 당뇨병 환자의 간에 이식하는 이종간 장기이식

2) 유전자 가위를 이용한 재래돼지 육종 및 연구

지난 수년간 CRISPR(clustered regularly interspaced short palindromic repeat)기술을 이용한 Gene editting 기술은 생명과학 분야에서 엄청난 주목을 받아왔다. 이 기술은 Jennifer Doudna

와 Emmanuelle Charpentier에 의해 2012년에 발견되었는데, 배아 단계에서 DNA의 원하는 부위를 정밀하게 절단하여 원하지 않는 유전자를 제거 하거나, 원하는 유전자를 삽입하는 것은 물론 이 과정을 통해 생산된 개체가 자연상태에서 태어난 개체와 전혀 차이가 없다는 것이 가장 큰 특징이다.

최근 종돈계에서는 특정 병원체로부터 내성을 가진 SPF돼지 개발에 많은 관심을 가지고 있는데, CRISPR 기술을 통해 돼지 생식기 호흡기 증후군에 대한 저항성을 가진 돼지를 에딘버러 대학교에서 만들어 내는데 성공하였다. 돼지 생식기 호흡기 증후군은 최근 양돈업계에서 가장 많은 피해를 주고 있는 질병의 하나로, 이 기술을 통해 생산된 돼지가 시장에 공급되면 번식과 사료효율등 생산성 향상 및 항생제 사용으로 인한 피해를 획기적으로 줄여 줄 것으로 생각된다.

따라서 재래돼지가 가장 취약한 번식, 사료 효율과 관련한 유전자를 선택적으로 조절함으로써 짧은 시간에 엄청난 개량 효과를 기대할 수 있을 것으로 본다. 또한 유전자 가위는 형질전환과는 다른 개념으로 GMO(genetic modified organ) 논란에서도 상대적으로 자유로운 방법으로, 시장에서 소비자들의 거부감 역시 낮을 것으로 기대된다.

3) 유전자 표식을 이용한 선발(MAS)

가까운 미래에는 모든 생명체의 형질발현을 조절하는 유전자를 규명하고 이들 유전자에 의한 선발로 가축의 능력개량이 이뤄질 수 있을 것이다. 그러나 형질에 관여하는 유전자의 종류, 구조, 상호작용, 그리고 발현기전 등에 대한 연구결과는 인간이 상상했던 것 이상으로 복잡하고 오묘한 체계로 이뤄져 있어 자연적인 생명의 신비함을 극복할려는 인간의 도전은 그리 쉽지만은 않을 것으로 생각된다.

그림에서와 같이 중국의 한 농장에서 체중이 소보다 많은 900kg이나 나가는 돼지에서 체중과 연관되는 특정 유전자를 규명할 수 있다면 이처럼 소보다 큰 돼지를 생산할 수 도 있을 것이다.

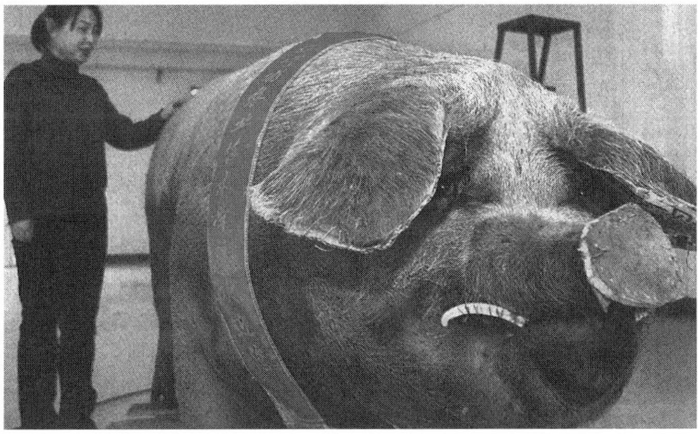

[그림 2-31] 중국 선양 한 농장의 900kg돼지 (출처: 연합뉴스(2004.2.24.))

X 인용문헌

1. 常松泰,1917.朝鮮養豚概要. 朝鮮農會報, 제12-10:16~22
2. 吉田雄次郎,1927. 朝鮮養豚의 品種改良의 就. 朝鮮의 畜産,제6-1:49~56
3. 吉田雄次郎,1927. 慶北知禮豚과 青里養鷄部落의 就. 朝鮮의 畜産,제6-4:23~32
4. 管沼寒洲,1931. 朝鮮時代의 養豚. 朝鮮의 畜産, 제10-5:132~134
5. 김류불(金毓黻), 1935. 발해국지장편(渤海國志長編). 발해사연구회 역
6. 김영복,2016. 역사속 돼지 이야기, http://cafe.daum.net/ilgo13. 우리 역사속 돼지
7. 농촌진흥청, 1997. 전통지식 모음집. 유전자원편 I
8. 여정수. 김재우. 이은준. 이석태, 1997. 유전자지문에 의한 한국재래돼지의 유전적 특성 규명에 관한 연구.한국축산학회지, 39(6):647~652
9. 여정수. 김재우. 장태경. 박영애. 이지홍, 2000. 한국재래돼지의 경제형질 연관된 AFLP marker의 분석. 동물자원과학회, 43권 3호:243~252
10. 여정수. 김재우. 장태경. 박영애. 이지홍. 육심교. 이석태, 2000. 유전자지문을 이용한 한국재래돼지의 유전분석. 영남대 자원문제연구, 19(1):52~60
11. 진상근. 김청욱. 송영민. 장원혁. 김영보. 여정수. 김재우. 강근호, 2001. 랜드레이스와 재래돼지육의 이화학적 특성. 한국축산식품학회지, 21권2호:142~148

12. 한경필. 한재숙. 小机信行. 여정수. 이승언. 南出隆久, 2003 재래종과 개량종 돼지고기의 영양성분 비교 연구. J. East Asian Soc. Dietary Life, Vol. 13, No. 3:185
13. 홍준기(국립축산과학원 양돈과), 2013. 우리나라 품종 재래돼지의 역사. 현대양돈 10월

제 3 장

한 우

Ⅰ. 역사속의 소

Ⅱ. 조선왕조실록의 소

Ⅲ. 조선왕조의 소와 연관된 내용들

Ⅳ. 의약서를 통해서 본 소

Ⅴ. 일제시대의 한우

Ⅵ. 한우의 유전적 개량

Ⅶ. 현재의 한우산업

Ⅷ. 생명공학과 미래의 축우산업

Ⅸ. 인용문헌

I 역사속의 소

우리나라에 나타난 소에 관한 기록이나 근거는 구석기시대의 것으로 추정되는 경남 울주군 상북면의 반구대(盤龜臺) 암각화(岩刻畵)에서 발견할 수가 있다. 또한 신라시대의 토우(土牛)나 무덤주위에 세워진 십이지신상(12地神像)의 조각 중에서도 소를 볼 수가 있다. 그러나 이러한 것들은 소의 형상은 확실하다 하여도 그것이 지금의 우리의 것인 한우라고 보기에는 어려움이 있다. 역사적으로 한우라고 확신할 수 있는 자료 중에 유일한 것으로는 고구려의 고분벽화 안악 3호분(安岳 三號墳)에서 명확하게 알 수가 있다.

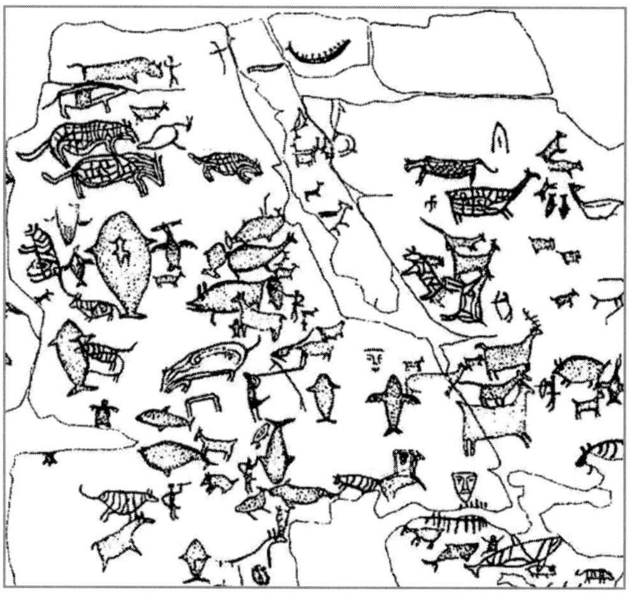

[그림 3-1] 반구대(盤龜臺) 암각화(岩刻畵)의 동물이미지

소와 관련된 가장 오래된 문헌은 '후한서(後漢書)'동이전(東夷傳)으로 여기에서는 부여와 고구려, 예, 한 등에서 모두 소를 사육하고 있는 것으로 기록되어 있다. 따라서 문헌상으로는 기원전 후한(後漢) 시기에 한민족의 생활영역 전역에 걸쳐 소의 사육이 일반화되었음을 알 수 있다. 특히 소는 의례(儀禮)에 제물로 사용됐거나 짐이나 사람을 싣는 수레 등에 이용됐다고 한다. 또한 4~6세기 농경사회로 접어들면서 소는 본격적으로 역우(役牛)로 이용되면서 한우로 정착되기 시작한 것으로 알려졌다

소는 단순히 농사용으로만 이용된 것이 아니라 생활 곳곳에 다양하게 활용되어 부산물은 의

복이나 약재, 장식용 등으로 활용됐으며 또 국가 간 외교 선물이나 하사품, 군사용으로 이용되었다. 뿐만 아니라 소는 생활문화에도 밀접한 관련을 가지고 있어 세시풍속과 설화, 속담 등에 다양한 형태로 등장하기도 했다. '삼국지동이전부여조'에 '우(牛)가, 마(馬)가, 저(猪)가, 구(狗)가…'등 6축의 이름으로 관명을 삼았던 기록과 삼한시대의 써레에 관한 기록된 점이나 군사(軍事)가 있을 경우 소를 잡아 그 소의 발톱의 상태로 길흉을 점치는 풍습으로 소의 발톱이 벌어지면 흉조이고 합쳐지면 길조로 여겼던 기록등을 볼 때 우리 소는 적어도 2,000년 전부터 농경에 이용되었던 것으로 볼 수 있다.

1. 삼국시대의 소

고구려 시대에는 소의 보호증식을 위해 도살을 금지하는 보호법이 제정되고 우차(牛車)를 쓰기 시작했다. 백제에서는 육부(肉部)를 설치해 보호정책을 폈으며 신라는 당나라와의 무역품으로 우황(牛黃)을 수출하기 위해 소의 증산에 주력했다. 고려에서는 전목사(典牧司)가 정한 축우요식(畜牛料式)에 사료의 급여량을 계절과 노역의 정도에 따라 규정하는 등 축우 사양방법을 권장했다.(육 등, 1982)

특히 고구려 문화의 정수는 그 시대의 실제생활상을 보여주는 무덤의 벽화에서 볼 수 있는데, 이 벽화는 인류문화를 풍부하게 하는데 크게 이바지한 보물로서 다양하고 풍부한 내용과 우수한 예술성으로 높은 평가를 받고 있다. 황해남도 안악군 용순면 유순리에 위치한 고구려 벽화 고분은 서기 357년에 축조된 것으로 그 시대의 생활 풍속을 주로 그렸다.

안악 3호분(安岳 三號墳) 동측 실에 그려진 벽화는 가축화 된 소로 우리에게 가장 관심을 많이 끌고 있는『외양간』이 있다.이 벽화의 내용을 통해보면 당시의 역사와 풍습을 담은 귀중한 문화유산으로 골기와를 이은 외양간에는 검정소, 누렁소, 얼룩소 등 세 마리의 소가 통나무 구유에 담긴 여물을 먹고 있는 장면이다. 특히 소의 뿔, 코뚜레, 고삐 등을 빨간색으로 칠한 것이 매우 흥미롭다. 소는 견봉도 없고 물소처럼 긴 뿔도 아니며 후구가 외국 소처럼 평평하지도 않고 경사진 것이 지금의 한우와 비슷하다. 특히 목이 가늘고 입 주위가 뾰족한 것으로 보아 세 마리 모두 암소가 아닌가 한다. 여물통은 지금도 강원도 산골에서 볼 수 있는 것으로서 통나무 속을 파내서 만든 것으로 세 마리가 함께 먹을 수 있도록 하였다. 이 벽화는 지금까지 알려진 소 그림 중에서 가장 확실하고 오래된 그림으로 우리소의 역사에 아주 귀중한 자료라 여겨진다.

고구려에서 300년경 소달구지를 사용하였고 신라의 눌지왕 22년(438년)에는 우차법(牛車法)

을 만들어 소달구지를 백성들이 사용하도록 교육을 하여 교통과 운반의 수단으로 소를 이용하였으며 지증왕(498년) 때에는 경주 일대의 농민들이 농사일에 소를 활용하기도 하였다.

또 다른 기록으로는 일본에서 찾을 수 있는데, 일본의 흠명천황(欽明天皇)시대에 우리나라 백제로 부터 암수 각 1두씩을 일소로 수입하여 서기 564년경에 젖을 이용한 기록이 있다. 황극천황(皇極天皇) 대화원년(645년)에는 밭을 갈았다는 기록이 있으며 효덕천황 때(645~654년)에는 고려인 지총(智聰)의 아들 선방(善邦)이 소젖을 짜서 왕에게 헌상하고 우유가공도 하였다고 한다. 이러한 자료를 보아도 백제시대에 이미 일본과 교류가 이루어지고 있었으며 백제인과 백제문화와 함께 소도 일본으로 건너간 기록은 확실하게 증명된 것이다.

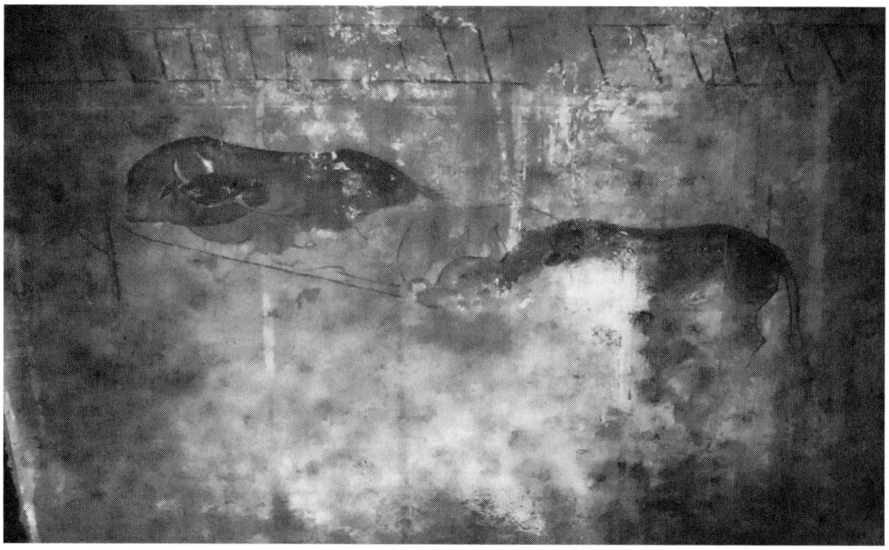

[그림 3-2] 안악 3호분의 고구려 고분벽화, 외양간(牛舍) (출처: 농협중앙회 농업박물관)

따라서 지금 일본에 사육되고 있는 흑모(黑毛)와 갈모(褐毛) 화우(和牛) 품종들이 한국에서 건너간 소를 개량한 것으로 짐작이 되는데, 그 가능성은 고구려벽화의 흑우나 누렁이 등이 이를 뒷받침하는 근거가 된다.

2. 조선시대의 소

특히 이조시대에 이르러 소가 경작의 주요 도구이기 때문에 소 밀도살은 중죄였는데 이는 고려 말에도 금살도감(禁殺都監)이 있어 소의 도축을 막고 그 대신 돼지, 닭을 키우는 정책이 있었다. 금살도감은 불교의 바탕인 살생이 아니라 소의 불법 도축을 막기 위한 기관이었다. 조선시대 초기의 기록에는 상민(常民)이 밀도살을 했을 경우, 초범인 경우도 곤장 100대에 귀양 3년일 정도로 소의 중요성을 알 수가 있다.

조선의 소는 힘세고 일을 잘했다. 세조 7년 오키나와에서 들여온 물소와 교배를 하면서 품종을 개량한 경우도 있었으며 성종, 연산군 등은 물소를 각 고을에 나눠주면서 농업 생산력을 높이는 정책을 폈다. 조선 초기 소의 사육두수는 3만 마리에서, 18세기 후반 100만 마리로 늘어났다. 육식과 우유 섭취가 일반화된 요즈음 3백만 마리를 키우는 것과 비교하면 적지 않은 사육규모였다.

[그림 3-3] 논갈이, 김홍도

1) 소고기 공급

효종 9년(1658년) 왕조실록에서 이조판서 송시열은 "전생서(典牲署)는 제향(祭享)을 전담하고 사축서(司畜署)는 객사(客使)의 수요를 전담하는 곳"임을 정리한 기록이 있고 조선시대 공식적인 쇠고기 공급기관으로 도축서(屠畜署), 사축서(司畜署), 전생서(典牲署)에서 쇠고기를 공급하였다. 쇠고기는 종묘 제사와 중국 사신 접대에 반드시 필요해 수요와 공급계획을 준비하였고 왕실과 사대부들은 필요한 고기를 신청한 후 허가를 얻어서 구했다. 그러나 공식적인 공급이 원활하지 못해 제때에 원하는 양을 받는 것은 거의 불가능하여 결국 밀도살과 불법

거래가 일어나고 조선 후기에는 "명절이 되면 갑자기 절름발이 소가 널어난다"라는 풍자가 떠돈 것은 농사 못 짓는 소를 도축해도 괜찮으니 갑자기 절뚝거리는 소가 늘어난 것이다.

2) 소 불법도살

이조왕조실록에 나오는 소 도축과 관련된 눈에 띄는 기록은 다음과 같다.

- 세종대왕 당시 정종의 서자(庶子)로 세종과는 사촌지간인 이덕생이 '소 밀도살'건으로 걸려들었다. 수사 과정에서 도축한 소의 상당수가 민간에서 훔친 것이라는 내용이 들어나 전남 담양으로 유배를 보냈는데 이번엔 '너무 편한 곳으로 유배 보냈다'는 상소가 줄을 잇는다. 결국 추운 북쪽으로 유배지를 옮기던 중, 경기도 용인에서 죽었다.
- 성종 3년(1472년) 과거에 급제해 삼사 중의 하나인 예문관 관리인 표연말(表沿沫)은 조선 전기의 문장가로 집안도 명문가고 본인도 대제학을 지냈다. 쇠고기 때문에 두고두고 망신을 산 벼슬아치로 조선시대 기록문 여러 곳에 '표연말이 금육 먹고 파직당한 이야기'가 실려 있다.
- 또한 성종 5년(1474년) 12월 7일(음력)에는 태종의 증손자로 왕족인 이서는 종친의 집에서 몰래 소를 도축하였다가 왕족이 평민의 신분으로 떨어진 큰 벌을 받았다고 기록하고 있다.

3) 소의 질병과 도살

조선에서 소로 인한 사회적인 큰 문제는 우역(牛疫)으로 골칫덩어리였다. 숙종 2년(1676년)에는 하루에 도살하는 소가 1,000마리 이상이라는 기록이 있고, 1663~1671년 10여년간 우역이 창궐권창했을 때는 7만4424마리가 도살됐다. 바이러스는 소와 사람을 숙주 삼아 돌아다녔고, 천연두와 홍역의 경우 소에게 가볍게 발병했지만, 사람은 심하게 병을 앓았다. 소의 개체수가 많이 증가한 17세기 이후(영조 13~23년, 1737~1747년)에 천연두 발병이 늘어난 점은 질병에 속수무책이었던 그 시대의 실상을 알 수 있다.

II 조선왕조실록의 소

한우협회와 영남대학교 민족문화연구소에서 발간한 "한우의 기원과 역사"(2008)의 내용 중 이조실록에 수록된 소와 관련된 내용을 간추려 정리하였다.

1. 소의 사육

1) 왕조실록

조선왕조 오백년에 걸쳐 우역과 임진왜란, 병자호란 등의 전란을 거치면서 소의 손실이 불가피했음에도 불구하고 1910~1912년에 작성된 '조선총독부통계연보'의 분석에 의하면 전라도의 경우 소 1두당 호수(牛當戶數)는 평균 6.73호, 나주의 경우 5.55호 정도가 되고 있다.

소는 농경(農耕), 식용(食用), 승여 · 운수(乘輿 · 運輸), 의례(儀禮, 祭祀와 犧牲), 약재, 병장기, 조관복장(朝官服章; 服色, 車騎, 裝飾), 하사품, 조공(朝貢), 세공(歲貢), 선물, 뇌물 등의 용도를 갖고 있다. 그 가운데 한국에서의 주된 용도는 농경과 식용에 있다.

■ 세종 6년(1424년 6년 3월 15일) 소의 소재를 확인하는 낙인(烙印)제도가 있어 도살이나 거래 및 교역에 활용할 수 있도록 하였다. "동 · 서 · 북면의 소와 말을 점고하여 낙인(烙印)하고 등록하는 법이 상세하게 법령에 있으나, 근래에 잘 시행되지 아니하여 이제부터는 무역하여 들여온 것이나 번식한 새끼는 일찍이 수교(受教)한 법에 의하여 즉시 등록 후 낙인하고 원적(元籍)에 그 사유를 주기(注記)하여 3년에 한 번씩 점고하여 개적(改籍)하라"고 기록되어 있다.

■ 정조 7년(1783년 7월 18일) 조선후기의 인물인 박제가의 『북학의』에는 "우리나라에서는 날마다 소 5백마리를 도살하고 있다. 국가의 제사나 호궤(犒饋)에 쓰기 위하여 도살하고, 성균관과 한양 5부 안의 24개 푸줏간, 3백 여 고을의 관아에서는 빠짐없이 소를 파는 고깃간을 열고 있다"고 하여 날마다 소 5백마리를 도살하고 있다고 하였다.

• 호궤(犒饋): 군사들에게 음식을 주어 위로하는 것

■ 정조12년(1788년 6월 27일)엔 중국의 법률인 《대명률》 축산교척인조(畜産咬踢人條)에 "사람을 받거나 물고 차는 우마(牛馬)에 기호(記號)로 표시하거나 묶어두기를 법대로 하지 않

아 사람을 살상(殺傷)한 자는 과실(過失)로 논죄한다."고 되어 있다. 사나운 말은 입에 망(網)을 씌우고 사나운 소는 뿔을 자르는 것이 민간에 통행하는 방식이니 다시 시행령(施行令)으로 반포할 필요가 없다. "중국에 가는 사신 편에 사나운 우마의 표지에 관해 자세히 탐지해 오도록 하라."하였다.

■ 고종조의 홍양호는 '우축(牛畜)의 번성이 우리나라만한 데가 없다'고 하였다. 그 이유로서 "서울과 외방에서 도살하는 것이 하루에도 몇 천 마리가 되는지 알 수 없는데도 생산이 쉬지 않게 되니, 풍토가 합당한 것임을 말하지 않아도 알 수 있다"고 하였다. 홍양호의 말처럼 한국의 풍토는 소의 사육에 합당한 환경적 조건을 갖고 있었다.

■ 또 대사헌 홍양호가 상소하기를, 옛적의 예법은 임금도 일이 없이는 소를 잡지 않았었는데, 우리나라의 풍속에서 법도가 없이 도살을 하게 됨은 대개 손님 대접과 제사 반찬에 있어서 대신할 만한 물건이 없기 때문일 것입니다. 홍양호는 우마(牛馬)가 희소한 원인을 '牧養'에 있다고 하였다.

■『신편우의방』(1399), 조선중기 허균(許筠)의 『한정록(閑情錄)』(1610~1617), 그리고 홍만선(洪萬選,1643~1715)의 『산림경제』 등에 '양우(養牛)'에 관한 기록. 그리고 조선말 '우역방'도 질병치료법뿐 아니라 소 사육 일반에 대한 전문서가 있어 농민들의 목양(牧養)에 도움이 되고 있다.

2) 한정록(閑情錄)

■ 소의 상(相)보는 법

- 눈은 서로 멀리 떨어지고 뿔은 서로 가까이 있어야 하며
- 눈알은 마땅히 크고 눈 가운데 흰 맥이 동자를 관통하여 지나가며
- 정강이뼈는 길고 크며 뒷다리 무릎 사이가 넓고 시원스러우며
- 털은 빽빽하게 나야 하나니 드물게 나고 길면 추위에 견디지 못한다.
- 뿔이 가늘고 꼬리가 거칠며 긴 것은 길하고 꼬리의 털이 어지럽고 꼬인 것은 명이 짧다.
- 어미 소의 털이 희고 젖꼭지가 붉은 것은 새끼를 많이 낳을 수 있다.
- 하룻밤에 대변을 세 번 보는 소는 일 년에 송아지 한 마리를 낳을 수 있으며
- 젖꼭지의 거리가 드물어지고 검어지면 능히 새끼를 낳을 수 있다.

3) 양우(養牛)

- 소를 잘 기르는 자는 반드시 애중하는 마음이 있어야 한다.
- 반드시 외양간에 가득 채워진 두엄과 쇠똥을 열흘마다 한 번씩 쳐내어 더러운 냄새를 없애야하나니 외양간이 뜨고 답답하면 병에 걸리기 때문이다.
- 새 풀이 나지 않을 때는 마땅히 깨끗한 볏짚을 잘게 썰어 밀기울 등과 콩 종류 등을 섞어 약간 습하게 한 다음 구유통에 담아 먹여야 한다.
- 그늘지고 눈바람이 불며 얼음이 얼 때에는 따뜻한 곳에 옮기어 보호하고 죽을 쑤어 먹인다.
- 소로 경운하는 달에는 방목을 하지 말고 밤에는 다시 배불리 먹이고 다음날 새벽 해가 뜨기 전 5경에 천기가 서늘할 때 소를 부린즉 통상보다 힘이 배나 세어진다.
- 얼었거나 폭양에 쪼였거나 피곤하였거나 말랐거나 부렸거나 수고로운 위에 또 다시 채찍을 치며 부린즉 반 이상의 소가 죽게 된다.
- 서로의 힘을 이용하여 서로의 삶을 좋게 하기 위해 소를 사랑하며 기르는 도를 알아야 한다.
- 약을 쓰는 것은 사람과 서로 같으나 다만 약재의 분량을 크게 하여 마셔야만 하나니 이렇게 하면 낫지 않음이 없다.

[그림 3-4] 연자방아 (출처: 한국민족문화대백과사전)

4) 우역방

■ 13종의 응급처치를 위한 간단한 처방

- 우장(牛瘴): 풍토열병(熱病)으로 편히 쉬게 하고 외양간에 향을 피운다.
- 우열(牛噎, 소기침): 고소한 뿔의 가루를 소의 코 속에 불어넣고 가죽신으로 꼬리와 정골(亭骨) 밑을 쳐준다.
- 개라(疥癩, 옴): 옴이 올라 지적지적한 곳을 메밀짚을 태운 재로 씻어낸다. 말도 또한 같다.
- 난견(爛肩, 어깨가 문드러짐): 상처 부위에 묵은 풀솜 3량을 붙여 태운 후 삼씨기름(麻油)을 3일간 고르게 바르면 즉시 차도가 있다.
- 누제(漏蹄, 쇠발굽 사이가 무는 것): 자광(紫礦)을 분말로 만들어 돼지기름에 고루 섞어 누제된 속에 채워 넣고 쇠붙이에 불을 달구어 지진다.
- 상열(傷熱, 몸속 육부의 열): 참깨 이파리를 갈아 짜낸 즙을 먹이면 낫는다.
- 해소(咳嗽, 기침): 소금 1량을 메주물 한 되에 타서 먹여야 한다.
- 뇨혈(尿血): 당귀와 홍화 가루를 술에 담가 한 잔 정도 먹인다.
- 신상생충(身上生虫): 당귀를 갈아 술에 하룻밤 담근 후 먹인다.
- 쇠꼬리가 마르고 물과 풀을 먹지 않는 병(牛尾焦不食水草): 대황(大黃)과 백지(白芷), 황연(黃連) 각 반량씩을 가루를 내어 계란 흰자위와 함께 술에 타서 먹이면 효과가 나타났다.
- 소가 홀연히 위가 부어오르고 미친 듯 달리며 사람을 들이받는 병(牛忽肚脹狂走觸人): 대황(大黃)과 황연(黃連) 각 5잔을 계란의 흰자위 한 개에 고루 타서 술잔 한 개 정도의 양을 먹인다.
- 소가 잡충을 먹어 배가 부어오르는 병(牛喫雜虫腹脹): 제비똥 한 홉을 물에 타서 먹인다.
- 소의 눈에 흰 막이 생겨 눈을 가리는 병(牛生白膜遮眼): 볶은 소금과 대나무 마디를 태운 재를 섞어 곱게 간 다음 1잔 정도로 막 위에 붙여 둔다.

2. 소의 종류(牛種)

『신편우의방』에는 소의 형상을 제외하고 빛깔에 따른 분류에는 황우(黃牛), 흑우(黑牛), 백우(白牛), 청우(靑牛), 이우(离牛, 얼룩소), 록반자(鹿班者) 등의 종류가 나온다. 고려의 국가의례에 사용된 소는 청, 백, 적, 흑, 황색의 소를 사용한 기록도 있다.

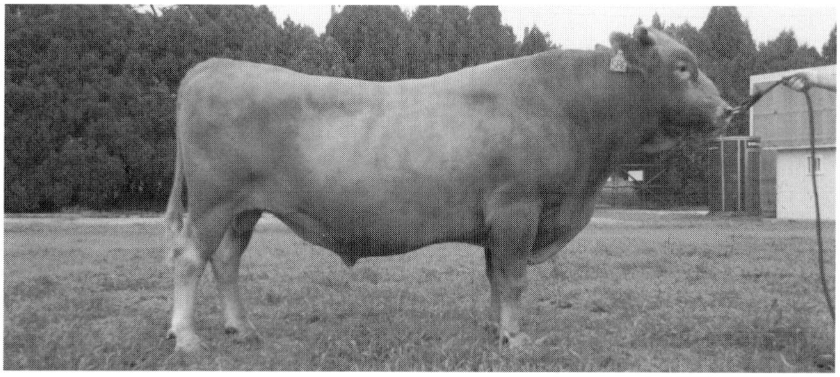

[그림 3-5] 황우(黃牛)

[그림 3-6] 흑우(黑牛)

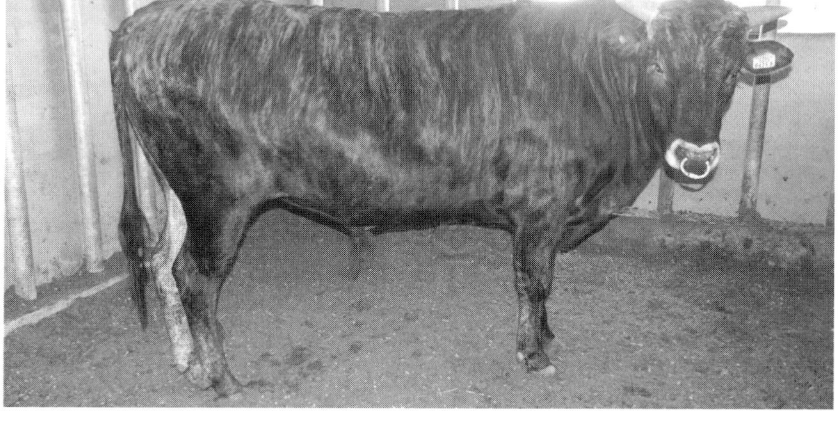

[그림 3-7] 호반우(虎班牛)

1) 흑우와 황우

청우는 조선시대에 없어진 종이라고 할 수 있고 조선시대의 경우 주로 의례용의 소로 흑우와 황우를 사용하였는데 그 이유에 대한 기록이 있다.

- 영조17년(1741년 2월 27일)에 제사(祭祀)에는 마땅히 흑우(黑牛)를 써야 하는데, 황우(黃牛)를 쓰는 의미에 대해 조명리의 말을 그대로 허락한 내용이 있다.
  "명(明)나라는 화덕(火德)으로 〈나라를 세웠기〉 때문에 성우(騂牛)를 써야 하는데, 성(騂)은 짙은 황색으로, 황색은 성(騂)에 가깝기 때문에 황색을 쓰는 것입니다."하였다. 마땅히 명(明)나라의 제례(祭禮)를 따라 성색(騂色)으로 쓰는 것이 적당할 것입니다.
- 영조 19년(1743년 4월 20일) 임금의 친경(親耕) 때 청우(靑牛)는 푸른색으로 염색한 무명을 입히고 있다. 그런데 종묘(宗廟)에 청개(靑盖)·홍개(紅盖)란 것이 있으니, 이른바 청개란 곧 흑개(黑盖)이다.《오례의(五禮儀)》에 청우조(靑牛條)는 흑우(黑牛)로 주(註)를 달아 넣는 것이 옳다고 기록되어 있다.

> • **친경(親耕)**: 왕이 직접 농사를 짓는 모범을 보여 백성에게 농업의 중요성을 인식시키고 널리 농업을 권장하기 위하여 행하는 의식.

[그림 3-8] 임금의 친경(親耕) 모습 재현 (출처: 김제벽골제 농경문화박물관)

2) 물소

조선시대의 경우 물소와 젖소가 있었지만 물소의 경우 종의 번식에 결국 실패하였고, 젖소의 경우에도 우유가 민간에 보편화되지 못하였기 때문에 그 번식이 많았던 것은 아니었다.

활을 만드는데 수우각(水牛角, 물소뿔)만한 것이 없다. 물소는 군사에 긴요할 뿐만 아니라 힘이 세고 밭가는 데 사용할 수 있다고 알려져서 세종조에서 부터 중종조에 이르기까지 물소의 이용이 계속적으로 이루어졌다.

명나라로부터 물소를 수입하는 것이 불가능 해 조선 정부는 세조7년 일본에게 조선에 공물로 물소 두 마리(암수 각각 1마리)를 갖다 바치게 한다. 이렇게 들여온 물소들은 경상도 웅천 땅에서 사육되다 이듬해 세조의 명에 따라 서울로 올라오게 되어 창덕궁 후원에다 데려다 놓고 사복시(司僕寺: 조선시대 궁중의 가마, 말, 소들을 관리하는 곳)가 관리하고 꾸준히 물소의 수를 늘려가던 조선은 성종 때에 이르러선 물소 수를 70여 마리까지 늘리게 된다.

일본 오키나와에서 들여온 물소와 조선우가 교배를 하면서 품종이 개량되어 힘이 세졌다. 성종, 연산군 등은 물소를 각 고을에 나눠주면서 농업 생산력을 높이는 정책을 폈다. 조선 초기 소의 사육두수는 3만 마리에서, 18세기 후반 100만 마리로 늘어났다.

물소는 중국의 남쪽 지방과 기후가 비슷한 전라도를 택하여 기르고 또 겨울철에 우리를 지어 잘 기른다면 살릴 수 있으리라고 생각했지만, '임오년(세조 8년, 1462)부터 올해(1479)까지 새끼 친 것이 겨우 70여 마리에 불과하다'고 한 기록에서 보다시피 물소의 번식은 생각만큼 성공하지 못하였다.

중종조에 오면서 각 관에서 기르는 물소가 나라에 이익이 없고 백성에게 해만 있으니 마땅히 버려야 한다는 주장이 나왔고, 결국 해도(海島)로 추방되었고, 민간에 나누어주기에 이르렀다.

3. 농경용(農耕用)

1) 『조선왕조실록』에서 소의 표현

- 농업은 소가 아니면 경작할 수 없다.
- 비록 농부는 있더라도 만일 소가 없으면 진실로 대신 경작할 수 없다.
- 땅이 오곡을 기르되 소로써 대신 경작하게 한다.
- 소는 곡식을 생산하는 도구라는 표현들이 있다.

2) 소를 이용한 과학적인 농경

특히 세종과 영조실록에서 농사에 대한 체계적이고 과학적 관심이 높은 기록들이 있다.

■ 세종 9년(1428년 2월 6일)에는 수의학적 교본인 《우마방서(牛馬方書)》를 전의감(典醫監)의 의원(醫員)으로 하여금 모두 공부하여 익히게 하고, 사복시(司僕寺)의 마방(馬方)을 혁파하고 습독(習讀)하던 임시직인 권지직장(權知直長)을 각 관사(官司)의 권지(權知)로 나누어 소속시켜 전문가로 육성하도록 하였다.

■ 세종 13년(1431년 2월 28일)에 소는 국가에 있어 그 용도가 심히 큰 것 이온데, 관에서 이를 길러 번식하지 않는 것은 실로 궐전(闕典)이 아닐 수 없다. 각도의 목장(牧場)을 설치할 만한 곳을 물색해 놓고 소를 교역하여 놓아 길러서 국가 수용에도 충당하고 혹은 민간과의 교환도 들어주게 하도록 명하였다.

■ 영조 46년(1770년 1월 25일)에 임금이 주강에 나아가 하교하기를, "나라는 백성을 의지하고 백성은 농사에 의지하는데, 농사에 가장 긴요한 것은 소이다."하고, "소는 사람을 위하여 일생 동안 근로(勤勞)하였음에도 사람은 그 노고는 알아주지 않고 도살(屠殺)하니, 이것이 과연 인술(仁術)인가? 옛날에는 여러 신하에게 선온(宣醞)함에 있어 쇠고기는 차리지 않았다. 내가 내반원(內班院)에서 해마다 도살하는 것을 금지한 것과 봄마다 입직(入直)하는 군사에게 호궤(犒饋)함에 있어 으레 4필의 소를 잡았는데, 요즘 모두 폐지시킨 것도 이러한 뜻이다."하였다.

> • 선온(宣醞): 임금이 신하에게 내리는 술
> • 호궤(犒饋): 임금이 군사에게 음식을 주어 위로함

■ 소는 농사에 꼭 필요한 도구이다. 농경에 있어서 소는 특히 '기경(起耕)'에 있어서 중요한 역할을 담당한다. 『농사직설(農事直說)』에 의하면 기경(起耕)은 우경(牛耕)으로 수행되었음을 알 수 있다. 천천히 기경하는 작업(徐耕) 방식은 쟁기를 끄는 소를 천천히 몰아서 땅을 급히 갈지 않게 함으로써 소가 피곤하지 않게 하려는 의도를 갖고 있었다. 허균의 『한정록』에서도 소의 성정(性情)이 사람과 같고 사양(飼養)과 이용에 있어서 적절한 휴식과 관리가 필요함을 논한 것도 같은 맥락이다.

3) 우경(牛耕)의 지역특성

• 영동과 호남은 두 마리를 경운에 이용하고 경기는 한 마리의 소를 이용하는 차이가 있었고 이러한 차이는 심경(深耕)의 여부와 지력의 온전한 이용의 차이를 발생시킨다는 것이다.

- 즉 관동과 호남은 두터운 경작 가능 지표를 가지고 있기 때문에 심경해야만 적당한 토양 교란을 통해 작물이 원활하게 성장할 수 있고 경기는 산천과 지기(地氣) 자체가 심경하게 되면 그 기운을 잃어버린다는 것이다.
- 17세기 충청도의 경우 소 한 마리를 하루 이용했을 경우 한 사람의 3일 노동으로 보상해야 했다.

1794년(정조 18) 11월 응지농서(應旨農書)를 올린 김양직(金養直)은 지역별 농경법(農耕法)의 차이를 우경(牛耕)의 지역적 특수성과 관련시켜 설명하였다.

강희맹(姜希孟)이 1475년에 쓴『衿陽雜錄(금양잡록)』에 의하면 인만려(人挽犁)는 9인이 나서야 겨우 소 한 마리를 대신할 정도였다. 더욱이 사람이 쟁기를 끄는 인만려는 심경(深耕)에 이르지 못하기 때문에 9인의 힘을 빌려도 한 소의 힘에 대적하지 못하였다.

[그림 3-9] 두마리를 한데 묶은 밭갈이 (출처: 한우의 역사를 찾아서, 이종헌)

4) 임원16지

실학파로 '실사구시'를 온 생애를 바쳐 완성한 인물인 풍석 서유구(1764~1845)는 '먹고 입고 사는 문제'를 풀기 위해 약 36년 동안(1806년-1842년) 저술한 농업 백과사전으로 총 113권 52책으로 구성된《임원십육지》(林園十六志)라하는 농정학적인 분야의 체계화되고 총정리한 필사한 저술로 16개분야 중 제7지인 전어지(佃漁志)는 4권으로 목축, 사냥, 낚시에 관해 필요한 갖가지 실용지식을 정리하고 있다.

4. 식용(食用)

1) 농우의 이용 년한

소는 대개 농우로써의 생명이 끝나면 도축되어 식용으로 이용되거나 그 부산물은 다양한 용도로 전용되었다. 소가 농경에 투입되어 농우로써 이용되는 기간은 전근대 중국에서는 대략 10년에서 최대 15년 정도였다고 한다.

우리나라 풍속에 '손님 대접과 제사 반찬에 있어서 대신할 만한 물건이 없기 때문에'쇠고기에 대한 수요가 항상 끊이지 않았다. 도살을 금하는 금령(금살도감, 禁殺都監)이 많다는 그 자체는 상당수의 소가 경우(耕牛)로서의 생명력이 다하지 않은 소를 도축하고 있음을 말해주는 것이다.

2) 쇠고기 요리

소의 주된 용도의 하나가 식용에 있었고, 왕실이나 양반 등 지배층이 그 수요의 주된 담당자였기 때문에 쇠고기의 육질을 개선하고 맛있게 요리하는 방법의 개발을 위한 노력 또한 조선시대에 많이 있었을 것이다.

① **현방(懸房)**: 쇠고기만을 전문적으로 파는 푸줏간인데 국가로부터 정식 인허를 받은 공식적 가게로서 시전(市廛)에 속한다.

② **맥적(貊炙)**: 중국에도 알려진 부여, 고구려계통에서 개발된 쇠고기 요리로 조미를 하지 않고 굽는 중국요리와는 달리 미리 조미해서 구워 먹는 불고기와 유사한 것으로 조미한

이후에 굽는 것이 조선요리의 큰 특색이라 하는데, 그 전통은 대단히 오래되었음을 알 수 있다.

③ **육적의 조리법**: 홍만선(洪萬選, 1643~1715)의 『산림경제(山林經濟)』에서 우육을 썰어서 편(片)을 만들고 이것을 칼등(刀背)으로 두들겨 연하게 한 것을 대나무 꼬챙이에 꿰어서 간장(油鹽)으로 조미해서 간장이 충분히 스며들면 숯불에 굽는다.

날고기를 회쳐먹거나, 육포로 말리는 것 등은 고대로부터 있어 온 것 같다.

소의 식용이 오래되면서 소 내장요리도 같이 발달하였다. 조선시대 '음식디미방'(1670년 안동장씨저. 한글본)에는 소고기를 이용한 다양한 종류의 요리법이 소개되고 있다.

① **전약(煎藥)**: 동짓날 먹는 음식의 한 가지로 쇠가죽을 진하게 고아서 꿀과 여러 약재를 섞어 고(膏)를 만들어 굳힌 것이다. 조선시대에는 쇠가죽으로 만든 아교에 대추, 생강, 계피, 정향, 호초 등 각종 한약재와 꿀을 섞어 끓인 다음 굳혀서 먹는 음식으로 내의원에서 만들어 동지의 절식으로 신하들에게 나누어 준 대표적인 궁중 음식이다.

② **설렁탕(先農湯)**: 농사를 관장하는 신에게 제사를 올려 풍년(豐年)을 비는 행사인 선농제는 경칩후 해일(亥日)에 선농단에서 지내기 위해 임금이 친경(親耕)을 한 다음에 희생(犧牲)으로 쓴 소를 많은 참례자에게 골고루 음복하기 위해 뼈 · 내장 등 어느 부분도 버리지 않고 국을 끓였는데, 이것을 '선농탕(先農湯)'또는 '설렁탕'이라고 하였다.

3) 난로회(煖爐會)

홍석모(洪錫謨,1781~1850)의 『동국세시기(東國歲時記)』를 살펴보면 "요사이 한양 풍속에 화로에 숯불을 훨훨 피워놓고 번철을 올려놓은 다음 쇠고기를 기름 · 간장 · 계란 · 파 · 마늘 · 고춧가루에 조리하여 구우면서 화롯가에 둘러앉아 먹는다. 이것을 난로회(煖爐會)라 한다."고 한 것에서 화롯불에 구워먹는 육적이 쇠고기의 대표적 요리임을 알 수 있다.

조선시대에도 고기 먹는 날이 따로 있어 음력 10월 초하룻날은 한양의 사대부들이 화로 안에 숯을 피워서 소고기를 구워먹는 것을 "난로회"라 했다.

[그림 3-10] 양반들의 난로회(煖爐會) (출처: 국립중앙박물관)

5. 우유소(牛乳所)

1) 타락(駝酪)

소를 사육하면서 고기뿐 아니라 우유나 유제품도 식용하였는데, 연유, 치즈, 버터 등에 대한 자료가 나온다. 서양의 경우 일찍이 젖소를 통해 우유를 짜서 먹었지만 한국인들은 우유를 거의 먹지 않았다. 그러나 특히 영조는 우유로 만든 타락(駝酪)죽을 즐겨 먹었다.

타락죽은 이런 임금의 자릿조반으로 자주 올라가던 음식이다. 타락이란 '말린 우유'라는 뜻의 몽골어 '토라크'에서 나온 말로, 곱게 갈아놓은 쌀에 물을 붓고 쑤다가 우유를 넣어 덩어리 없게 풀어 만든 것이 바로 타락죽이다.

조선시대엔 서울 낙산에 국가에서 운영하는 목장이 있었다고 한다. 물론 귀한 음식이라 임금의 보양제로만 진상되었다. 이때 타락죽의 재료인 생우유를 짜는 일은 내의원 의관들이 직접 맡았다.

■ 타락 만드는법

수십번을끄리되 항상구기로 가루세루젓다가 그릇에쏘다노코 식기를기다려 또는껍질을벗겨서 타락을만드나니 밀을조곰너코 종희로봉하야두면 곳되나니라쌀을당거 무리를가라두엇다가 한사발찜쑤어반찜의거든쇠젓을부어 화합하나니라공국을되게하고 설당을치면 맛과효험이 우유와똑가트니라타락이라하는것은 약대의젓이니 소의젓은우락이요 양의젓은양탁이요 약대의젓이라야 타락이니 휩두루타락이라하나니라본초에가로되 소와양과 물소와말의젓으로 가이타락을만드나 오즉쇠젓이 제일조흔것이라 만드는법은 몬저젓을반구기(半勺)찜솟안에너코끌인후에 나문젓을다붓고 수십번끄리되 구기로이리저리(縱橫)저어가며 끄리다가 그릇에퍼붓고오랜타락(舊酪)을 조곰너코 종희로 봉하야두면곳된다하엿나니라

* "한국최초의 조선요릿집 "명월관"www.culturecontent.com

2) 약제로서 타락(駝酪)죽

내의원에서 암소의 젖을 짜 죽을 만든 보약인 타락(駝酪)은 최고의 보약으로 시용되었다.

- 인종 1년 2월 10일에는 약으로 고치지 못할 정도의 증상이라 우유를 복용해야 한다고 처방하는 어의들이 "상의 옥체가 몹시 쇠약하고 몹시 손상되시어 약으로는 고칠 수 있는 것이 아닙니다. 전에 아뢴 타락을 이제는 반드시 드셔야 하겠습니다."라는 기록이 있다.
- 선조 8년 1월 20일에도 '비록 상중이지만 기력회복을 위해 낙죽(駱粥)을 먹어야 한다.'고 신하들이 아뢰는 장면이 나오고
- 또한 고종 3년 9월 20일의 기록을 보면 "올해 낙죽 공상(供上)을 동짓달 초하룻날부터 거행하라고 약원(藥院)에 분부하라"고 적혀 있어, 우유가 왕의 건강을 관리하는 '약(藥)'으로 사용되었고 낙죽 제조를 연례행사로 하는 것까지도 확인해 볼 수 있다.
- 정종 때 쓰인 '정리의궤'에는 조선시대 임금들이 잠자리에서 일어나면 '초조반상'또는 '자릿조반'이라 해서 이른 아침식사로 늘 죽을 먹었다는 기록이 나온다. 죽으로 허기를 메운 후 늦은 아침밥은 제대로 된 상차림으로 따로 들었던 것이다.
- '동의보감'에는 타락죽이 어린아이의 이유식, 노인의 보양식, 환자의 병인식으로 소개되어 있다. 특히 신장과 폐를 튼튼하게 하고 대장운동을 도와주며 피부를 윤기 나고 부드럽게 해준다.

> • 정리의궤(整理儀軌): 나라에 큰 일이 났을 때 후세의 참고를 위해 그 일의 경과와 대책 등을 상세하게 기록한 책

3) 타락(駝酪)의 금지

영조는 "나라는 백성을 의지하고 백성은 농사에 의지하는데, 농사에 가장 긴요한 것은 소이다."라는 신념을 가지고 있어 타락(駝酪)은 왕실에서만 먹는 귀중한 음식이지만 암소의 뒤에 작은 송아지가 따라가는 것을 보고 마음에 매우 측연(惻然)히 여기며 어공(御供)에 낙죽(酪粥)을 정지토록 명하였고, 그 후 "다섯 주발의 타락죽을 위하여 열여덟 마리의 송아지가 젖을 굶게 하는 것"은 인정(仁政)이 아니다. 원손궁에는 책봉(冊封) 뒤에 거행하고 그 소는 내의원으로 하여금 수를 줄이게 하였다.

또한 영조 46년에는 봄갈이가 멀지 않았기 때문에 내의원(內醫院) 및 기로소(耆老所)에서 봉진(封進)하는 타락죽(駝酪粥)을 정지하라 명하고, 그 어미소도 송아지와 함께 곧 놓아주게 하였다.

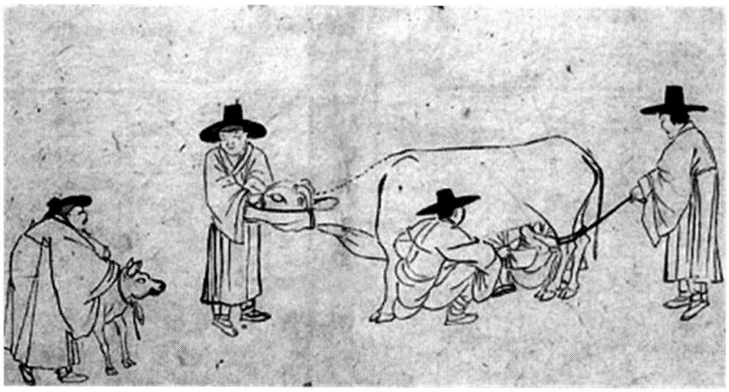

[그림 3-11] 조선후기 화가 조영석의 '우유 짜기'

6. 승여 · 운수용(乘輿 · 運輸用)

소는 농경에 이용되기 훨씬 전부터 사람이 타거나 수송용으로 이용되었다. 정조조의 홍양호는 수레의 사용을 적극적으로 주장하면서 우리나라에서 수레를 사용하지 못하는 것은 도로가 험악하다는 것을 들고 있다.

1) 복우승마(服牛乘馬)

홍양호는 또 『역경(易經)』의 복우승마(服牛乘馬)를 인용하여 소는 복상(服箱)하기에 합당하고 말은 기승(騎乘)하기에 합당하다고 하였다. 말은 타고 다니기에 합당한 것이지 인중(引重)하는 힘은 소와 같지 못하고, 소는 복상(服箱)하기에 좋지만 치원(致遠)하는 힘은 말만 같지 못하기 때문에 소에다 물건을 적재함을 알맞지 않다고 하였다. 이러한 우마의 특성을 말하면서 수레의 사용을 적극 주장하였다. 그는 영남(嶺南)의 안동과 의성, 해서(海西)의 장연(長淵)과 신천(信川), 관북(關北)의 함흥(咸興) 이남, 육진(六鎭)의 여러 고을들이 모두 한두 마리의 우차(牛車)를 사용하여, 곡식을 운반하고 자탄(柴炭)을 실어 나르느라 수 백리의 사이를 오고가고 했다고 하였다.

수레의 사용은 정석유(鄭錫猷)도 적극 주장하였는데 그는 "수레 1대가 운반하는 양이 소 5마리에 싣는 것 만큼이나 된다. 한 사람이 수레 한 대를 쓰면 소 네 마리와 사람 네 사람을 줄이는 격이다. 홍양호는 당나귀와 양을 기를 것을 적극 주장하였다. 소와 말의 절반을 담당하게 되어, 상인과 행여(行旅)들이 펴지게 되고 민생들이 복리(福利)를 입게 될 것이라고 하였다. 그는 소와 말이 번성하면 백성들이 부유해지고 군사가 강해지게 될 것이라고 하였다.

세종 25년(1443년 3월 24일)에는 함길도 도절제사(都節制使) 김효성(金孝誠)이 치계(馳啓)하기를, 야인(野人, 여진족)이 이르는 곳에 각 역참마다 능히 말을 갈아댈 수가 없사오니, 역참의 찰방(察訪)으로 하여금 도로의 평탄하고 험준한 것을 살피어 가려서, 자그마한 수레의 다닐 만한 곳에 각역마다 자그마한 수레 서너 대와 황소 예닐곱 마리를 적당하게 준비하여 두고, 오는 가을부터 시작하여 수레 쓰기를 시험함이 어떠하옵니까."하니, 병조에 하명(下命)을 내렸다.

과학적인 소의 견인력은 체중의 백분율로 표시되어 한우는 80%로 물소 113%. 심멘탈이나 앵거스의 130%에 비해 떨어지나 논갈이 작업속도는 초당 0.5m이고 달구지를 끌 때에는 초당 0.8m로 1일 작업량은 논일은 4~5ha, 밭일은 6~8ha로 계산되어 작업 능력은 상당히 높다.

[그림 3-12] 장작팔이, 1900년, 서울종로 (출처: http://cafe.daum.net/Pum706)

2) 소와 말의 기능

정조7년의 실록에 기록된 소와 말의 기능을 정리한 내용에서 '복우승마(服牛乘馬)'라 하여 말은 타고 다니기에 합당한 것이지 인중(引重)하는 힘은 소와 같지 못함을 볼 수 있고, 소는 복상(服箱)하기에 좋지만 치원(致遠)하는 힘은 말만 같지 못함을 볼 수 있는 것이니, 수레제도를 시행하여 타고 다니거나 싣고 다니기에 사용한다면 소와 말이 절반을 담당하게 되어, 상인(商

人)과 행려(行旅)들이 펴지게 되고 민생들이 복리(福利)를 입게 될 것입니다. 소와 말이 번성하면 백성들이 부유해지고 군사가 강해지게 될 것임을 기록하고 있다.

3) 달구지의 이로운 점

정조 22년(1798년 11월 30일)에 〈한전론(限田論)〉을 주장하는 농촌지식인 정석유(鄭錫猷)의 상소에 아뢰기를, 달구지를 쓰면 이로운 점이 다섯 가지가 있습니다.

- 첫 번째: 봄 농사철 거름 수레가 되는데, 수레 1대가 운반하는 양이 소 5마리에 싣는 것만큼이나 되니 한 사람이 수레 한 대를 쓰면 소 네 마리와 사람 네 사람을 줄이는 격으로 소와 사람의 노동력이 모두 여유가 있다.
- 두 번째: 여름농사가 한창 바쁠 때에는 밭에 거름을 한시라도 먼저 내면 소출이 배로 불어나기에 만약 거름 수레를 쓰면 제때에 맞춰 일을 민첩하게 할 수 있다.
- 세 번째: 가을에는 부리는 수레(役車)는 곡식을 한창 거두어들일 때 소가 있으면 노동력이 남게 되고 지게로 지고 다니는 수고가 없다
- 네 번째: 눈이나 빙판으로 길이 막히게 되면 소발굽은 미끄러질까 겁나고 사람들의 어깨는 빠질듯 아프게 되는데, 이때 수레(役車)를 이용하면 큰 수레는 멍에를 지워 끌고 작은 수레는 뒤에서 밀면서 갈 수 있다.
- 다섯 번째: 소나 말의 병은 항상 어깨와 발에 나는데, 이는 짐은 무거운데 힘이 딸려서 그런 것이다. 수레를 쓰면 소나 말이 모두 병나지 않을 것이다. 이것이 이로운 점이다.

[그림 3-13] 소달구지 행렬

7. 무기류(武器類)

소뼈와 뿔, 힘줄 등은 활을 만드는데 이용되었고, 우피(牛皮)는 두텁고 튼튼한 재질로 인해 전장에서 갑옷의 안감으로 이용되는 등 다양한 용도를 갖고 있다.

1) 수우각(水牛角)

특히 활에 사용되는 물소뿔(水牛角)은 우리나라에서 생산되지 않아 물소(水牛)를 번식하고자 하는 시도를 하기도 하였다. 활 만드는 외에는 수우각 · 향각을 사용하는 것이 일체 엄금하였는데, 그것은 활의 수요가 많고, 한 개의 활에 거의 3, 4마리의 우마의 힘줄이 필요하였기 때문이었을 것이다. 소와 말가죽을 재단하여 많은 옻칠을 하여 갑주를 만들면 화살촉과 총알이 모두 뚫고 들어가지 못한다는 기록으로 보아 갑옷의 용도로써 우마피의 사용은 꾸준히 이루어졌다고 보아야 할 것이다.

세종은 새로운 시각에서 우리나라에 없는 수우(水牛, 물소)를 이용한 농경과 무기제조에 관심을 가지고 세종 10년 (429년11월 19일) 임금이 말하기를, "활을 만드는데 수우각(水牛角)만한 것이 없다. 내가 명나라에 청하여 전라도의 춥지 않은 지대에 두려고 한다."하니, 병조 판서 최윤덕(崔閏德)이 대답하기를, "신이 근일의 도시 무사(都試武士) 때 보니, 활의 시위(弦)가 자주 빠져도 부러지지 않는 것은 모두 수우각 이었습니다."하고, 좌의정 황희(黃喜)가 말하기를, "수우(水牛)는 털이 얇고 추위를 타므로 한 겨울철에 우리를 지어 잘 기른다면 살릴 수 있을 것입니다. 그러나 사오기는 매우 어려우니 청한다면 明 황제께서 어찌 허락하지 않으시겠습니까."하였다.

[그림 3-14] 물소의 무기화, 조선왕조실록 '물소수입'

2) 물소의 사육

■ 세종 14년(1432년 2월 13일) 임금이 또 말하기를, "물소(水牛)는 힘이 세고 밭가는 데 보통 소의 두 배나 된다고 합니다. 전라도의 기후는 중국의 남방과 비슷하니 사양(飼養)할 수 있을 것입니다."

■ 세조 6년(1460년 5월 13일)에 의정부(議政府)에 전지(傳旨)하기를, "나라의 보배에 세 가지가 있으니, 말(馬)이고 소(牛)이고 흑각(黑角)이다. 말은 여럿을 태울 수 없고, 소는 도둑에게 줄 수 없고, 흑각(黑角)은 연습으로 쓸 수가 없다. 지금부터 이후로는 비록 내가 흑각궁(黑角弓)을 사용하여 다시는 사후(射侯)하지 않겠으니, 헌부(憲府)로 하여금 흑각대 등 일체 활 이외의 물건들을 금하게 하고, 또 병조(兵曹)로 하여금 여럿을 태우는 수레(車子)를 힘써 사용하게 하라.

■ 성종 24년에 승지(承旨)들이 아뢰기를, "이 물소는 성질이 본디 조급하여 밭을 가는 데에는 마땅치 못합니다. 마른 땅에는 빨리 달려서 밭을 가는 자가 미처 따라 가지 못하고, 습(濕)한 땅에서는 물러서서 앞으로 가지 아니합니다. 수우(水牛)는 극심한 더위와 추위를 두려워하니, 만약 전라도에 나누어 기르는 수우를 제주도 산 남쪽 땅에 옮기면 뒷날의 번식을 기약할 수 있습니다."

■ 연산군 8년에도 병조가 아뢰기를, "물소는 본래 아주 먼 남쪽 바다의 짐승이어서 추위를 견디지 못하므로 겨울철에는 외양간을 따뜻하게 하고, 풀이 자라서 날씨가 따뜻해지면 전곶(箭串)에 놓아 먹였습니다. 그 뒤에 새끼를 낳아 점점 수효가 많아져서 부득이 각 고을

[그림 3-15] 물소 수컷

에 나누어 사육시켰는데 폐단이 아주 많았습니다."하니, 그대로 좇았다.

8. 소의 교역(交易)

1) 소 1두의 가치(遼東)

- 태종 4년(1404년 4월 18일)에 명의 황제가 "다만 요동(遼東)에는 소(牛)가 적고, 조선국은 요동과 접경(接境)하여 소가 많이 나니, 너희 예부(禮部)는 사람을 보내어 조선 국왕에게 말하여 알려서, 저들로 하여금 쓸 만한 경우(耕牛) 1만 필을 뽑아서 요동도사(遼東都司)에 보내게 하라"하여 소 한 마리에 견(絹) 한 필, 포(布) 4필로 하여 교역이 이뤄졌고
- 당해년 6월 22일에는 조정(朝廷)에서 무역한 소 1만 마리의 수목(數目)과 십운(十運, 열차례의 운반)의 소를 관압(管押)한 사람의 성명(姓名)에 대한 주본(奏本, 황제에 올리는 문서)을 싸 가지고 사신을 따라 요동의 경사(京師, 천자의 수도)로 가게 하였다.

2) 다른 나라와 교역

- 세종 13년(1431년 12월 13일)에 요동에서 주둔군의 경종(耕種)에 사용할 소가 없다는 이유로 소의 교환을 명황제(明皇帝)에게 요청하자 명나라는 소 1만 마리를 사들이게 하였는데 소 1두(頭)에 견(絹) 1필과 베(布) 4필로 하였다. 결국 중국 조정에서 무역할 소 6,000마리를 여섯 번 운반하여 요동으로 보낸 바가 있다.

야인들(여진족)이 우리나라의 우마와 철물을 이롭게 여기기 때문에 북도의 우마를 야인들과 매매하지 못하는 법이 엄함에도 불구하고 북방의 야인 땅에서 나는 초피는 항상 농우로써 바꾸어 바칠 수밖에 없다. 당시 한국소가 요동까지는 서식이 가능하였음을 알 수 있다.

- 인조 5년(1621년) 2월 4일 정묘호란의 세폐(歲幣): "듣건대, 적장이 목면 4만 필, 소 4천 두, 면주 4천 필, 포 4천 필을 얻고자 하면서 다른 물건도 이것에 맞추어야 한다고 합니다."
- 인조16년(1638년)에 소를 사기위해 몽고(蒙古)에 들어갔다. 심양에서 서북쪽으로 16일을 가서 오환 왕국(烏桓王國)에 도달했고, 3일 만에 내만 왕국(乃蠻王國)에 도달했다. 또 동북쪽으로 4일을 가서 도달한 곳이 자삭도 왕국(者朔道王國)이었고, 북쪽으로 가서 3일 만에 몽호달 왕국(蒙胡達王國)에 도달했고, 또 동쪽으로 가서 투사토 왕국(投謝土王國) · 소토을 왕국(所土乙王國) · 빈토 왕국(賓土王國)에 도달했다. 소 1백 81두를 사가지고 돌아왔는데, 인조는 이 소들을 평안도의 각 읍에 나눠주어 농사짓는 데 도움이 되게 하라고 하였다.

■ 숙종 11년(1685년) 03월19일에 비변사가 아뢰기를 "서북의 저자에 소와 말이 말라 죽어가는 모습을 목도하고 한 말(言)이 있으니 승문원으로 하여금 평안도의 가을 개시와 함경도의 겨울 개시에 소 교역을 우역(牛疫)이 그칠 때까지 모두 중지해주도록 속히 주문(奏文)과 자문(咨文)을 지어서 이번의 사신 행차에 부쳐 보내는 것이 마땅하오니 이렇게 분부하는 것이 어떻겠습니까?"하니, 윤허한다고 답하였다.

• 세폐(歲幣): 신년하례 선물 • 주문(奏文): 임금께 아뢰는 글 • 자문(咨文): 외교문서

9. 소의 전염병(牛疫)

우역(牛疫)은 여과성바이러스에 의한 소의 급성유행전염병으로 처음 발생한 처녀지에서는 소의 90~95% 혹은 그 이상, 이미 침해되어 면역성이 다소라도 존재하는 곳에서는 50~60%의 치사율을 보이는 가축전염병 중에서도 가장 악성에 속한다. 우리나라에는 고려시대에 처음 우역에 관한 사료가 등장하지만 고대에도 아마 있었을 것으로 생각된다. 중국에서는 고대로부터 사서에 등장하고 있기 때문에 그 전염경로로 보아 중국으로부터 우리나라에도 들어왔을 것이다.

1) 우역 발생상황

최근 우역의 피해는 거의 연례행사로 심할 지경에 이르렀다.

■ 중종 36년(1541년)의 우역은 지역적으로 평안도, 황해도에서 시작되어 경기도로 확산되었고, 1년 내내 지속되었다. 평안도에서 처음 발생했을 때 4,000여 마리가 병에 걸려 피해가 심하였다. 그러자 중종은 '소가 제사의 희생이기 때문에 제사를 잘못 지낸 부덕의 탓'으로 돌릴 정도였다. 당시 소뿐만이 아니라 돼지의 피해도 심하였는데, 소의 전염병은 치료할 방법은 있지만 돼지는 치료할 방법이 없었다.

■ 숙종 2년(1676년)에는 하루에 도살하는 소가 1,000마리 이상이라는 기록이 있고, 1663~71년 유행한 우역(牛疫) 때는 7만4424마리가 도축됐다. 바이러스는 소와 사람을 숙주 삼아 돌아다녔다. 천연두와 홍역은 소에게 가볍게 발병했지만, 사람은 심하게 병을 앓았다. 그럼에도 불구하고 우역은 그 후 인조 15년, 현종 5 · 11년, 영조 23 · 28 · 30년, 그리고 고종 9년에 전국에 걸쳐 발생하였음을『실록』의 기록은 전한다.

■ 영조 26년(1750년 11월 30일)에도 부교리 김치인(金致仁)이 말하기를, "금년의 여역(癘疫)에 죽은 자가 무수히 많아 추동(秋冬) 이래로 날마다 매장 하기를 일삼아 이 때문에 추

수(秋收) 역시 때에 미치지 못하고 있습니다. 또 우역(牛疫)이 연달아 3년 동안 치성(熾盛)해서 가을갈이를 하면서 소 대신 사람이 갈고 있다 하니, 참으로 불쌍합니다. 지금의 제일 급선무는 바로 백성을 돌보는 정사입니다."하니, 왕세자가 옳게 여겼다는 기록에서 그 시대의 참상을 보여주고 있다.

■ 영조 28년(1752년 1월 3일)에 홍문관의 부교리 윤광찬(尹光纘)이 상서하기를, "아! 국가는 백성에게 의존하고 백성은 농사에 의존하는 것이니, 농사가 없으면 백성이 없게 되고 백성이 없으면 국가도 없게 되는 것은 이것이 필연(必然)의 이치인 것입니다. 그런데 근년 이래로 농우(農牛)가 여역(癘疫)에 의해 죽은 것이 수십만 마리가 되고, 농민(農民)이 여역에 의해 사망한 사람이 수백만 명이 됩니다."라 하였다.

■ 표 3-1 현종 4년(1663)~현종 12년(1671) 기록에 나타난 우역피해

지역	피해두수	지역	피해두수
함경도	20,000두	경기도	9,193두
평안도	2,885두	충청도	6,219두
황해도	23,473두	전라도	3,221두
강원도	2,154두	경상도	7,279두

2) 사람의 전염병과 소의 우역발병

우역과 사람에게 홍역과 천연두가 발생한 기록은 거의 소와 사람의 발병연도의 경향이 같이 나타나고 있고 특히 현종 5년과 6년(1664~1665)의 경우 발병기록이 최고에 달하고 있다.

또 현종 4~5년(1663~1664)에 우역에 의한 피해가 각각 3,775두와 7,700의 폐사로 기록되어 있고 사람의 경우는 현종 3년(1662)에 1,353명이 천연두와 홍역으로 사망한 기록이 있다.

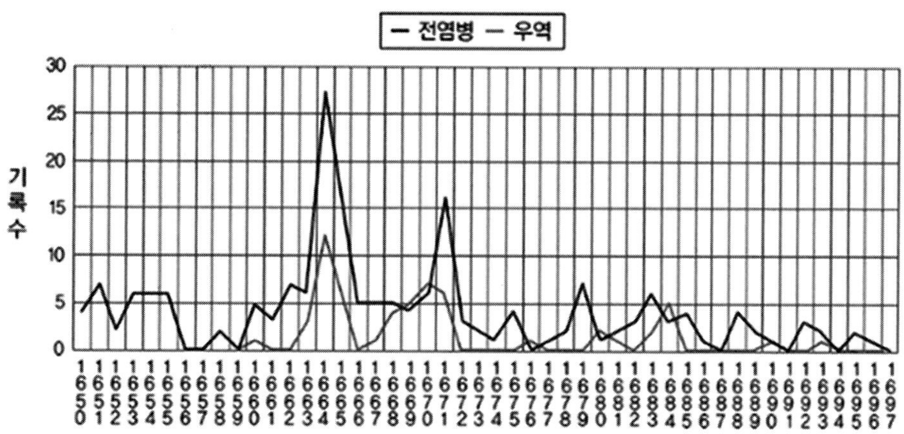

[그림 3-16] 1650년부터 47년간 사람의 전염병과 소의 우역발병 기록

■ 표 3-2 소우역과 사람의 전염병 기록

시기		牛疫						疫				饑(실록)	
		기록			폐사			기록			사망		
년도	재위년	실록	일기	계	실록	일기	계	실록	일기	계	실록	전염병	牛疫
1650	효종 1	0	0	0	0	0	0	6	8	14	0	4	0
1651	효종 2	0	0	0	0	0	0	3	8	11	0	7	0
1652	효종 3	0	0	0	0	0	0	0	2	2	0	2	0
1653	효종 4	0	0	0	0	0	0	8	6	14	0	6	0
1654	효종 5	0	0	0	0	0	0	7	10	17	0	6	0
1655	효종 6	0	0	0	0	0	0	8	13	21	200	6	0
1656	효종 7	0	0	0	0	0	0	4	11	15	0	0	0
1657	효종 8	0	0	0	0	0	0	1	7	8	0	0	0
1658	효종 9	0	0	0	0	0	0	1	6	7	0	2	0
1659	효종 10	0	0	0	0	0	0	0	5	5	0	0	0
1660	현종 1	1	2	3	0	50	50	1	8	9	0	6	1
1661	현종 2	0	0	0	0	0	0	2	11	13	0	3	0
1662	현종 3	0	0	0	0	0	0	9	28	37	1,353	7	0
1663	현종 4	7	3	10	3,770	5	3,775	12	10	22	270	9	3
1664	현종 5	14	6	20	4,880	2,820	7,700	33	15	48	683	39	12

*김동진 등. 2014. 17세기 후반 우역의 주기적 유행이 기근.전염병.호환에 미친 영향

10. 우금정책(牛禁政策)

세종 7년(1425년 2월 4일)『경제육전(經濟六典)』에 의하면

- 먹는 것은 백성의 근본이 되고,
- 곡식은 소의 힘으로 나오므로
- 본조(本朝)에서는 금살도감(禁殺都監)을 설치하였고
- 조선시대의 우금(牛禁)의 시행은 농업생산을 증대시키고
- 농민을 안심시켜 농촌사회를 안정시키려는데 있다.

“백성들이 생활을 유지하는 근원은 농사에 있고 농사를 짓는 것은 소(牛)에 있으니, 이것이 국전(國典)에서 소를 도살(屠殺)하는 법금을 중하게 한 이유”라고 한 것에서도 알 수 있고 소는 생구(生口)로 한집안에 사는 생구인 하인이나 종과 같은 구성원의 신분으로 인정받는 가치를 가지고 있다.

1) 소 도살의 징벌

■ 세종 8년(1427년 4월 19일)에 ‘소와 말을 도적질하다 잡힌 사람은 곤장 1백 대에 도(徒) 3년에 처하고 자자(刺字)한다.’하였으며,

■ 영락(永樂) 18년(1420년, 세종2년) 5월의 수교(受教)에는, ‘소와 말을 도적질하다 잡힌 자에게는 본률(本律)에 의거하여 곤장 1백 대에 자자(刺字)하고, 몸은 수군(水軍)에 충당하고, 가산은 관청에 몰수한다.’라고 하였다.

• 영락(永樂): 명(明)나라 제3대 성조(成祖)의 연호

■ 세종29년(1448년)에는 더욱 강력한 의정부에서 형조(刑曹)의 공문에 의거하여 ‘소나 말을 도둑질하여 죽인 자는 두목은 사형에 처하고 종범은 1등을 감한다.’ 풍속이 바로잡힐 때까지 중한 법을 써서 처음으로 소나 말을 도둑질하여 죽인 자는 결장(決杖) 1백을 하고 오른팔 아랫마디에 ‘도살우(盜殺牛)’나, ‘도살마(盜殺馬)’라는 세 글자를 자자(刺字)하고 동거하는 처자와 함께 거제(巨濟)나 남해(南海)나 진도(珍島)로 쫓아냈다.

■ 재범(再犯)한 자는 교형(絞刑)에 처하게 하며, 처음으로 소나 말을 도둑질하되 죽이지 아니한 자는 결장(決杖) 1백을 하고 오른팔 아랫마디에 ‘도마(盜馬)’나 ‘도우(盜牛)’라는 두 글자를 자자하거나 왼팔 아랫마디에 자자하고 동거하는 처자와 함께 거제(巨濟)나 남해(南海)나 진도(珍島)로 쫓아내기로 하는데, 모두 수범이나 종범을 구별하지 않으며, 사전(赦前)이나 사후(赦後)임을 물론하고 시행하도록 하였다.

■ 조선왕조 초기의 경우 재인(才人) · 화척(禾尺)이라 불리우는 신백정(新白丁)들이 주로 소를 도살하였으나 세조무렵부터는 서울 도성 안에서 우마를 도살하는 것을 업으로 삼는 자들을 거골장(去骨匠)으로 부르게 되었다.

■ 15세기말까지의 우금령(牛禁令)은 기강해이가 끊임없이 지적되는 가운데 ‘민불외법(民不畏法)’ · ‘민심점악(民心漸惡)’으로 표현되는 사회적 분위기가 팽배하면서 우금령은 실효를 거두기 어려웠다. 여기에다 농민들은 가뭄과 홍수 등 자연재해, 빈번하게 발생하는 우역에 대해 적절한 예방과 퇴치법의 무방비 때문에 농우확보는 항상 어려운 상황에 있었다.

- 조선시대 성리학자들은 소를 가축이 아닌 사람과 비슷한 존재라고 하여 생구(生口)라고 불렀을 정도였다. 율곡은 이렇게 소를 칭송하기도 하였다. "살아서는 뼈 빠지게 일하고 죽어서는 고기를 주는 이런 소를 먹는다는 것은 사람으로서 도리가 아니다"라고 하였다.

2) 강력한 우금정책(牛禁政策)

- 단종 1년(1453년 9월 25일) 실록에 우마(牛馬)를 훔쳐서 그 값이 또 16관 이상인 자는 즉시 참형(斬刑)에 처하고, 모든 도적은 비록 10관 미만일지라도 사유(赦宥)의 전후를 논하지 말고 재범(再犯)은 참형에 처하고 두어 해를 기한하면 도적이 거의 그칠 것입니다.
- 세조 3년(1457년 5월 11일)에도 절도(竊盜)는 장물(贓物)이 10관(貫) 이상이 된 주범자(主犯者)와 우마(牛馬)를 도적질한 주범자는 도살(屠殺)했는가의 여부(與否)를 논할 것도 없이 교형(絞刑)에 처하게 하였다.
- 세조13년(1467년 1월 4일)에는 풍습이 바르게 될 때까지 한(限)하여 우선 군법(軍法)에 의하여 무릇 소를 잡은 사람은 도둑질하여 잡았거나 사서 잡았거나를 불문하고 수종(首從)을 가리지 말고 모두 다 즉시 사형에 처하되, 그 처자(妻子)와 전 가족을 변방으로 이주시키고, 소를 잡는 것을 고(告)한 자는 재산(財產)으로써 상(賞)을 주도록 하였다.
- 광해군 즉위년(1608년 2월 21일)에도 '소가 아니면 논을 갈 수가 없는데 사람으로서 소를 죽이고 있으니, 너무도 차마 못할 짓이다. 지금은 나라가 판탕된 즈음이어서 엄하게 금하여도 오히려 번식시키기에 부족할까 염려스러운데 더구나 기탄없이 도살(屠殺)하는 데야 말해 뭐하겠는가'하여 본 고을의 수령은 잘 금단하지 못하였으니 감죄(勘罪, 죄인을 처벌)하게 하라.'하였다.
- 숙종 9년(1658년 1월 28일)에는 흉년이 드는 것은 소를 잡는 데에서 이루어지고, 소의 힘으로 먹고 살면서도 이를 도살(屠殺)함으로써 원한(怨恨)의 기운이 화기(和氣)를 손상하기 때문입니다. 문성공(文成公) 이이(李珥)는 평생 쇠고기를 먹지 아니하여 그 집안에서는 지금도 쇠고기를 가지고 이이(李珥)에게 제사지내지 않는다.

11. 약재(藥材)

1) 우황

당시 국가차원에서 소용되었던 우황은 전국에서 공물로 받아 사용하였다. 우황과 더불어 소와 관련된 약재 진상에는 우담(牛膽, 쇠쓸개)도 함께 진상되었다.

■ 우황으로 조제되는 약: 우황청심원(牛黃淸心元)과 우황양격원(牛黃涼膈元), 우황육일산(牛黃六一散)이다.

- 우황청심원은 우황, 인삼, 산약 따위를 비롯한 30여 가지의 약재로 만든 알약으로 중풍으로 졸도하고 팔다리가 뻣뻣해지는 데나 간질, 경풍 따위에 쓴다.
- 우황양격원은 목 안이 붓고 입 안과 혀가 헐고 턱과 뺨이 부으면서 열이 나고 담이 막히는 것을 다스린다.
- 우황육일산은 주로 열을 내리는데 사용하는 것으로 알려져 있다.
- 우황은 상당히 고가여서 조선중기경(중종실록 23년) 우황1部가 포30필이었다.

■ 소뿔(牛角)은 뜸을 뜨는데 사용되었다. 대체로 작구(灼灸)는 쑥심지(艾炷, 애주)가 매우 작지만, 우각구(牛角灸)는 쑥심지가 매우 크기 때문에 피부는 타지 않으면서도 뜨거운 기운이 배가되어 한 번의 뜸으로도 효과를 얻는다고 하고 있다.

■ 우유도 병중이나 병후의 보양식으로 궁중에서는 널리 이용되었다.

- 우유는 기혈을 보양하여 열과 갈증을 없앤다고 하고 있으며,
- 찹쌀을 가루로 내어 우유와 섞어서 끓인 타락(酡酪)죽은 심열(心熱)을 제거할 수 있고,
- 위장에 자양을 주어 윤택하게 하는 것이라 하였다.

2) 우두법

소와 관련하여 고종20년(1883)에는 서양에서 들여온 우두법(牛痘法)을 도입하고자 하였다. 즉 "우두법(牛痘法)은 서양 의학에서 시작된 것으로 소천연두(牛痘)를 사람에게 접종해 면역을 얻는 방식이다. 천연두예방법으로 우두법이 시행되기 전에는 주로 인두법(人痘法)이 민간에 널리 퍼져 있었다. 우두법의 한국 전래에 1882년 지석영이 처음으로 도입하였는데 개화파로서 서구 의학을 국내에 적극적으로 도입하는 데 앞장섰던 그는 일본에서 우두를 들여왔다. 맨 처음 자신의 2살 난 처남에게 시술해 이 땅에 첫 번째 종두 기록을 남겼다.

12. 상서(祥瑞)

상서(祥瑞)란 경사롭고 길한 징조를 뜻하는 것인데 외우내환(外憂內患)의 역사 속에 소의 나쁜 징조가 많이 나타났다.

1) 기형(奇形) 우

기형소의 출생은 조선왕조실록의 거의 전 기간에 걸쳐(실제로는 정종에서 정조대까지 15세기에서 18세기에 걸쳐) 등장하고 있다.

기형소의 등장에 대해서는 조선이전과 마찬가지로 조선에서도 재변으로 받아들이고 이에 세종조에는 해괴제(解怪祭)를 지내기도 하였으며(세종19년 7월12일), 천변재이(天變災異)를 군주의 부덕한 정치나 행위를 견고(譴告)하는 천견(天譴, 하늘이 내린 벌)으로 받아들이는 것은 여전하였다.

- 성종은 의정부(議政府)에 전지(傳旨)하기를, "요물(妖物)은 함부로 나타나는 것이 아니고 오직 사람의 잘못으로 초래하게 하는 것이다. 이 이변(異變)은 허물이 진실로 내게 있으니, 내가 진실로 놀라고 두려워하여 깊은 못과 골짜기에 떨어진 덧 함으로, 하늘을 공경하고 백성을 위하여 부지런히 일해서 재앙을 없애고 근심을 막고자 한다. 경(卿) 등은 직책이 음양(陰陽)을 조화(調和)하는 데에 있으므로 의(義)가 한 몸과 같으니, 서로 다스림을 잘하여 나의 미치지 못함을 바로잡고, 중외(中外)에 유시(諭示)하여 각각 그 직책에 공경하고 부지런하여 하늘의 경계에 답하도록 하라."하였다.
- 기형소의 출산이 가장 집중된 시기는 우역이 크게 돌았던 중종 때였다. 이 시기에 기형소의 출산이 집중된 것은 아마도 우역의 창궐이 기형소의 출산에도 영향을 끼친 것으로 보아야 할 것 같다.
- 숙종11년(1685년) 순창군(淳昌郡)에서 암소가 한 마리의 새끼를 낳았는데 몸통은 하나에 다리가 여섯이고, 목 위에 군더더기로 다리 하나가 더 생겼고 그 끝이 나뉘어서 발굽이 둘이 되었는데 공중에 매달려 있어 땅에 닿지 않았으니, 변괴(變怪)가 비상(非常)하였다.

2) 희우(犧牛)의 변(變)

우역(牛疫)은 국가 제사에 쓰기 위해 키우던 희우(犧牛)조차도 피해갈 수 없었기 때문에 희우(犧牛)의 변(變)이라 하여 당시 국가에서는 심각하게 받아들이고 있음을 볼 수 있다.

- 태종 11년(1411년 5월 11일)에 제사에 쓰는 희생(犧牲)을 택하는 방법은 임금이 소를 불러들여 오게 하여, 이를 보고 그 털(毛)을 가려서 택하여 길(吉)한 뒤에야 희생(犧牲)을 기르게 하였사온데, 천지(天地)에 제사하는 소는 그 뿔이 누에고치(繭)나 밤톨(栗)처럼 나온 것을 쓰고, 종묘(宗廟)에 제사하는 소는 그 뿔이 한 줌(握) 차야하고, 빈객(賓客)에게 쓰는 소는 그 뿔이 한 자쯤 되어야 합니다.

- '대사(大祀)의 희생은 미리 90일 동안 기르고, 중사(中祀)의 희생은 30일 동안 기르며, 소사(小祀)의 희생은 10일 동안 기른다.
- 중종 6년(1511년 5월 8일)에는 재변이 있고 얼마 안 되어, 벼락이 종묘 동산 소나무를 치고, 또 희생(犧牲)할 소가 사당 문 안에 들어와서 저절로 죽으며, 또 제사에 쓸 돼지가 도망가니, 모두 큰 재변이다.

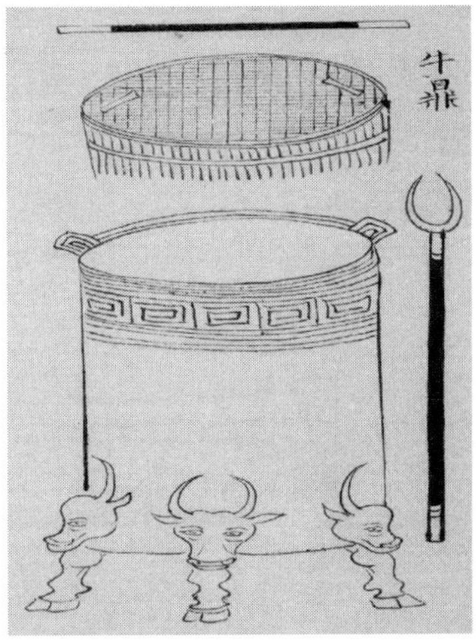

[그림 3-17] 희준(犧尊; 제례용 술독)과 우정(牛鼎; 소를 삶는 솥)

Ⅲ 조선왕조의 소와 연관된 내용들

1. 소와 관련된 풍습

1) 소의 날(丑日)

조선 후기에 홍석모(洪錫謨, 1849년)의 연중행사와 풍속들을 정리하고 설명한 세시풍속집 동국세시기(東國歲時記)에 의하면 정월 첫 번째 축일(丑日)은 소의 날이라 일을 시키지 않고 쇠죽에 콩을 많이 넣어 소를 잘 먹였다. 또 이날은 도마질과 방아질을 하지 않고 쇠붙이 연장도 사용하지 않았다. 여기서 도마질은 쇠고기를 요리하는 것이고 방아질은 연자방아를 돌리는 일을 의미하며 쇠붙이는 일을 시키는 준비를 의미하여 소를 편하게 하는 관습이었다.

2) 나경(裸耕)의 습속(習俗)

토질이 척박하여 농사가 잘 되지 않는 관동지방에는 나경(裸耕)의 습속(習俗)이 있다. 땅은 풍요의 여신이고 쟁기는 남자의 성기를 상징하는 것이기 때문에 다산을 지닌 대지위에 남자의 성기를 노출시켜 풍성한 수확을 원하는 것으로 정월 보름날에 성기가 큰 숫총각이 벌거숭이로 목우(木牛)나 토우(土牛)로 밭을 갈며 풍년을 비는 풍습이 있다.

2. 소와 관련된 지명

소와 관련된 지명은 한국지명총람을 중심으로 정리하였다. 소와 관련된 지명은 전국적으로 골고루 분포해 있었고, 대상도 다양하였다. 작게는 바위나 못(池, 沼)과 같은 것에서부터 크게는 고개, 골짜기, 천(川), 마을, 행정구역 전체에 이르기까지 다양하게 적용되었다.

1) 지형이나 지세 및 풍수와 관련된 지명

여기에 해당하는 것으로는 와우산(臥牛山), 와우암(臥牛岩), 쇠뿔산, 우각리(右角里), 각산동(角山洞), 우복리(牛腹里), 쇠목여울, 우미동(牛尾洞), 명우산(鳴牛山) 등이 있다. 지형이나 지세가 소의 머리, 꼬리, 배, 뿔, 목 등 소의 일부분이나 소 전체와 형상이 유사하여 붙여진 지명이 전체 중에서 가장 많은 수를 차지하는 듯하다.

2) 실생활과 관련된 지명

소가 많이 지나가서 소똥이 많다는 의미의 소똥고개, 우시장이 있던 쇠전거리, 소를 먹이던 풀이 많은 골짜기인 소맷골, 소를 묶어두었던 언덕배기인 소두둑 등이 이에 해당한다. 또한 산적이 많아 날이 어두워지면 소를 몰고 가지 못하게 했던 우금고개(牛禁峙, 우금치)도 있다. 이처럼 소와 관련된 실생활을 반영한 지명도 소를 닮은 지형이나 지세에 붙인 지명 다음으로 많은 수를 차지하고 있다.

3) 역사적 사실과 관련된 지명

의병이 소와 말을 먹이던 골짜기란 의미의 쇠물안골과 조선 중기 이괄(李适)의 난이 발생하자 난리를 피해 가다가 소에게 물을 마시게 했다는 우성면(牛城面)이 이에 해당한다. 소와 관련된 지명 가운데 가장 적은 수를 차지하고 있다.

4) 설화와 관련된 지명

와우산의 소가 굴레를 벗어 두었다는 굴레방천과 소를 묶어 두었더니 이무기가 나와 소를 잡아먹고 사라졌다는 못을 가리킨 쇠목소 같은 지명이 이에 해당한다. 이에 관련된 지명은 적은 수를 차지하고 있다.

5) 경상북도의 몇 가지 예

- 소머리산(牛頭山)【산】: 금릉군 대덕면 대리와 경남 거창군 웅양면 산포리, 군암리 경계에 있는 산. 높이 901m. 모양이 소의 머리처럼 생겼음.
- 쇠꼬리산(牛尾山, 우무산)【산】: 달성군 가창면 우록동과 청도군 각북면 지슬동 경계에 있는 산. 높이 636m. 모양이 소의 꼬리처럼 생겼다 함.
- 와우산(臥牛山)【산】: 김천시 다수동과 금릉군 봉산면 덕전리 경계에 있는 산. 높이 391m. 소가 누워있는 형국이라 함.
- 우수산(牛首山)【산】: 성주군 월항면 수죽동과 칠곡군 약목면 각산동 경계에 있는 산. 높이 360m. 모양이 소의 머리처럼 생겼음.
- 소구재(牛峯山)【산】: 〈경산-산천〉용성면 내촌동과 매남동에 걸쳐 있는 산. 높이 449m.
- 청우(青牛, 청우동)【마을】: 경산읍 계양동 동쪽에 있는 마을.

3. 속담 및 해몽

속담은 간단한 문구의 은유와 비유를 통해서 도덕적, 종교적, 철학적 의미를 전달하는 방법이다. 속담을 구성하는 내용은 일상적인 내용, 비속한 내용, 교훈과 경계, 풍자와 냉소 등이 주를 이루고 있다.

한국에 25,557개의 속담이 있으며, 이 중에서 동물을 소재로 한 속담이 4,302개로 16.8%를 차지하고 있다고 했다. 속담의 소재가 된 동물 중에서 호랑이가 464개(10.8%), 개는 584개(13.3%), 소는 296개(6.9%)의 순으로 많은 수를 차지하고 있다.

소와 관련된 속담을 성격별로 분류하면 농사 및 경제와 관련된 속담, 지능과 관련된 속담, 심성과 관련된 속담, 쉽고 어려움에 관련된 속담, 생태와 상황에 관련된 속담, 언어와 관련된 속담, 경거망동에 관련된 속담 등이 있다. 그런데 소의 경우는 어리석음, 둔함, 고집스러움 등과 관련된 부정적인 측면이 부각되고 있다.

1) 긍정적 측면

일반적으로 설화와 민요 등에서 다루어지는 소의 상징성은 충성심과 의로움, 사랑, 우직함과 순진함, 희생과 헌신, 힘과 창조적 에너지, 재생과 부활, 부와 풍요, 정직함, 깨달음, 미련함 등으로 나타나고 있다.

설화에서는 소의 상징성은 대부분 긍정적인 측면이 많음을 알 수 있고 이에 비하여 속담에서는 부정적인 측면이 많은 부분을 차지하는 것은 속담이 간결한 어구를 사용하여 주로 교훈과 경계, 풍자와 냉소의 내용을 담고 있는 것과 관련된다고 볼 수 있다.

일반적으로 소꿈은 조상, 산소, 자식, 재물, 협조자, 사업체, 부동산을 상징한다고 한다. 꿈에 소를 보면 바로 조상이 무엇인가 후손에게 할 말이 있어서 나타난 것이고, 그의 태도에 따라서 자손은 장래를 점칠 수 있다고 본 것이다.

2) 부정적 측면

소는 재물의 상징으로 소가 꿈속에 집안으로 들어오거나, 끌어다 매는 꿈은 재물이 들어오는 꿈이고, 소가 꿈속에서 밖으로 나가거나 낭패와 곤란한 일을 당하면 불길한 징조이다. 소는 누렁소가 최상의 털색이다. 그 외에 검은 소, 점박이, 잡색의 소가 꿈에 나타나면 불길한 징조이다.

3) 태몽

한편 소 꿈은 집안에 임산부가 있을 경우에는 태몽이 될 수 있다.

아들을 임신할 태몽 경우 근면, 성실, 정직으로 자수성가할 가능성이 높은데 드물게 딸에 대한 태몽일 경우, 집안의 부를 일으키고, 남편을 출세시킬 현모양처를 낳을 꿈으로 해석된다.

태몽이 아닐 경우에는 앞서 보았듯이 소는 권세, 재물, 선물, 근면, 성실, 정직, 희망, 믿음, 협조 등을 상징한다. 또한 소꿈은 조상이나 지신과 관련되어 해석되기도 한다.

4. 놀이

민속놀이는 전통사회에서 주요한 명절인 설과 정월, 단오, 추석의 세시적 특성을 고려해야 한다. 소와 관련된 놀이로는 목우희, 소놀이, 소걸이, 소싸움, 소꼬리치기 등이 있다.

1) 목우희(木牛戱)

쇠머리대기로도 알려져 있으며, 목우희는 입춘에 나무로 만든 소를 가지고 풍년을 기원하기 위하여 행하는 풍속이다. 목우희는 다양한 형태의 놀이로 표현되기도 한다.

예컨대 경기도와 황해도 지방에서는 입춘이나 한가위에 소 놀이를 한다. 한지와 헝겊 따위로 소 형상을 만들고 가죽에 흙빛 물감을 칠한 뒤 들기름을 먹인다. 그 안에 두 사람이 들어가서 소처럼 천천히 움직이면서 몰이꾼을 따라 집집마다 돌아다니고, 그 뒤에는 농악대와 마을 사람들이 뒤따른다. 보통 부잣집을 찾아다니며 덕담을 하고 춤추고 놀면, 그 대가로 주인은 돈이나 술, 쌀 따위로 대접한다.

2) 영산의 쇠머리대기

양편이 패를 갈라 나무로 엮은 소를 어깨에 메고 서로 부딪쳐서 승패를 가르는 남성 집단 놀이이다. 이와 유사한 성격의 의례로 쇠머리처럼 생긴 나무 조형물을 서로 부딪치며 노는 놀이로 중요무형문화재 25호로 지정되기 전에는 우전, 목우전, 나무쇠싸움, 쇠머리대기 같은 다양한 명칭으로 불렸다.

3) 소 놀이

다시 소먹이 놀음과 입춘 소 놀음 등으로 분류되기도 한다. 소먹이 놀음에서 대표적인 양주소놀이굿은 중요무형문화재 70호로 지정되었으며, 봉산탈춤의 한 장면을 구성하는 소꼬리치기와 함께 예술성이 크게 가미된 형태이다. 목우희와 쇠머리대기가 한 해 농사의 풍년을 기원하기 위한 의례적 성격이 짙었다면, 팔월 추석을 전후한 시기에 행하는 소 놀이는 한 해 농사를 감사하기 위한 성격을 지니고 있다. 추석 때 멍석을 쓰고 소 모양으로 치장하여 집집마다 찾아다니며 즐겁게 놀아주고 음식을 나누어 먹는 놀이이다. 이는 농경사회의 필수 요소인 일꾼과 소의 노고를 위로하는 놀이로 소먹이놀이라고도 한다.

5. 소 싸움

소싸움은 소와 관련된 대표적인 민속놀이로 두 마리 황소를 맞붙여 승부를 겨루는 놀이이다. 소를 중요한 생산수단으로 여겼던 전통사회에서 소싸움은 어느 지역에서나 볼 수 있었다. 그러나 두 마을 또는 여러 마을에서 마을을 대표하는 소를 끌고 나와 연례적으로 벌인 소싸움은 경상남도 일원과 경상북도 청도 지역 등 이른바 가야문화권에서만 전승되어 있다.

1) 소싸움 과정

경북 청도군 풍각면 봉기리 대 현리의 소싸움을 보면, 인접한 두 마을인 봉기리와 현리에서는 1930년대 중반까지 매년 추석 뒷날이나 그 다음 날에 두 마을 사이에 있는 개울에서 소싸움을 벌였다. 각 마을에서 가장 힘이 센 황소 한 마리씩 출전하는데 소의 목에는 적 · 청 · 황의 세천을 엮은 '이남기(卍)'를 둘러주었다. 소를 앞세우고 마을의 남녀노소가 함께 싸움터에 나가며 이때 풍물패를 꾸려 자기 마을 소를 응원하였다.

워낙 싸움이 거칠기 때문에 남녀노소를 망라한 마을사람들은 개울의 둑 위에서 열렬히 응원하였고, 소들은 하상(河床)에서 싸움을 벌였다. 이때 소를 몰고 나온 머슴이나 소 주인은 싸움소를 따라 움직이며 싸움을 독려하였다. 싸움터에 나간 싸움소가 잠깐 동안 상대를 응시하다가 순간적으로 상대방의 허를 찔러 급소를 공격해 들어가면 모래사장, 혹은 풀밭은 격투장으로 변한다.

관중들의 열렬한 응원 속에서 소들은 '뿔걸이', '옆목치기', '들치기' 등의 공격방법을 동원하여 상대방을 밀어 붙인다. 이때 주인은 채찍으로 소를 때리면서 '받아라', '찍어라', '이러이러' 하고 외치면서 소를 독려한다.

약한 쪽이 싸움을 포기하고 달아날 때까지는 보통 몇 분이 소요되지만 길게는 수십 분이 소요될 경우도 있다. 싸움의 결과는 소의 동작을 보면 미리 알 수 있다. 달아날 방향을 찾는 듯이 눈동자를 옆으로 굴리거나 꼬리를 흔들고, 뒷배가 들쭉날쭉하면서 똥을 싸거나 입에 흰 거품을 내 뿜으면 이미 자신을 잃었다는 표시이다.

2) 소싸움의 의미

이처럼 각 수준의 소싸움이 공동체의 참여와 후원 아래 행해졌고, 그 승패를 마을의 승패로 인식하고 있었던 것으로 미루어 소싸움은 줄당기기, 동채싸움, 팔매싸움 등과 마찬가지로 대동놀이적인 성격을 지니고 있었음을 알 수 있다.

공동체 → 소 주인 → 소 ↔ 소 ← 소 주인 ← 공동체

소 싸움은 외형상 소들의 싸움이지만 그 배후에는 우선 소 주인이 있고 다음으로 그 소가 속한 공동체가 있다. 이 싸움에는 일차적으로 소 주인의 명예와 위신이 걸려 있지만 보다 근본적으로는 소속 공동체의 위신과 명예가 걸려 있다. 따라서 '소-소 주인-공동체'가 유기적으로 결

합되어 싸움의 주체를 이루게 된다.

[그림 3-18] 소 싸움 (출처: 한국민족문화대백과사전)

6. 속담

- 농우에는 누런 소를 기르고, 승마에는 흰 말을 기르랬다: 누런 소는 힘을 여무지게 쓰기 때문에 농우에 좋고, 검은 소는 고기 맛이 있어서 육우에 좋다는 뜻.
- 되는 집에는 암소가 셋이고, 안 되는 집에는 계집이 셋이다: 집안이 잘 되는 집은 암소가 여러 마리라 새끼를 많이 나서 땅을 사게 되지만, 첩 많은 집은 가정불화로 집안이 망하게 된다는 뜻.
- 며느리는 소 잘 되는 집에서 얻으랬다: 농촌 며느리는 농사일뿐만 아니라, 가축에도 식견이 있는 여자를 데려와야 한다는 뜻.
- 보지 못하는 소에 멍에가 아홉이다: 능력이 없는 사람에게 과중한 부담을 준다는 뜻.
- 삶은 소 대가리가 웃겠다: 어떤 일이 지나치게 사리에 어긋나 삶은 소가 웃을 지경이듯이, 무슨 일이 지나치게 경우에 어긋난다는 뜻.
- 소가 웃다가 코뚜레 터지겠다: 너무 어처구니가 없는 일을 보았을 때 하는 말.
- 소는 몰아야 잘 가고, 말은 끌어야 잘 간다: 소는 뒤에서 몰아야 잘 가고, 말은 앞에서 끌어 야 잘 간다는 뜻.

- 소 잡아먹는 흔적은 없어도, 게 잡아먹는 흔적은 있다: 소는 잡으면 버릴 것이 없어서 먹어도 흔적이 없지만, 게는 버릴 것이 많아서 흔적을 남기게 된다는 뜻. 큰일은 아무 말 없이 잘하는데, 사소한 일에서 문제를 일으킨다는 뜻.
- 소 좋은 것하고 과부 좋은 것은 동네에서 나가지 않는다: 좋은 소는 판다고 하면 장에 가지 않아도 동네 사람이 사게 되고, 얌전한 과부는 외부로 시집가기 전에 동네 홀아비가 차지하듯이, 좋은 물건은 살 사람이 많아서 제자리에서 잠깐 동안에 다 팔린다는 뜻.
- 소하고 남자는 집어 줘야 먹는다: 소는 주인이 꼴을 집어 주어야 먹고, 남자는 아내가 음식을 해주는 대로 먹게 된다는 뜻.
- 쇠똥도 약에 쓰려면 없다: 흔하던 것도 쓰려고 하면 귀하다는 뜻.
- 쇠뿔도 단김에 빼랬다: 무슨 일을 하려고 생각하였으면 망설이지 말고 즉시 실행하라는 뜻
- 순한 소도 고삐는 매 두랬다: 아무리 순하고 말 잘 듣는 사람이라도 규범으로 무원칙한 행동을 통제해야 한다는 뜻.
- 앞이마에 별박이 소는 주인을 해친다(제주도): 소의 앞 이마에 흰점이 박힌 것은 주인을 해친다는 뜻.
- 여름 소는 파는 사람이 이롭고, 겨울 소는 잡는 사람이 이롭다: 여름 소는 값이 비싸기 때문에 파는 사람이 유리하고, 겨울 소는 값이 싸기 때문에 잡아서 고기로 파는 사람이 이롭다는 말.
- 오뉴월 쇠불알 늘어지듯 한다: 무슨 일을 질질 끌면서 한다는 뜻.
- 장에 가는 쇠 배때기 같다: 팔러 가는 소를 크고 살이 쪄보이게 하기 위하여 많이 먹여 배가 나오듯이, 배가 나온 사람을 조롱하는 말.
- 쟁기질 못하는 놈이 소 탓만 한다: 젊었을 때 무슨 큰일이라도 한 것처럼 희떠운 소리를 하는 사람을 비웃는 말.
- 제삿밥 먹고 소 몰아간다: 도와 준 은인에게 은혜를 저버리고 손해를 끼친다는 뜻.
- 질기기는 쇠심줄이다: 무슨 일을 질질 끌면서 힘들게 한다는 뜻과 고집이 센 사람을 비유하는 말.
- 푸줏간에 들어가는 소걸음이다: 소도 도살장에 들어가면 죽는 줄 알기 때문에 힘없이 들어가듯이, 사람도 죽을 처지를 당하면 행동이 변하게 된다는 뜻.
- 하룻길 가다 보면 소 탄 놈도 보고 말 탄 놈도 본다: 세상에는 똑같은 사람만 사는 것이 아니라, 별의별 사람이 다 살고 있다는 뜻.

■ 같은 값이면 검정 송아지다: 가격이 같으면 고기 맛이 좋은 검정 송아지를 키우는 것이 유리하듯이, 같은 값이면 좋은 것을 선택하라는 뜻.

■ 날 적 송아지 들 적 며느리라: 송아지는 날 적에만 귀염을 받고, 며느리는 시집왔을 때에만 대접을 받는다는 뜻.

■ 잘 되는 집은 황소가 송아지를 낳는다: 재운이 있는 집안은 남들은 안 되는 일도 모두 잘 된다는 뜻.

■ 처녀와 부룩송아지는 쓸데 써봐야 안다: 처녀는 커서 시집갈 때에야 얌전한지 아닌지를 알게 되고, 부룩송아지(길이 들지 않은 송아지)는 다 큰 뒤에야 부리기가 좋고 나쁨을 알게 된다는 뜻.

■ 검정 소가 진상 간다: 쇠고기는 검은 소가 맛이 좋다 하여 1750년(영조 26년) 전라도 가파도(加波島)에 검은 소를 사육시켜 진상케 한 데서 유래된 말.

■ 늙은 소가 콩 마다 할까?: 늙었어도 먹을 것은 다 먹게 된다는 뜻.

■ 암소 고기가 맛있다: 암소 고기가 황소 고기보다 연해서 맛이 좋다는 뜻.

■ 황소 뒷걸음질에 개구리 밟힌다: 무슨 일을 하다가 우연히 자신도 모르게 남을 해치는 경우가 있다는 뜻.

7. 소 부리는 말

소를 부릴 때 쓰는 일종의 신호 또는 구령으로 쓰는 말은 지방에 따라 다른데, 출발 신호할 때 안동 지방은 '이랴 쫏쫏', 원주 지방은 '이랴', 안양 지방은 '이러 어뎌어뎌'라고 한다.

소 모는 소리에도 그 지방의 자방색이 나타난다. 그 예를 보면 다음과 같다.

- 우측으로: 일로로 일러러(안동), 이리 돌아서(원주), 이러(안양)
- 좌측으로: 어띠어띠(안동), 저리저리(남원), 지라(안양)
- 정지: 워(남원), 워워(안동), 워서(안양)
- 후퇴: 무러(고삐를 당긴다; 남원), 물러물러(안동), 물러서(원주)
- 발 들어라: 발 들어 (고삐를 흔든다; 남원), 들어(안동) 등이다.

Ⅳ 의약서를 통해서 본 소

'한국'이라는 어휘가 1583년에 간행된 〈석봉천자문〉에 처음으로 한국 한(韓)이 나타나므로 '한우(韓牛)'라는 명칭은 적어도 16세기 말 이후에 생성되었을 가능성이 있다.

그러나 근대까지 '한우(韓牛)'라는 표기는 의약서적 뿐만 아니라 국어사 문헌에서 찾을 수 없었다. 따라서 '한우'라는 명칭은 근대 이후에 나타난 것으로 볼 수 있을 것이다.

소는 전근대 한국인의 생활과 매우 긴밀히 닿아있는 존재이다. 따라서 고 · 중세에는 국가 차원에서 소의 보호와 육성에 상당한 노력을 기울였으며, 그 일환으로 소와 관련된 전문의약서들이 편찬되기도 하였다. 대표적인 의약서로는 『신편집성우의방』『구급방』『구급간이방』『언해구급방』『향약구급방』『향약집성방』『우마양저염역병』『촌가구급방』『동의보감』『동의수세보원』『방약합편』『우역방』 등이 있다.

이러한 소와 관련된 전문의약서의 내용 중에서 흥미로운 것들을 골라 일부분만 제시하였다.

1. 소 감정법

고려 말기에 간행된 『신편집성우의방』과 조선 말기에 간행된 『우역방』까지의 의약 자료들을 수집, 분석해 본 결과,

우리나라 의약서에는 '소의 감정법'에서부터 '농경할 소 고르는 법', '새끼 낳을 어미 소 보는 법', '우사 지을 땅 선택법', '우사 짓는 날 선택법', '소의 형상 및 털색 고르는 법', '소의 질병 치료법'까지 다양하고 폭 넓은 일상의 지식들이 기록되어 있다. 이는 우리나라가 국가차원에서 소를 보호하고 육성하고자 한 노력의 결과임을 알 수 있으며, 이를 바탕으로 우리나라 소의 육성 사업이 한 단계 높은 수준에서 범국민적으로 이루어졌음을 알 수 있다.

특히 고려 말기의 대표적인 의약서인 『신편집성우의방』과 조선 말기의 대표적인 의약서인 『우역방』에 기록된 '소 감정법'을 살펴보면 '소의 상'과 '어미 소의 상', 그리고 '소 감정법'이 기록되어 있어 우리나라 한우의 감별과 종자개량을 확인할 수 있는 자료로서 그 가치가 매우 높다.

1) 소의 형상 및 털색 감정법

특히 '소의 형상 및 털색 감정법(相牛形狀及毛色論)'에서 좋은 소와 금기 소를 기술하고 있다.

가. 키우기를 금하는 소

- 소 중에 머리 위에 흰 털이 있는 것
- 검은 소인데 머리가 희고 꼬리가 흰 것
- 청우(靑牛)인데 머리도 누렇고 다리도 누렇고 뿔은 흰 것
- 소에 사슴의 얼룩이 있는 것 등

나. 집안이 일어나고, 식구들이 화목해서 매우 길하고 이로운 소

- 흰 소인데 머리가 누런 것, 황우가 척추와 등 위에 흰 줄이 있는 것
- 황우인데 가슴 앞에 일태(一苔)의 흰 것 등

2) 농경에 사용할 소의 상

'상경우(相耕牛, 농경에 사용할 소의 상)'에서 특징을 기록하고 있다.

- 눈은 큰 백맥이 있어 눈동자를 관통해야 하고
- 뿔은 짧으면서 두 뿌리가 가까워야 하고
- 몸체는 목뼈가 크고 길어야 하고
- 털은 짧으면서 빽빽해야 하며
- 꼬리는 벼줄기 처럼 길어야 하며
- 다리와 정강이는 서면 다리의 양쪽의 간격이 가지런해야 한다.

이와 같은 감별법을 통해 우리나라의 소는 자연히 종자개량을 하게 되었고, 그 결과 지금의 한우로 자리 잡게 되었음은 당연한 일이다. 약재에 사용된 소 가운데 황우(黃牛)의 빈도가 가장 높다는 사실도 간과할 수 없는 점이다.

2. 『우마양저(牛馬洋猪)염역병 치료방』

소 · 말 · 양 · 돼지의 전염병 치료방들을 발췌, 초록하여 간행한 책으로 1541년(중종 36) 봄 평안도에 소의 전염병이 유행하여 양 · 돼지는 물론 다른 도로 퍼지게 되자 왕명으로 간행하였다. 이두(吏讀)로 토를 달고 한글로 해석하였는데, 가축의 전염병에 관한 역사적 연구 자료이다.

- 쇠며 ᄆᆞᆯ이며 양이며 도티며 서르 뎐염ᄒᆞᄂᆞᆫ 병 고티ᄂᆞᆫ 방문이라 染疫病은 ᄒᆞ나 알코 둘 세 앏파 서르 뎐염ᄒᆞᄂᆞᆫ 병이라

→ 소와 말, 양, 돼지가 서로 전염하는 병을 고치는 방문이다. 염역병(染疫病)은 하나가 앓고 나면 둘, 셋이 앓아 서로 전염하는 병이다.

- 쇠며 ᄆᆞ리며 서르 뎐염ᄒᆞᄂᆞᆫ 병을 고툐ᄃᆡ 너고릐 고기나 너고릐 ᄯᅩᆼ이나 므레 글혀 그 즙을 머믈워 ᄎᆞ거든 이베 브으라 쇠 서르 뎐염ᄒᆞ얏ᄂᆞᆫ 병을 고툐ᄃᆡ 여ᄋᆡ 챵ᄌᆞ ᄉᆞ론 ᄌᆡ를 므레 프러 이베 브으라

→ 소와 말이 서로 전염하는 병을 고치되 너구리 고기나 너구리 똥을 물에 끓여 그 즙을 내려 차거든 입에 부어라. 소가 서로 전염한 병을 고치되 여우의 창자를 사른 재를 물에 풀어 입에 부어라.

3.『촌가구급방』

조선 중종 때 문신 김정국(金正國)이 지은 의서(醫書)로 1538년에 간행된 것으로 손쉽게 이용할 수 있는 약재와 노인들의 경험에서 나온 여러 치료법을 수록하였다.

- 육혈(衄血): 코에서 피가 날 때 피가 그치지 않아 죽으려고 할 때 차전자(질경이 씨)와 소 귀의 때(귀청) 등을 합쳐 환을 만들어 콧구멍 주변에 붙이면 즉시 그친다.
- 각기병에 순수(접붙이지 않은) 검은 수소의 오줌을 마시면 즉시 치유된다.
- 눈에 티끌이 들어갔을 때 밤나무 껍질이 눈에 들어 찌를 때 치료하는 법은 소 오줌 2방울을 바람을 피해 눈동자에 떨어뜨리면 역시 차도가 있다.

4.『동의보감』

조선 중기 태의(太醫) 허준(許浚)이 지은 의서인 동의보감(東醫寶鑑)이 1613년 내의원에서 훈련도감의 개주갑인자(改鑄甲寅字)로 간행하였다. 5개 강목으로 나뉘어 있는데, 내경편(內景篇) 6권, 외형편(外形篇) 4권, 잡병편(雜病篇) 11권, 탕액편(湯液篇) 3권, 침구편(鍼灸篇) 1권이다. 눈에 띄는 몇가지 내용들을 추려 제시하고자 한다.

1) 탕액편(湯液篇 : 인부(人部) · 우황(牛黃)

가. 우황(牛黃)

성질이 평(平)하고(서늘하다고도 한다) 맛이 쓰며(苦)(달다(甘)고도 한다) 독이 약간 있다(독이 없다고도 한다). 정신을 안정시키고 사기와 헛것(鬼)을 없애며 전광(癲狂), 경계(驚悸), 중악(中惡)을 낫게 한다. 또한 어린이의 모든 병도 치료한다.

① **제조**: 소한테서 우황을 꺼내어 백날 동안 그늘에 달아 매놓아 천천히 마르게 해야 한다. 그리고 햇빛이나 달빛이 비치지 않게 해야 한다.

② **효험**: 우황의 기운은 간(肝)으로 들어가므로 힘줄에 생긴 병을 낫게 한다.

③ **채취**: 우황이 든 소는 가죽과 털이 윤기가 있고 눈에 피가 지며(眼如血色) 때때로 운다. 또한 물을 보기 좋아한다. 동이에 물을 가득 부어서 그것을 소 주둥이 밑에 놓는 다음 소 주둥이를 억지로 벌리고 토하게 하면 달걀 노른자위만한 우황이 물에 떨어진다. 겹겹이 일어나면서 가볍고 퍼석퍼석하며 향기로운 것이 좋은 것이다.

④ **감정**: 우황에는 가짜가 많은데 시험하는 방법은 다음과 같다. 우황을 손톱 위에 놓고 문질렀을 때 손톱 속까지 누렇게 되는 것이 진짜이다.

⑤ **생우황**: 억지로 토하게 하여 얻은 것을 생우황(生牛黃)이라고 하는데 이것을 얻기는 대단히 힘들다. 지금은 다 도살장에 가서 소의 담낭(牛肝膽) 속에서 얻는다.

나. 우오장(牛五藏)

사람의 5장병(五臟病)을 치료한다.

- 간(肝)은 눈을 밝게 하고 이질을 낫게 한다.
- 염통(心)은 건망증을 낫게 한다.
- 기레(脾)는 치질을 낫게 한다.
- 허파(肺)는 기침을 멎게 한다.
- 콩팥(腎)은 신을 보한다.

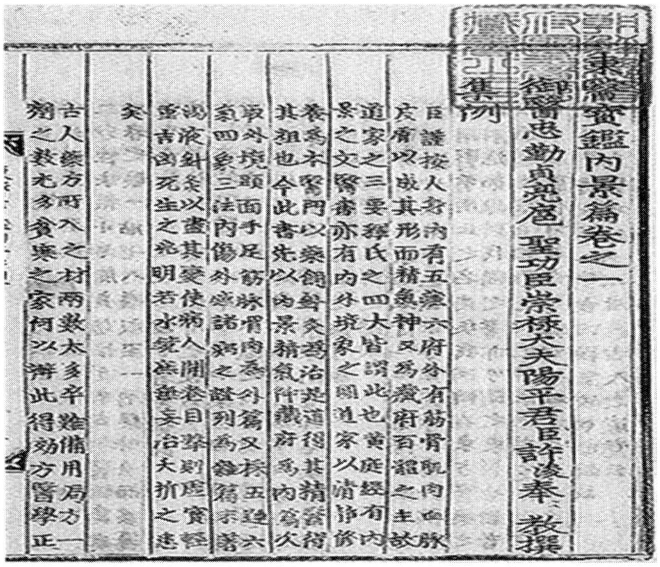

[그림 3-19] 동의보감 내경편

2) 내경편(内景篇)

① **우황(牛黃)**: 정신을 안정시키고 경계증과 전광을 치료하며 건망증에 주로 쓴다. 위의 약을 가루를 내어 먹거나 알약을 만들어 먹어도 좋다. 우황 한 돈 두 푼을 산약, 감초, 백작약, 천궁 등의 약초들과 더불어 가루 만들어 대추 살과 함께 꿀에 넣어 끓여서 만든다.

② **우황청심원(牛黃淸心元)**: 심기(心氣)가 부족하고 정신과 마음이 안정되지 못하여 아무 때나 기뻐하고 성내며 혹 전광증이 발작하여 정신이 착란된 증상들을 치료한다(처방은 중풍문에 있다).

③ **우육(牛肉, 쇠고기)**: 비기(脾氣)를 보한다. 소의 밥통을 쓰는게 더 좋은데 푹 끓여서 늘 먹는 것이 좋다.

④ **우유(牛乳, 소젖)**: 폐를 눅여 주고 보한다. 죽을 쑤어 늘 먹으면 좋다. 대변을 잘 통하게 한다. 늘 죽을 쑤어 먹거나 생것을 마셔도 좋다. 즉 락(酪)이다. 5장을 보한다. 죽을 쑤어서 늘 먹으면 좋다.

⑤ **우신(牛腎, 소의 콩팥)**: 신을 보하는데 늘 먹어야 좋다.

⑥ **우두(牛肚, 소의 위)**: 5장(五臟)을 보한다. 식초에 넣고 푹 삶아서 먹는다.

⑦ **소젖죽(酪粥)**: 위 속의 열을 없애는데 늘 먹어야 좋다.

⑧ **우각새(牛角鰓, 소뿔속뼈)**: 혈붕이 멎지 않는 것과 벌겋고 흰이슬이 흐르는 것을 멎게 한다. 태워 가루를 내어 한번에 8g씩 술에 타서 먹거나 알약을 만들어 먹는다.

⑨ **우뇨(牛尿)**: 소변이 잘 나오지 않아, 소변을 잘 나오게 치료하는 것은 수소의 뜨거운 오줌을 먹으면 된다.

⑩ **우수(牛髓, 소의 골수)**: 3초(三焦)를 편안하게 한다. 술과 같이 먹어야 한다.

• 머리에서 명치(心) 끝까지를 상초, 명치 끝에서 배꼽까지를 중초, 그리고 배꼽에서 발까지를 하초.

⑪ **우간(牛肝, 소의 간)**: 이질을 치료하는데 식초를 두고 끓여 먹는다.

3) 외형편(外形篇)

① **황우뇌수(黃牛腦髓, 누런 소의 골)**: 편두통(偏頭痛), 정두통(正頭痛)을 치료한다. 골(腦) 1마리 분을 구릿대(백지)와 궁궁이(천궁)가루 각각 12g을 사기그릇에 담은 다음 술을 붓고 푹 달여서 따뜻할 때 마음껏 먹고 취했다가 깨어나면 병이 낫는다.

② **우간(牛肝, 소간)**: 눈을 밝아지게 하는데 회를 만들어 먹거나 삶아 먹어도 좋다. 어린이의 밤눈증에는 생것으로 먹인다. 간허작목(肝虛雀目)은 해가 지면 아무것도 보지 못하는 것을 말하는데 검정소의 담즙은 눈을 밝아지게 하므로 눈에 넣으면 좋고 소간으로 회를 만들어 먹어도 좋다.

③ **우치(牛齒, 소 이빨)**: 이빨을 든든하게 하는데 소 이빨 30개를 불에 달구었다가 가루를 내어 8g을 물에 달여서 뜨거울 때에 양치하는데 식으면 뱉어 버린다. 또는 가루를 이빨에 문질러도 흔들리던 것이 모두 든든해진다.

④ **우비(牛鼻, 소코)**: 젖이 없는 것을 나오게 한다. 국을 끓여 2-3일 동안 빈속에 먹으면 젖이 잘 나온다.

⑤ **흑우수(黑牛髓, 검정소의 골수)**: 여위는 병을 치료하여 살찌게 한다. 지황즙과 꿀을 각각 같은 양으로 하여 달여 먹으면 좋다.

⑥ **오우뇨(烏牛尿, 검은 소의 오줌)**: 다리에 부스럼이 났을 때 수소의 아침오줌 1되를 먹이면 좋다. 황소 오줌도 역시 좋다.

⑦ **우외신(牛外腎, 소의 음경)**: 산증(疝症)으로 아픈 것을 치료한다. 소의 음경(牛陰莖)을 구워 말린 다음 가루 내어 데운 술에 타 먹는다. 부인이 음부가 가렵고 아파서 안타까운 데는 소간(牛肝)이나 돼지간(猪肝)을 뜨겁게 구워서 쓰는데 음부 속에 밀어 넣으면 벌레가 다 나온다.

⑧ **우비(牛脾, 소의 기레)**: 여러 가지 치질을 치료한다. 음력 섣달에 잡은 소의 기레 1보를 익혀서 소금과 장을 치지 않고 먹는데 낫지 않으면 다시 먹어야 한다.

4) 탕액편(湯液篇): 인부(人部) · 특우경(特牛莖)

가. 특우경(特牛莖, 소의 음경)

부인의 적백대하와 아이를 낳지 못하는 데 쓴다.

나. 우유(牛乳)

성질이 약간 차고(微寒)(서늘하다(冷)고도 한다) 맛이 달며(甘) 독이 없다. 허하고 여윈 것(虛羸, 허리)을 보하며 번갈(煩渴, 갈증)을 멎게 하고 피부를 윤택하게 한다. 또한 심폐(心肺)를 보하고 열독(熱毒)을 푼다.

우유를 먹을 때에는 반드시 1-2번 끓어 오르게 끓여 식혀서 마셔야 한다. 생것을 마시면 이질이 생기고 뜨겁게 하여 먹으면 곧 기가 막힌다. 또한 단숨에 먹지 말고 천천히 먹어야 한다. 우유로 병을 치료하는 데는 검정소(黑牛)의 것을 쓰는 것이 누렁소(黃牛)의 것을 쓰는 것보다 낫다.

젖(乳酪)은 신것(酸物)과는 상반된다.

5) 외형편(外形篇): 면(面 · 일방(一方)

가. 한 가지 처방

맞아서 머리나 얼굴이 퍼렇게 멍이 진 데는 양고기(羊肉)나 쇠고기(牛肉)나 돼지고기(豬肉)를 뜨겁게 구워서 붙이면 곧 낫는다.

나. 간허작목(肝虛雀目)

작목(雀目)이라는 것은 해가 지면 아무것도 보지 못하는 것을 말한다.

소간(牛肝)으로 회를 만들어 먹어도 좋다.

다. 눈에 티나 먼지, 연가시가 들어간 것(미목비진비사(眯目飛塵飛絲))

어떤 것이 눈에 들어가 나오지 않다가도 소의 힘줄을 두드려 실처럼 만든 것으로 살살 훔쳐내면 절로 나온다. 또 새 붓에 묻혀 내기도 한다. 또는 좋은 먹을 갈아 눈에 넣어도 곧 나온다.

라. 귀에 여러 가지 벌레가 들어간 것(저충입이(諸蟲入耳))

졸인 소젖(牛酪)이나 당나귀젖(驢乳)을 귓구멍에 넣으면 반드시 벌레가 녹아서 물이 된다.

돼지비계(豬脂)나 소기름(牛脂)이나 쇠고기를 고소하게 구워서 귓구멍을 막으면 벌레가 저절로 나온다.

마. 목에 걸린 뼈를 나오게 하는 방법(인경법(引鯁法))

목에 뼈가 걸려서 내려가지 않을 때에는 소 힘줄(牛筋)이나 사슴 힘줄(鹿筋)을 물에 담갔다가 쥐어짜서 달걀 노른자위만 하게 만든 다음 한 끝을 잡고 무엇이 걸려 있는 곳까지 닿도록 삼켰다가 천천히 당기면 걸렸던 것이 힘줄에 붙어서 곧 나온다.

바. 우목(疣目, 물사마귀)

무사마귀는 사람의 손발에 갑자기 콩알 같거나 뭉친 힘줄 같은 것이 5-10개 연달아 생기는데 이것은 모두 풍사(風邪)가 기육(肌肉, 근육)에 들어가서 부딪쳐 변해서 생기는 것이다. 소의 침을 자주 바르면 저절로 떨어진다.

6) 잡병편(雜病篇): 풍(風) · 비방(秘方)

가. 비방(祕方)

중풍으로 팔다리를 쓰지 못하는 것을 치료하는 데 아주 잘 낫는다. 삶은 소뼈의 골수 1사발, 졸인 꿀(煉熟蜜) 600g. 위의 2가지 약을 걸러 닦은 밀가루 600g, 볶아 말린 생강가루(炒乾薑末) 120g과 함께 넣고 반죽하여 달걀 노른자위만 하게 알약을 만든다. 하루 3~4알씩 데운 술로 먹으면 아주 좋다.

나. 꺼릴 것(禁忌法)/학질

학질은 돼지고기나 쇠고기를 먹으면 반드시 도진다.

다. 정창의 근을 빼내는 방법(拔疔法)

정창(疔瘡, 단단하고 뿌리가 깊은 부스럼) 속에는 독이 있는 근(根)이 있으므로 반드시 그것을 빼내야 살 수 있다.

검정암소를 바위 있는 데로 끌고 가면 반드시 똥을 누는데 그 위에 돋은 버섯을 따서 약한 불기운에 말린다. 이것을 진득찰잎(희렴초엽)과 같은 양으로 하여 가루 낸다. 그 다음 참대통을 양쪽마디를 잘라서 구멍이 통하게 하여 헌데 위에 씌우되 살이 푹 들어가도록 씌우고 실로 동여맨다. 그 다음 그 참대대롱 속으로 약가루 1숟가락을 물에 개어 넣는다.

그러면 좀 있다가 약이 끓어오르면서 정창의 근이 저절로 빠진다.

라. 구급치료방법(救急方)

쇠붙이나 여러 가지 원인으로 몹시 상하여 아프고 답답해하며 죽은 것같이 되었을 때에는 소의 배를 가르고 내장을 꺼낸 다음 그 속에 상한 사람을 들어앉히되 뜨거운 피에 잠기도록 하면 살아난다. 만일 배가 상하였을 때에는 혈갈(血竭, 열매에서 뽑아낸 붉은색의 수지(樹脂))을 가루 내어 식초 끓인 물에 타서 먹는데 궂은 피가 나오고 낫는다.

이와 같이 하면 혹 전쟁마당에서 총알이나 화살에 상하여 온 몸에서 피가 나오고 기가 가슴으로 치밀어 올라 까무러친 것도 살릴 수 있다.

마. 소한테 상한 것(牛傷)

소한테 받히어 밸이 나왔으나 끊어지지 않았으면 빨리 제자리에 집어넣은 다음 뽕나무뿌리껍질(상백피)이나 흰삼(白麻)으로 만든 실로 뱃가죽을 꿰매고 그 위에 혈갈가루나 백초상 가루를 뿌려주어 피를 멎게 하면 곧 살아난다. 그러나 상처를 덮어 싸서는 안 된다. 왜냐하면 속으로 곪을 우려가 있기 때문이다.

소한테 받히어 옆구리가 터져서 밸이 나와 더러운 냄새가 날 때에는 빨리 참기름을 밸에 바르고 손으로 제자리에 넣은 다음 인삼과 지골피(地骨皮)를 달인 물로 씻으면 터진 가죽이 저절로 아문다. 그 다음 양고기국을 10일 동안 먹으면 낫는다.

바. 익수사(溺水死)

또 한 가지 방법은 소 1마리를 가져다가 익사로 죽은 사람을 그 소의 등 위에 가로 엎어놓고 양쪽에서 붙들고 소를 천천히 걸어가게 하는 것인데 이와 같이 하면 물이 저절로 나오고 곧 살아난다.

5. 『우역방(牛疫防)』

저자와 간행연대를 자세히 알 수 없는 의방서(醫方書)인 『의방합편(醫方合編)』 속에 들어 있는 부분 가운데 소의 역병(疫病)만 골라 따로 모은 방문(方文)이다.

1) 우마육축병(牛馬六畜病)

① **소와 말 등 육축의 역병**: 술에 사향을 조금 섞어 먹이라. 육축이 배가 불러 죽고자 할 때는 누룩을 삶은 물을 먹이면 즉시 증상이 사라진다. 소가 졸지에 역병 증세가 있어 머리 옆구리를 치는 놈이 있으면 파두 2개를 껍질 벗겨 찧어 가루 만들어 향유 2개와 맑은 장물 반 되에 넣어 먹이면 차도가 있다.

牛馬諸畜水穀疫病酒和射香少許灌之 六畜食米脹欲死煮麴汁灌之立消 牛有卒疫動頭打肋者 巴豆兩介去皮擣末香油二兩淡漿水半升灌之得差

② **소의 오줌에 피가 나면**: 당귀, 홍화 각 5잔 씩 가루 내어 술 반 되에 달여 차게 해서 먹이면 좋다. 소가 배와 창자 등에 구더기가 있어 음식을 먹지 않을 시에는 호연(胡燕, 높은 산이나 해안 절벽에 사는 철새)의 똥 1합과 맑은 장 2되와 서로 섞어 먹이면 효과가 있다. 소똥에 피가 섞여 나오면 가마솥에 누른 흙 2냥과 술 1되를 넣어 달인 후 차게 해서 먹이면 즉시 좋아진다. 소가 상처나 더워하면 호마(虎麻)와 청양(靑陽, 참깨잎)을 찧어 즙을 내 먹이면 즉시 치유된다.

③ **소나 말 등의 육축이 난산으로 인한 옴 등**: 송백의 가지를 꺾어 불 태워 만든 기름을 3-5차례 주면 좋다.

④ **소의 역병**: 여우의 창자를 불에 태워 만든 재와 수달의 똥 2되를 물에 섞어 탕을 끓여 즙 내어 주면 좋다.

⑤ **소와 말의 역병**: 수달을 삶아 즙을 내어 식혀서 주면 좋다.

⑥ **소나 개의 각종 종기**: 물고기 기름을 사용한 진흙을 바르면 즉시 차도가 있다.

⑦ **소나 개가 수척해질 때**: 미꾸라지 한두 개를 대나무 대롱에 띄워 입과 코에 날로 주면 즉시 살이 찐다.

⑧ **소와 말의 성질이 사나운 것**: 승냥이 머리와 뼈를 불태운 재와 술을 넣어 풀어 밥그릇에 주면 소와 말이 순하게 길들여져 바로 사용할 수 있다.

2) 상경우(相耕牛)

가. 농경에 사용할 소의 상(相)

앞서 기술된 농경에 좋은 소는 눈이 큰 백맥이 있어 눈동자를 관통해야 하고, 뿔은 짧으면서 두 뿌리가 가까워야 하고, 몸체는 목뼈가 크고 길어야 하고, 털은 짧으면서 빽빽해야 하며, 꼬리는 벼줄기 처럼 길어야 하며, 다리와 정강이는 서면 다리의 양쪽의 간격이 가지런해야 한다.

나. 어미 소의 상(相)

털이 희고 젖이 붉으면 다산할 상이고, 털이 성글고 젖이 검으면 생산하지 못하는 상이다. 생산 시에 송아지와 어미 소가 낯을 서로 향하게 하면 낳는 송아지 수가 많고 서로 등을 향하면 낳을 수가 희박하다. 하루 밤에 똥을 세 번 누면 일 년에 한 번 생산하고 한 번 누면 3년에 한 번 생산한다.

다. 소 감정법

소의 입은 항상 넉넉하고, 우는 것이 같아야 하고 황우의 눈은 뿔과 가까워야 하고 눈은 크고 눈 안에 흰 선(백맥)이 눈동자에 있어야 하고 걸음이 매우 쾌할 한 놈이 좋다.

라. 농경에 사용될 소의 상

① **머리**: 작고 뇌는 크며, 목은 길고 몸은 짧으며, 뿔은 모나고 눈은 둥글며, 척추는 높고 볼기는 낮으며, 모든 털은 색이 한결 같으며, 일어서면 다리가 가지런해야 밭갈이를 할 만한 힘이 있다.

② **눈동자**: 붉은 것은 사람을 뿔로 받으며, 눈동자 아래 선모(旋毛, 소용돌이 모양의 털)가 있는 것은 '적루(滴淚)'라고 하는데 이런 소는 주인이 상(喪)을 당하는 불길한 소다.

③ **코**: 부드럽고 커야 끌기 쉬우며, 코 위에 역모(逆毛)가 있으면 흉하다. 코가 만약 거울 코 같으면 끌기도 어렵고 힘도 없다.

④ **입**: 반듯하고 커야 능히 잘 먹고, 이빨은 희고 뿔이 앞으로 향하면 길하고, 뒤로 향하면 흉하다. 두 뿔 사이에 어지러운 털이 서 있으면 주인을 막아 준다. 뿔이 둥글고 무늬는 가늘면 부릴 때 더디다.

⑤ **목뼈**: 길고 커야 되고, 어깨와 등골뼈는 움푹 파져야 한다. 만약 움푹하면 쌍견이어서 힘이 세고, 만약 움푹 파이지 않으면 단견이어서 힘이 약하다. 털은 짧고 빽빽하면서 군세며, 얼굴이 검은 소는 추위를 잘 견디고, 성글면서 길어서 쥐 털과 같은 놈은 추위를 무서워한다.

⑥ **발**: 앞발은 곧고 넓으며, 뒷발은 굽고 벌어져야 한다. 발굽은 커야 하니, 푸르면서 검붉은 것은 철제(鐵蹄: 세차고 잘 걷는 말)이니 길하다.

⑦ **젖**: 붉으면 길하고, 젖이 약간 검으면 새끼를 낳지 못한다.

⑧ **똥**: 나선형이면 힘을 쓰는 것이 번개 같다. 꼬리뼈가 거칠고 털 적은 소가 힘이 있다.

V 일제시대의 한우

한일합방(1910년) 후 일본의 축산기술자가 우리 한우를 보고 기록한 『조선지산우(朝鮮之産牛)』라는 책과 일본통치 하의 여러 자료들을 통해 100여년 전 우리 한우의 실상을 살펴 볼 수 있다.(이종헌, 2012)

1. 일본 축우가(畜牛家)가 본 조선우

1) 전도 유망한 축우산업

일본 축산전문가인 肥塚正太와 原島善之(1910)가 정리한 조선우에 대한 기록은 매우 구체적이고 정확한 조선우의 평가를 하고 있다. 여러 생산사업이 위축되고 진흥되지 않은 땅에서 유독 축우산업만이 초연하게 진보한 것은 기이한 일로 조선의 축우산업은 가장 적절하고 전도 유망하다고 단언하는 이유를 열거하면 다음과 같다.

가. 환경여건

- 토지면적에 비하여 인구가 희박하다.
- 조선은 완전한 농본주의(農本主義)로서 주민의 80%가 농가이다.
- 조선의 농업에는 필수적으로 축우의 이용이 요구된다.
- 미개간지가 많고 밭이나 산야는 목우업(牧牛業)에 가장 적당하다.
- 축우의 발육에 대해서 기후풍토가 가장 적합하다.
- 조선내지의 어디를 가나 소의 사양번식에 적합하다.

나. 조선우 생산여건

- 축우의 현재수가 비교적 많다.
- 축우의 성능 및 체격이 우수한 편이다.
- 사육비가 아주 적게 들어서 소 값이 싸다.

- 축우의 번식율이 대단히 왕성하다.
- 주민은 축우의 사양관리 및 사역에 가장 뛰어나다.
- 조선 내에 축우 및 그 생산물의 수용이 크다.
- 축우사업은 농가의 부업으로 가장 유리하다.
- 축우와 그 산물은 중요한 수출품이다.
- 축우개량의 여지가 있다.
- 축우번식의 여지가 있다.
- 농가의 개량 상 점점 축우를 이용한 사역, 구비이용의 필요성이 증가하고 있다.
- 종래부터 습득한 사업으로 위험부담이 없이 성공할 수 있다.

이를 좀 더 구체적으로 설명하면 어떤 것이던 그 지방에서 자연적으로 많이 생산되고 있고 또한 품질이 우수한 종류를 선발하여 사용한다면 반드시 그 결과는 고유한 특색을 가지는 생산품을 자연스럽게 마련할 수 있다는 원칙을 설명하고 있다.

2) 축우와 농사의 중요한 관계

가. 조선우 환경적 능력

조선의 가축 중 말, 돼지, 닭 등은 그 체질이 왜소한데 유독 소만이 그 성능 및 체격이 우수한 것은 천연적으로 그 능력이 큰 것을 알 수가 있고 또한 주민도 자연히 발달한 소를 기르는 기능을 가지고 있음을 알 수 있다.

특별히 보호정책을 쓴 적도 없고 우역(牛疫)은 때때로 유행해서 큰 피해를 입히고 탄저(炭疽)도 매번 여러 곳에서 발생하고 있음에도 불구하고 이러한 두수의 감모(減耗)를 회복하여 명맥을 유지하며 실축되지 않은 것은 그 동안 자연과 사람 양자(兩者)의 좋은 효과가 나타난 것으로 그 장점을 잘 이용하고 여기에다 문명식으로 적절한 경영을 가하게되면 그 결과가 한층 좋아질 것은 명백한 일이다.

나. 식민지 하의 조선축우

특히 축우는 농사의 개량 상 막대한 관계를 가지게 된다. 지금 일본은 농가 1호당 노동력은 평균 3명에 경작면적은 약 1ha인데 조선은 남쪽지방과 같이 집약적 농법에서도 노동력은 평균 2명, 경지면적은 평균 1.32ha가 되고 북쪽은 가장 조방적인 상태에서 노동력은 평균 3명에 경작지가 6ha가 되므로 가축의 힘이 없이는 도저히 농사를 경영할 수가 없다.

조선의 축우문제는 한일양국이 합병한 오늘의 관계에서 보면 하루라도 빨리 이의 경제적 동화의 필요를 자각하는 것으로서 이것은 특히 식민지의 수출농업장려와 부흥은 아주 급한 일로 주저 없이 실시 보급시켜야 할 것이다. 과연 축우산업이 조선에 적절한가, 일본과의 관계상 유익하다고 하면 발전책을 강구하여야 한다.

우선, 그 수요지 즉, 판로를 보면 앞으로 조선 내에서도 경제의 발전과 거류민의 증가는 점차 수요를 증가시킬 것이고 축우를 하나의 국산품으로 널리 해외에 수출하는 길도 열어야 할 것이다. 북쪽에서는 함경도에서 러시아방면으로, 남쪽에서는 부산을 경유하여 일본에 들어가는 것을 통하여 양국으로의 수출은 증가할 것이다.

2. 일본과 조선의 산우(産牛)문제

종래 조선우는 사역겸육용(使役兼肉用)으로서 아주 귀중하게 취급되어 왔는데 앞으로도 역시 이러한 목적아래 개량을 가하여 한층 우량하고 가장 경제에 적합한 소를 만들어 나가면 큰 이득을 얻을 것으로 믿는다. 그리고 이 소를 활발하게 일본으로 들여가면 일본 측에서 보면 여러 가지 혼미한 사태도 있겠으나 오늘날 조선에 대한 일본의 입장과 한편 일본에 있어서의 산우문제와의 실상을 같이 생각하여 나가면 반드시 배척만 할 것이 아니라 수긍할 점도 있다고 생각한다.

1) 일본의 축우

일본은 서구의 여러 나라와 비교하면 상황 및 국민생활습관의 차이가 있겠으나 일본 축우의 약점을 인정하고 있다.

- 축우의 두수가 너무 적다.(농가100호당 축우22.5두 즉, 4.4호당1두)
- 우종(牛種)이 불량하다.
- 축우 및 그 생산물의 가격이 비싸다.
- 이들의 이용정도가 낮다.

솔직하게 말하면 주곡주의농업(主穀主義農業)은 그 생산력이 결핍하여 세계시장에서 이길 수 없고 육식을 왕성하게 하지 않고 국민의 체력이 강해지지 않으면 세계 사람과 경쟁을 할 수가 없어 목농주의(牧農主義)를 고취하여 증대케 하고 이용하는 것이 국가의 부강을 가져오는 것이다. 평상시뿐만 아니라 일단 유사시에도 쇠고기의 공급이 부족하게 되면 그 이해득실의 관계는 도저히 말이나 글로 나타낼 수가 없다.

일본에서 축우는 개량과 더불어 급속도로 사육두수의 증가를 가져와야 되는데 그 번식이 그리 쉬운 일이 아니다. 인구의 증가, 생활비의 증진, 산야의 개척, 혹은 산림식수, 산림보호, 경지정리 , 말 생산장려, 공학의 발전 등은 점차로 축우의 사양범위를 위축시키고 사양비를 증가시켜서 생산할 것인가? 열등종을 많이 기를 것인가? 우량종을 만들어 적게 기를 것인가 등을 고려하여야 할 점이 많으나 전 축산과장이었던 이시카와(西川) 수의학사의 말과 같이『일본에 있어서는 조선우와 같이 생산비의 저렴한 면에서나 우종(牛種)을 진보시키는 것은 도저히 불가능하다』라는 명언을 하였다. 조선을 소의 생산지로, 일본을 소비지로 하면 양국과의 관계에 있어서도 상당히 득이 될 것이다. 이런 점에서 축우문제는 일본과 조선이 공통으로 연구를 할 필요가 있게 되었다.

우리는 오늘날의 관계를『하늘은 일본에 일대호목장(一大好牧場)을 주었다』라고 표현하고 싶다. 이 천혜적인 조건에 맞게 채장보단(採長補短)하여 양국민의 복지증진하는 취지로 책임 있는 사업으로 성공시키는 의무를 가지고 있다고 본다.

2) 조선우의 수용(需用)

어느 나라에 있어서도 축우의 수요는 증가할 것인데 조선도 예외는 아니다. 주민의 생활과도 밀접한 관계가 있어 앞으로의 수요를 개괄하면

- 농업에 사용,
- 식용에 사용,
- 운수, 교통상의 사용,
- 중요한 수출품 등으로 성장할 것이다.

가. 농경용 소

조선은 농사가 건국의 기초이기 때문에 주민의 대부분이 농업에 종사하나 그 면적에 비하여 인구가 적으면 농사는 자연히 조방적이 되고 경작에는 많은 노력을 요한다. 남쪽에서는 일본과 같이 1두가 끄는 것으로 하지만 북쪽에서는 두 마리가 끄는 쟁기일을 시키고 있다. 농가에 있어서 축우는 농사일을 하는데 절대적일 뿐만 아니라 농가의 부력(富力)을 나타내는 귀중한 재산이다.

나. 식용의 소

또 조선에서는 옛 부터 육식의 관습이 있어 도시와 농촌 모두 고기를 먹는데 3면이 모두 바다인데도 어업은 성하지 않고 운송수단, 교통의 불편으로 생선을 옮기지 못하여 한층, 육식의 수요가 증가하였고 연말연시의 선물과 관혼상제에는 반드시 고기를 사용하여 대도시에 있어서는 매일 도살되고 있으며 지방에 있어서는 장날에만 도살하고 있으나 전국의 소비량은 실로 막대하다.

다. 운송수단의 소

또 조선의 도로는 거의가 자연으로 방임된 상태에서 불량하고 험악한데 이런 길에서는 소는 운송수단으로서 아주 중요하다. 무거운 짐을 등에 지우거나 우차(牛車)에 싣고 다닌다. 특히 북쪽에서는 거의 농가마다 우차가 있어서 농산물, 비료운반은 물론, 기타의 물자운송, 사람을 태우고 있다. 이것 이외의 수송수단은 지게에 실어서 나르는 지게꾼이 있다. 그리고 작은말을 이용하는 운송수단이 있다.

라. 특수체질의 소

이러한 면에서 축우의 증식과 체격의 개선을 요구하여 온 결과 오늘날 조선우가 갖고 있는 특수한 체질과 성능을 갖기에 이르렀고 그래서 여러 산물 중에서 축우가 가장 우수한 것이 되어있다.

[그림 3-20] 솔가지 판매, 송엽매(松葉賣) (출처:한민족과 한우, 전국한우협회)

3) 조선우의 생산현황

조선에 있어서 축우의 수요는 광범위하고 이에 따르기 위해서 생산력도 자연히 발달하여 어디를 막론하고 소가 없는 곳이 없는데 그 중에서도 특히 함경도, 강원도에 그 다음이 평안도, 황해도, 경기도에 소가 많고 충청, 경상, 전라도가 비교적 소가 적었다. 요약하면 북쪽지방은 소가 많고 남쪽지방이 좀 적고 기타지방은 경지의 면적, 산야의 상태, 농사방법, 축우의 수요 정도에 따른 것으로 함경도, 강원도와 같은 곳은 미개척지가 많아 풀밭이 풍부하며 소 기르기에 적합한 땅이 많다. 주민은 자연히 소 기르기에 숙련되어 있을 뿐만 아니라 인구가 희박하여 노임이 비싸고 도로가 나빠서 다른 교통수단이 없기 때문에 가축의 힘이 필요하여 축우산업이 발전하였으나 남쪽지방은 땅은 비교적 갈기 쉽고 농사도 집약적이어서 소의 생산이 함경도에 비해서 적다.

소의 체격도 역시 작아서 황해도, 평안도는 남쪽과 북쪽의 중간정도이다. 조금 세밀하게 조사하면 같은 도내에서도 생산지(生産地)와 사용지(使用地)의 구별이 있고 생산지에는 암소가 많고 사용지에는 수소가 많다. 산간벽지에는 농산물이외에 다른 산물이 없고 물자의 집산도 없는 곳으로 소가 유일하게 부산물인데 이러한 경우는 해변이 가깝고 도회지에서 여러 가지 물자를 수송하는 일 등이 많다.

■ 표 3-3 각도에서 유명한 소 주산지

함경도	함흥, 북청, 길주, 명천, 영흥, 경성	경상도	밀양, 고성, 진해부근, 대구, 울산
평안도	양덕, 평양부근	충청도	공주, 청주
경기도	개성, 수원, 광주	전라도	함평
강원도	홍천, 정선, 평창, 회양, 금성, 양구, 인제, 간성, 양양, 강릉		

4) 조선우 사육현황

사육두수는 확실한 통계가 없으나 80만두로 예상한다. 그 중에 암소60%, 수소40%로 예상한다 (일본은 암소65%, 수소35%). 그러면 암소가 48만두가 되고 수소가 32만두가 되며 그 중에 송아지 213,000두(1년간의 생산수를 213,000두로 하고 암수 동수로 보면 각각106,500두가 되어 그 2년 반을 미경산우로 함)를 공제하면 나머지 267,000두가 가임우인데 분만율을 80%로 하면 1년의 생산량은 213,000두가 된다. 러 · 일전쟁 때 많이 도살되었고 앞으로 수출량도 늘어날 것으로 보면 근래 시장에 출하되는 양은 다소 감소경향이 있어 번식장려가 더 이루어져야 하겠다.

■ 표 3-4 조선우(朝鮮牛)와 마(馬)의 사육통계, 1910년

지역	牛(소)	馬(말)	지역	牛(소)	馬(말)
경기도	51,023	931	황 해 도	53,498	1,958
충청북도	19,604	364	평안남도	42,770	2,069
충청남도	23,968	414	평안북도	70,327	3,198
전라북도	19,375	385	강 원 도	63,413	370
전라남도	48,755	11,279	함경남도	80,917	6,703
경상북도	103,250	3,217	함경북도	51,913	6,784
경상남도	75,031	2,188	총 계	703,844	39,860

* 조선총독부(朝鮮總督府)의 1912년 조선농무휘보(朝鮮農務彙報)의 통계

조선의 소사육두수는 70여만두, 말은 4만여두 정도였고 그 중 경상북도가 소사육이 10만두를 상회하고 함경남도, 경상남도, 그리고 평안북도 순으로 사육두수가 많았다.

말은 전라남도에서 전체의 약 28%에 달하는 두수를 사육하고 함경남북도에서도 많이 사육하였다.

5) 조선 우시장

1910년(明治43년) 매매가격은 소가 마리당 22원50전, 말이 26원20전, 돼지는 1원50전, 그리고 산양은 3원10전이었다.

1918년 말 조사한 일반시장과 분리된 전국의 독립된 가축시장 수는 모두 655개소나 되었고 이중 경상북도가 91개소로 가장 많고, 강원도 67개소, 전라남도 58개소, 충청남도 52개소, 경상남도와 평안도가 50개소, 그리고 경기도가 47개소였다. 당시 단위시장으로 가장 큰 곳이 거래량이 년간 2만5000두 이상이었던 함북 명천장과 길주장이었는데, 5일마다 열리는 쇠전에서 하루 300~400두가 거래되는 시장이었고 수원장과 용인 백암장도 그 다음으로 년간 2만두 이상 거래되었던 곳이다.

■ 표 3-5 1910년말 가축시장의 통계

	시장수	출장두수				매매두수				총매매가격(원)			
		소	말	돼지	산양	소	말	돼지	산양	소	말	돼지	산양
明治42	872	710088	7417	284167	1636	248452	2702	163745	1459	5421466	70282	249267	2021
明治43	825	818028	5880	231059	1754	261114	2134	140206	1234	5878375	55926	214946	3566

〈1900년 조선의 우시장〉

〈1950년의 우시장〉

[그림 3-21] 1900년, 1950년의 우시장 (출처: 행안부 국가기록원 '기록으로 만나는 전통시장')

3. 조선우의 성능(性能) 및 체격(體格)

1) 조선우 성질

어느 나라의 소도 수소는 성질이 거친데 조선우는 전혀 이러한 충돌의 맹성(猛性)이 없다.

지방에 있는 소는 물론 매일 경성(京城)과 같은 복잡한 곳에 동서남북에서 하루에 수백천의 수놈과 암놈이 쌀, 보리, 장작, 기타 물자를 싣고 시내에 들어와서 한정된 장소에서 상담도하고 세워놓기도 하는데 길가 좁은 곳에 말뚝이 있거나 무슨 구별이 있는 것도 아닌데 수놈과 수놈, 암놈과 암놈들이 서로 충돌 없이 있는 것을 보면 그 온순성에 감탄한다. 실제로 어떤 지방에서는 한사람이 여러 마리를 한꺼번에 부리기도하고 한강 나룻터에서 강을 건널 때 거대한 짐을 실은 소들이 질서 있게 타고 내리고, 또 지게를 진 사람들도 함께 타고 가는 것을 보면 조선우의 성질이 얼마나 온순하고 조용한가에 감탄한다. 조선우의 성질이 온순하고 영리한 것은 세계 제일이라고 불리는 것은 우연이 아니라 그 원인은 여러 가지가 있다.

- 그 품성이 선천적이다.
- 자연, 즉 기후풍토의 영향을 많이 받았다.
- 소를 다루는 기술에 의해서 순화.
- 사양관리에서 사람의 애정을 많이 받고 있다.
- 그 중에는 극히 드물기는 해도 좀 포악한 것이 있는데 이는 밧줄로 묶어 길들이기에 의해서 성질을 바꾸고 그래도 고쳐지지 않으면 되도록 속히 도살한다.

2) 조선우 모색

조선우의 모색은 대개가 순적색(純赤色)이다. 여기에 흑모(黑毛), 적백반(赤白斑), 흑백반(黑白斑), 적갈색(赤褐色), 선조모(線條毛)등이 있기는 하나 매우 적다.

1928년 "권업모범장사업보고"에서 조선우의 모색분포: 적갈색 77.8%, 황갈색 10.3%, 흑색 8.8%, 렴색 2.6%, 갈색백반 0.4%, 그리고 흑색백반 0.07%로 현재의 한우 모색의 일반적 구성과 같았다.

그리고 "함남축산10년기"(1939)에서도 조선우의 모색은 대체로 적갈색(77%)이지만 흑갈색(10%), 흑색(8%)과 호랑이 무늬인 호반(虎斑)이 2%정도라고 하였다.

1938년 조선총독부에서는 조선우의 심사표준을 정하여 "조선우의 표준 모색은 적갈색으로 한다"라고 우리나라 소 중에서 적갈색만 인정하는 모색일체 정책이 만들어져 지금까지 한우는 황색우라는 인식이 있다.

3) 조선우 외모와 체형의 특징

조선우의 경력은 아직 인공적 개량을 가하지 않은 천연종(天然種)에 속해서 그 체격은 지방에 따라 다소의 차이가 있으나 골격 및 성능 등은 비슷하여 거의 동일하다. 져-지, 에어셔 홀스타인종의 모색에 비슷한 것도 있는데 그 적색의 것은 비경(鼻鏡)이 많은 흑색이다. 고지현(高知縣)에서는 3군데 검은색이 있는 소가 있는데 눈 주위, 비경, 제관부가 검은 것을 환영하고 있다. 조선우의 체격은 암수 공히 산지에 따라서 차이가 있다. 북쪽과 서쪽의 것은 체격이 크고 남쪽 것은 작다. 특히 수소에 비하면 암소는 대개 적다.

가. 수컷의 체형

- 북쪽의 수소는 4.23척(尺)~4.45척(尺)에 달하고(128.2~134.8cm) 남쪽 소는 4.12척(124.8cm)이 된다.

- 특히 평안남도에서 생산되는 차우(車牛)는 4.56~5척(138.2~151.5cm)이 되는 것도 있고
- 도축량은 7~800근(斤)으로 420~480kg을 밑돌지 않았고 전구, 후구의 발육이 모두 좋아서 외국종에 비해 조금도 뒤떨어지지 않았다.

나. 암컷의 체형

- 암소도 북쪽의 것은 114.5~121.5cm,
- 남쪽의 것은 120cm이내의 것이 많았다.

다. 일반 체격의 개요

① **머리(頭部)**: 조금 작고, 얼굴은 넓고, 턱은 둥글고, 눈은 크고 둥글어서 온화하며
② **콧구멍과 입**: 크며 뿔은 짧고 작고, 귀는 작고 두텁고,
③ **체장(体長)**: 길고 가슴이 깊고 늑골이 활처럼 되어 있고
④ **등허리**: 길고 곧고 배는 처지지 않고 긴축되어있고
⑤ **견갑골**: 그 큰 체구에 알맞게 견갑골 각도가 적절하고 걸음걸이가 자유스럽고
⑥ **십자부고(十字部高)**: 넓고 평평하고
⑦ **네다리**: 견실하고 발굽은 둥글고 좀 진한 색을 띄고 있고 발톱사이는 좁고
⑧ **앞가슴의 흉수(垂皮)**: 크게 되어 있다.

[그림 3-22] 소무역상회의 모범우

4. 조선우의 용도

1) 역용(役用)의 조선우

가. 조선우의 사역(使役)연령

대개가 3세에서 7~8세까지 사역(使役)한 뒤에 육용으로 판매하나 더러는 10세 이상의 소를 사역에 사용하기도 한다. 노력공정을 보는데 있어서 밭과 과수원의 면적을 이야기할 때『며칠갈이』로 나타내는데 밭은 상태에 따라서 다르다.

나. 논갈이

남쪽에서는 한마리가 끌지만 북쪽에서는 두마리를 한데 묶어 밭갈이, 논갈이를 한다. 우차의 적재량은 도로사정과 운송거리에 따라서 다르지만 대개 40관(貫)에서 80관정도이며 평균은 60관(225kg)정도이다.

다. 축우의 사용료

지방에 따라서 차이가 나나 경우(耕牛)는 곡식을 주기도 하나 대개 사람과 소는 하루식사를 제공하고 40전(錢)~60전, 만일, 식사제공이 없으면 90전을 지불한다. 경우를 빌릴 때는 다른 날 사람 손으로 같은 조건으로 하기도 하는데 보통 이틀 또는 사흘의 조건이 되기도 한다.

라. 우차(牛車)의 운임

10리(里)당 5전~30전으로 하고 등에 짐을 실는 것은 10里당 15전~20전이다. 일본의 농가에서는 서울 이북의 소를 더 좋아 하는 경향이 있다.

마. 훈치(訓治)

남쪽의 소는 영리하고 사역에 용이하고 북쪽의 소는 좀 느리고 아둔하나 이는 자연환경의 차이에서 오는 것으로 북쪽의 소도 잘 훈치하면 일을 잘 시킬 수 있게 되니까 체격이 큰 것만큼 이익이 있기 때문이다.

2) 육용(肉用)의 조선우

가. 육용우(肉用牛)로서 가치

조선우는 육용우(肉用牛)로서 가치여하에 상관없이 도살우는 폐물이용주의로 수소, 노폐우,

병약우 등으로 보통보다 나쁜 상태에 있는 소를 잡아 고기를 이용하는 것이지 특별히 사양한 것이 아니기 때문에 고기질이 떨어지고 또 고기를 분류하여 판매하지는 않는다. 그래서 가격의 차이도 없다.

이에 반해 조선에 사는 일본인들에게는 장령비육(壯令肥肉, 장기간 비육)한 것으로 그 질은 일반 소고기에 비할 것이 못된다. 근래에는 조선 사람에 있어서도 도축검사의 영향과 일본사람에게 판매하기 위하여 고기의 질도 높이고 안심, 등심 등으로 구분하여 팔게 되었으나 일본의 고베고기(神戶肉)등에는 비할 바가 못 되나 이는 사료를 특수하게 주지 않은 상태의 것이어서 사양관리를 제대로 하면 육질이 좋아질 것이다.

북쪽에서 러시아에 수출하는 것은 그 체격이 크고 비만한 것을 골라서 보내는데 외국육우에 손색이 없는 용모를 하고 있는데 북쪽의 사료는 가장 조잡한 것인데도 이러한 소를 만드는 것은 신기하다.

나. 일본에서 조선우 가치

종래 일본에 수출되는 암소는 수개월 이상 농가에서 사양되면 수입당시 아주 야위었던 것이 영양을 회복하고 지방침착이 되어 눈에 띄게 달라지고 일을 끝낸 뒤에 고베(神戶)시장에 판매되는 것이 많고 그 체격이 일본재래종보다 커서 10두 또는 20두를 한 묶음으로 해서 제일 먼저 나가는 두우(頭牛)가 된다. 비육의 정도, 근섬유의 치밀, 유연, 지방은 살코기 안에 분포되고 정육량이 좀 많은 등 업자로부터 환영을 받고 있다.

조선우는 원래 체질이 강건하고 비육성이 좋아 육용에 적합한 경제적 비육법을 쓰면 현재는 고기가 그리 좋지 않으나 고베고기에 지지 않는 육용우가 될 것으로 확신한다.

3) 유용(乳用)의 조선우

가. 조선우 유량

조선우는 조선에 있어서 유우개량기반에 적당하다. 최대 유량은 3되 이상의 것으로 되어 있다.(대개 1.5~2되 정도)

나. 천년두 백신

두창(痘瘡)에 걸린 소에서 뽑아낸 유백색의 우장(牛漿)을 천연두 백신의 원료로 쓸 수 있어 송아지를 두묘용(痘苗用)으로 사용하면 아주 적당하다.

무서운 결핵병이 없고 모색은 대개 적색이고 흑색이나 기타 색은 적고 체구강건, 영양양호,

피부가 유연, 가격은 대단히 싸서 내부위생국에의 납입가격이 암.수송아지 1두당 평균9원(圓)이고 그 조건은 다음과 같다.

- 생후3개월 : 10貫 이상(37,5kg)
- 생후4개월 : 13貫 이상(48,75kg)
- 생후5개월 : 15貫 이상(56,25kg)
- 영양은 좋은 것으로 하고 모색은 흑모, 흑반, 흑색 및 선모가 있는 것은 금한다.

5. 조선우의 특 · 장점

1) 조선우의 특색

조선우의 특색을 열거하면 다음과 같다.

- 성질이 극히 조용하고 온순해서 부리기가 쉽다.
- 성능이 영리해서 능히 명령을 지키고 일을 잘한다.
- 체격이 크고 체질이 강건하여 질병이 적다.
- 엄동이나 더위, 비바람에 잘 견딘다.
- 거친 사료에 잘 견디며 사양관리하기가 쉽다.
- 생산비가 적게 들어 소값이 극히 싸다.
- 체력 및 사지가 튼튼하고 특히, 발굽 등이 강해서 큰 힘을 쓸 수가 있다.
- 비육성이 풍부해서 경제적으로 비육을 시킬 수가 있다.
- 수태능력이 왕성하다.
- 짐을 지거나 끄는 힘이 강하고 걸음걸이도 비교적 빠르다.
- 유용종개량의 기반으로 적당하다. 송아지가 두묘(痘苗)생산용으로 가장 적당하다.

2) 조선우 체구의 변화

지금의 조선우는 수십년 전과 비교하면 체격이 작아지고 있다고 이구동성으로 이야기하고 있다. 강원도의 한 소장수는 수대(數代)에 걸쳐 이 일을 하고 있는데 우선, 예전에 사용하던 안구(鞍具)등이 요즘에는 커서 맞지 않는다는 것이다. 그러니 예전의 소들의 체구가 얼마나 변했는지를 알 수가 있다. 왜 조선우가 이렇게 퇴보하고 있는 것일까? 그 이유는 아마도

- 보호제도의 이완
- 명치(明治) 40년(1907년) 말에 빈번하게 발생한 우역(牛疫) 등의 질병피해와 청일(淸日)과 로일(露日)전쟁 때에 많은 두수가 도살된 것
- 그후 수출의 증가로 우수한 개체만 골라서 내 보낸 것
- 농민생활이 어렵게 됨 등으로 생각되는바 조선우의 발전을 위해서 그 원인을 잘 조사해서 구제의 방법을 강구할 필요가 있다.

3) 조선우의 특장(特長)

本田幸介(1913)가 정리한 내용에서 조선우 개량을 위해 1912년 3월 11일 총독부훈령 제9호의 지시한 내용은 조선우의 수(數) 증식(增殖), 질(質), 그리고 개량(改良)에 대한 내용이 있다.

조선우가 갖는 세계의 주요 축우와 차이점을 지적하였다.

가. 조선우 가치

조선인들은 전전(田畑, 화전), 경운(耕耘), 수확물 운반, 곡물제조를 소의 힘으로 행하고 금양잡록(衿陽雜錄)에 농가무우자측 비구인만려가대일우력(農家無牛者則 備九人挽犁可代一牛力, 소가 없는 자는 소 1마리가 9명이 쟁기를 끄는 것과 버금하는 일을 한다)으로 소를 중요시 하고 있다.

明治36년(1903년) 창궐했던 우역(牛疫)과 로일(露日)전쟁으로 인한 소의 감소로 더욱 농경에 필요한 소의 가치는 높아졌다. 그리고 쇠고기는 고래로 중요한 음식재료로 사용되고 피혁과 뼈도 수출품으로 중요한 위치를 차지하고 있어 소는 농업의 성과는 물론 고기의 공급을 위해 필요성이 높게 인정된다.

나. 조선우의 차별화

조선우의 성질은 온순하고 인내력이 강하지만 체격조건이 나빠 개량이 필요하다. 따라서 소의 생산지와 사역지(事役地)를 구분하여 일본 내지의 3단(三丹)지방과 기(畿, 도성으로부터 500리)내 각지를 비교하고 경제면에서는 동양제국(東洋諸國)과 구미각지(歐美各地)와 차이점을 찾아 더욱 개량하는 것이 필요하다.

조선우 통계는 소가 90만두 이상이고 말은 약 4만두 내외인데 일본 내지엔 말이 150만두, 소가 125만두로 조선과 상반된 우마의 수치였다.

조선소의 사육법은 절대 2두를 같이 사육하지 않고 계사법(繫飼法, 묶어놓고 사육함)을 하는

것이 관습이다.

조선우의 모색은 전체가 적이고 내지에는 흑색우(黑色牛)와 람청의 황색우(黃色牛)가 있다. 조선우는 우량한 점을 개량하여 영원히 유지 보존하여야 한다.

4) 조선우(朝鮮牛)와 화우(和牛)의 우열(優劣)

神谷凱藏(1928)은 조선우와 화우의 우열에 대한 조사기록에서, 조선우는 화우에 비해 성질이 온순하고 조방한 사육에 잘 적응하여 지구력이 강하고 역용우로서 손색에 없다.

쇠고기의 육질과 영양은 양호하여 서로 백중(伯仲)하고 조선우의 뼈는 조대(粗大, 거칠고 큼)하여 품위가 떨어지며 만숙종(晩熟種)이라 비육이 떨어지는 결점이 있다.

내지에서 생산한 2세 이하의 조선우와 개량화우를 비교할 때 조선우 가액은 화우의 1/3이다.

사역(使役)전용의 사양을 한 조선우와 화우의 우열은 번식과 생산이익은 화우가 우수하다. 화우는 농가의 보물로 가족의 사랑으로 체형이나 품위, 경운능력에 따라 매수자의 취향에 맞는 가격이 좌우된다.

단마우(但馬牛), 인번우(因幡牛), 천옥우(天屋牛), 8천우(八千牛), 신석우(神石牛) 등 주요 지역의 수요자를 만족하는 소를 만드는 것이 중요하고 최근들어 육용의 가치가 높아 기존의 오래된 인습을 탈피하고 사육관리에 신경을 쓴다

최근 조선우의 내지유입이 증가하여 화우생산지에 강적으로 대두되고 있어 조선우의 무한이출(無限移出)은 곤란하다. 금후 조선우는 역용(役用) 전용지인 관동북월(關東北越)방면으로 보내어 화우(和牛)생산지를 위협하지 않도록 하는 공생공영(共生共榮)의 노력이 필요하다.

[그림 3-23] 일본 흑모화우(黑毛和牛)

[그림 3-24] 1954년 대구 우시장 (출처 ; http://blog.naver.com/texasatm)

Ⅵ 한우의 유전적 개량

1. 한우의 유전적 특성

1) 한우의 고유한 유전자표식(DNA 마커)

한우의 외형적 특징은 황갈색의 모색과 체형으로 구별할 수 있지만, 이러한 한우의 외형적 특징들이 세계적인 여러 축우 품종들과 차별성을 가지기 위해선 유전적인 고유성이 보장되어야 한다. 따라서 한우의 유전적 구성이 다른 축우 품종들과 어떠한 차별성을 가지고 있는 지를 밝히는 것이 향후 우리의 고유한 유전자원의 가치를 높이는데 중요할 것이다.

다양한 유전적 기술을 통해 한우의 차별성을 규명한 연구결과로 홍 등(1998년)이 SCAR (sequence characterized amplified region)란 기술로 한우와 젖소 소고기의 판별이 제시되고 난 후, 여러 축우품종들과 차별화 되는 유전적 표식(DNA 마커)을 찾기 위한 노력이 많이 이뤄졌다. 모색유전자인 MC1-R(Melanocortin receptor 1)을 이용한 한우의 황갈색과 홀스타인 젖소의 흑색 유전자의 차별로 국내에서 젖소고기의 둔갑판매를 방지하는 기술로 활용이 되고 있다.

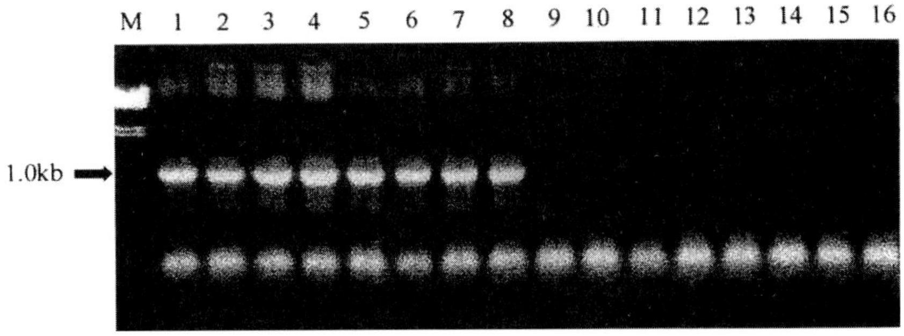

[그림 3-25] SCAR기술에 의한 한우와 젖소의 유전적 차별, 1-8:한우, 9-16:젖소

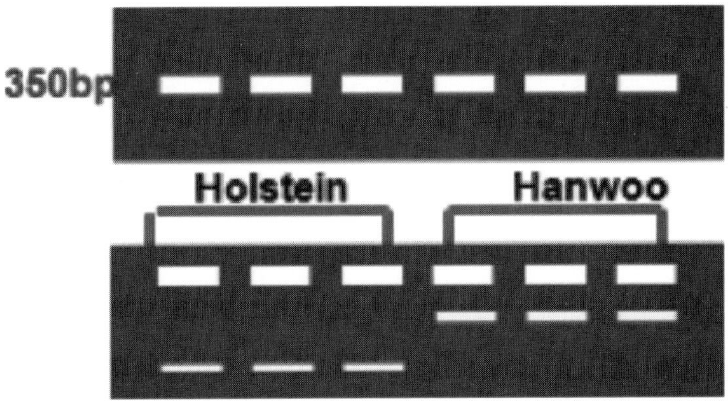

[그림 3-26] 모색유전자인 MC1-R(Melanocortin receptor 1)의 홀스타인과 한우의 차별모식도

이러한 기술들은 한우와 모색이 같은 수입되는 황갈색 쇠고기와 구별할 수 없는 한계점을 가지고 있다. 특히 1970~1980년대에 한우의 체중을 개량할 목적으로 외국품종과 교잡을 시행했던 사업으로 아직도 국내에 부분적으로 남아있는 외국축우와 잡종화 혈통을 가진 한우의 차별성에 한계를 가지고 있어 한우의 고유한 유전적 특성을 찾기란 용이하지를 못했다.

여정수 등(1997)은 유전적 본질의 고유성을 찾기 위해 새로운 DNA기술개발로 유전자지문(DNA fingerprinting)을 이용해서 유전체(genome) 전체를 탐색하는 유전자 탐침(DNA probe)을 개발하여 수입소와 차별화되는 표식을 찾을 수 있었다.

최근에는 더욱 간편하고 정교한 분자유전학 기술인 미세위성체(microsatellite)나 SNP(single nucleotide polymorphism)표식을 이용한 한우의 고유한 유전적 차별성을 확보하여 한우 쇠고기 판별에 활용되고 있다.

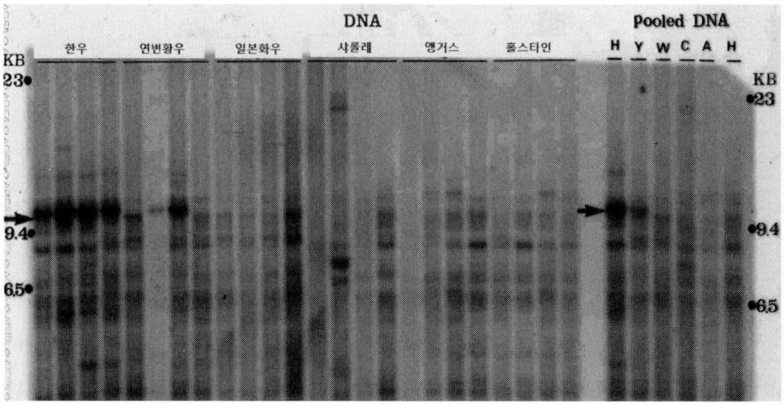

[그림 3-27] 유전자지문(DNA fingerprinting)을 이용한 한우판별

2) 유전적 유사도와 유전적 거리

우리의 고유한 축종인 한우가 다른 축우품종들과 유전적으로 어느 정도 유사성을 가지고 있는지를 짐작하는 유전적 유사도(genetic similarity) 추정에서 한우는 일본 화우와 유전적으로 아주 많이 닮았고 유우품종인 홀스타인과는 아주 낮은 유사성을 보였다. 한때 한우개량에 유전자 도입차원에서 활용했던 샤로레 품종과도 유사성이 높게 추정되었다.

일본화우는 대형종인 외국축종과 유사도가 한우와 외국 품종들의 유전적 유사도 보다 높았던 기록에서 일본화우는 한우가 기초가 되고 외국종과 교잡으로 형성된 품종이라는 짐작을 할 수 있다.

■ 표 3-6 축우 품종별 유전적 유사도

	한 우	일본화우	샤로레	앵거스	심멘탈	홀스타인
한 우	**1.00**	**0.83**	**0.73**	**0.69**	**0.67**	**0.43**
일본화우		1.00	0.79	0.78	0.72	0.47
샤로레			1.00	0.68	0.69	0.45
앵거스				1.00	0.75	0.52
심멘탈					1.00	0.59
홀스타인						1.00

이들 축우 품종간 유전적 거리에서도 한우와 일본 흑모 화우와 가까운 거리(0.83)를 알 수가 있고 모든 육용 축우품종이 유용인 홀스타인 품종과 멀어진 추정치(0.43~0.59)를 볼 수 있다.

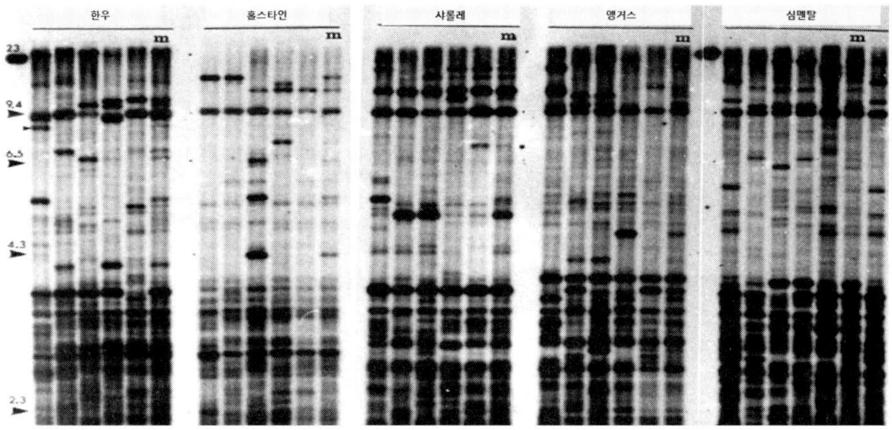

[그림 3-28] 유전적 차별성을 보여주는 축우품종들의 유전자지문

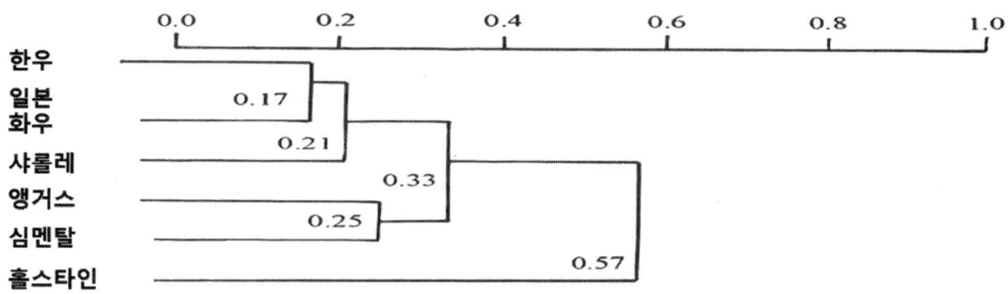

[그림 3-29] 축우품종 간 유전적 거리

2. 한우 경제형질 관련 QTL(quantitative trait loci, 양적 형질 유전자 좌위) 마커 개발

1) 축우 품종간 유전적 차별성

기원(起源, origin)이 유사한 극동아시아 지역의 축우인 한국의 한우(韓牛), 중국의 연변황우(黃牛), 그리고 일본의 흑모화우(黑毛和牛)에 대한 유전분석을 수행한 결과, 품종 내의 유전적 구성이 연병황우는 한우보다, 한우는 일본 화우에 비해 균일성이 떨어지는 유전적 다양성(genetic polymorphism)을 나타내고 있다. 이러한 결과로 볼 때, 화우의 유전적 개량 기술과 개량의 역사가 분명한 다른 축종들과 유전자구성의 차별을 보여 주고 있다. 한우와 연변황우의 유전자변이가 화우보다 심하게 나타나는 현상은 앞으로 이들의 유전적 개량의 소지가 많이 있음을 시사하는 결과로 볼 수가 있다.

특정 육질과 연관된 유전자표식(9.4kb)의 구성에서 일본 화우(和牛)는 모든 개체가 일률적으로 나타났고 한우(韓牛)의 경우는 약간의 혼재된 것을 볼 수가 있고 연변황우(黃牛)는 아주 복잡하고 다양한 유전구성을 나타내고 있다. 다시 말하면 일본 화우는 이러한 육질에 연관되는 유전자의 구성이 100% 완성된 집단이기 때문에 더 이상 이러한 육질에 대해 개량과 선발을 수행할 수 있는 여지가 없다는 것이고 연변황우는 화우와 같은 유전자 구성을 가진 능력개량을 이루기 위해서 일본이 해 온 기술과 같은 오랜 세월의 노력이 필요하다는 것을 알 수가 있다.

이러한 근거에서 알 수 있듯이 근래 일본의 고품질 쇠고기산업의 육질(마블링) 개량은 정점(頂點)에 도달하였고 새로운 쇠고기 품질영역인 맛과 연관된 차별화 연구에 관심을 가지는 정책을 펴고 있다.

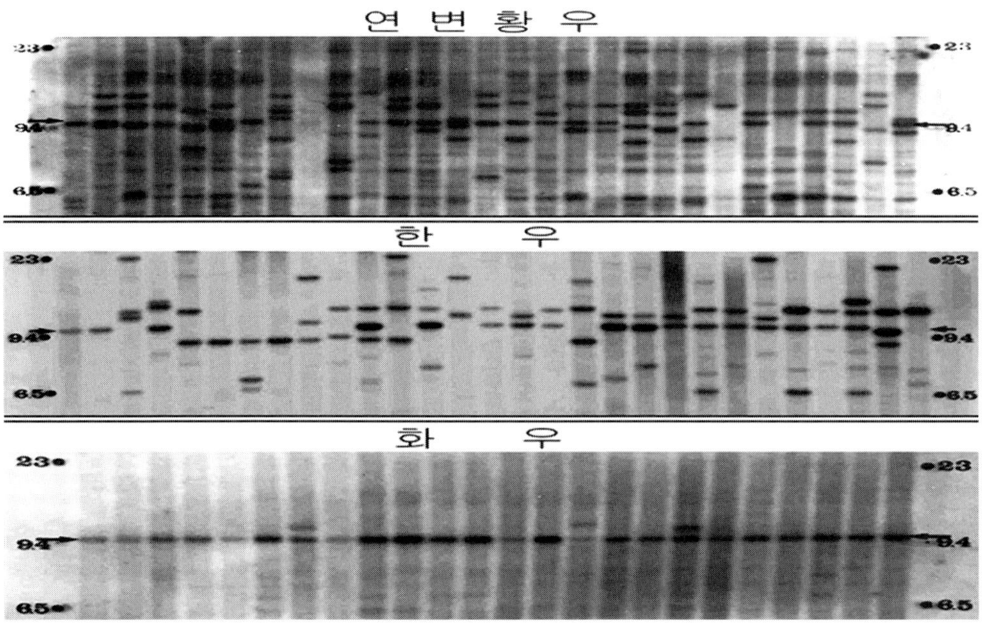

[그림 3-30] 한우, 연황우, 일본화우의 유전자구성(9.4kb)의 변이

2) 경제형질 연관 유전표식

소의 중요한 경제형질에 연관된 유전자를 밝히고 이들 유전자 표식을 이용한 선발(選拔)과 개량(改良)이 궁극적인 연구자들의 목표이고 생산자들의 요구이다. 몇 개의 염기가 반복적으로 구성된 DNA의 미세위성체(microsatellite)를 찾아내는 유전기술에서 여정수 연구팀(2000)은 형질의 기록이 높은 개체들(High)과 열등한 개체들(Low)의 유전표식의 유무를 확연히 보여주는 결과를 제시하고 있다.

최근에 연구방향은 더욱 세분화 되어 DNA서열인 염기변이에 따라 나타내는 SNP(single nucleotide polymorphism)를 이용한 MAS(marker assisted selection) 선발의 활용이 시도되고 있다. 더 나아가 소가 가지고 있는 유전체(genome) 전체를 탐색하는 WGS(whole genome sequencing)을 통해 능력이 우수한 개체와 열등한 개체의 능력 차이가 유전자에 의해서 나타나는 결과를 확실하게 규명하는 첨단연구가 이뤄지지만 여러개의 유전자가 결합하여 하나의 형질을 나타나게 하는 유전현상에서 매우 어렵지만 향후 그 활용 효과는 매우 클 것으로 기대된다.

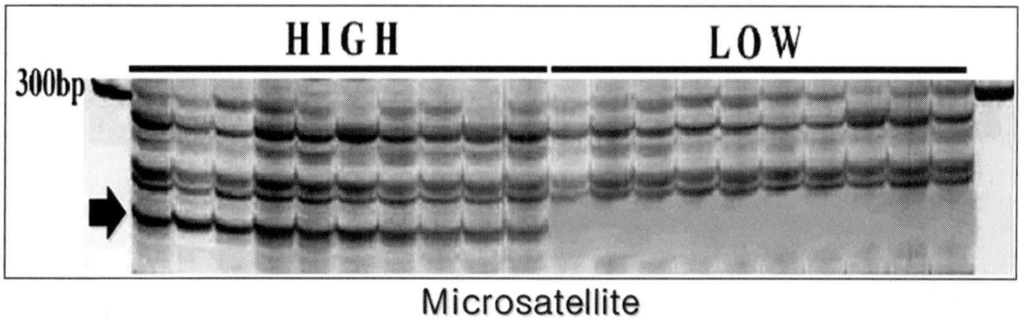

[그림 3-31] 미세위성체(microsatellite)기술에서 나타난 경질연관 표식

3) 쇠고기 맛과 불포화지방산

쇠고기의 맛은 소비자들의 기호에 따라 다른데 우리나라 소비자들의 구워먹는 식습관(食習慣)으로 이러한 식미(食味)에 관한 연구가 최근 2000년 중반부터 활발히 진행되고 있다. 쇠고기 맛에 영향하는 객관적 요인 중에서 불포화지방산(不飽和脂肪酸, mono-unsaturated fatty acid) 의 함량이 가장 중요한 것으로 인식되고 있고 불포화지방산을 구성하는 요소 중 80% 이상을 차지하는 올레인산(oleic acid)의 함량이 쇠고기 맛의 중요한 척도로 활용되고 있다.

■ 표 3-7 축종별 쇠고기의 불포화지방산

품 종		불포화지방산(%)	
		올레인산	총 불포화지방산
한 우		46.12	52.12
홀스타인		39.24	45.72
앵거스(미국)		42.34	49.60
수입쇠고기	미 국	37.10	39.20
	호 주	40.82	45.52
흑모화우(일본)		51.66	58.92

지금까지 발표된 연구들의 종합결과, 한우의 불포화지방산 함량은 52.12%로 나머지 47.88%는 포화지방산 함량이 차지하는 내용이다. 불포화지방산 중 올레인산 비중은 46.12%로 전체 불포화지방산의 88%를 구성하고 있어 올레인산의 구성이 쇠고기 맛을 결정하는 중요한 요소임을 알 수 있다.

일본 흑모화우(黑毛和牛)는 불포화지방산이 58.92로 한우보다 6.8%가 높고 올레인산은 51.66%로 한우보다 5.54% 높아 쇠고기 품질의 차이를 알 수 있는 측정 결과였다. 일반 소비자들이 느낄 수 있는 쇠고기 품질평가와 같이 앵거스 쇠고기, 호주산 쇠고기, 미국산 쇠고기, 그리고 홀스타인 젖소쇠고기 순으로 불포화지방산이 측정되었다.

4) 쇠고기 맛 연관 유전표식

쇠고기의 맛의 결정요소인 불포화지방산과 올레인산 함량은 사료의 성분에 따라 좌우되는 비중도 높지만, 이러한 맛과 연관되는 유전자연구가 국제적인 이슈로 제시되면서 일본을 비롯한 호주와 미국, 그리고 유럽에서 연구결과들이 제시되고 있다. 그러나 소의 품종에 따라 유전적 구성의 변이(變異)가 달라 여러종류의 유용한 유전자 표식들을 모든 품종에 이들의 결과를 활용하기엔 한계가 있다.

여정수 등(2012)이 한우에서 쇠고기 맛과 연관된 유전자구성을 규명한 연구결과에서 FABP-4(fatty acid binding protein-4) 유전자의 SNP(single nucleotide polymorphism)로 염기가 CC, CT, TT 유전자타입(genotype)인 소들의 능력검정에서 CC 타입을 가진 개체들의 능력이 우수하게 나타난 결과를 제시하였다.

■ 표 3-8 한우쇠고기 맛 결정요소와 연관된 유전자 검정

유전자		개체수	올레인산	단일 불포화지방산	근내지방도 (1–9)	오메가3/오메가6
FABP4	CC	80	47.1	56.5	6.43	1 : 5.4
	CT	265	44.0	53.1	5.43	1 : 9.3
	TT	168	43.5	52.7	4.95	1 : 9.9
합계/평균		513	44.3	53.5	5.43	1 : 8.6

513두 개체별 유전자형별 불포화지방산, 올레인산, 오메가 지방산, 그리고 근내지방도(육질)를 분석한 연구결과에서 유전자 타입이 CC인 그룹은,

① **단일불포화지방산**: 전체평균 보다 3.0(5.6%), 올레인산은 2.8(6.2%) 많게 나타났다.

② **근내지방도**: 쇠고기 품질의 척도인 근내지방도에서 전체 소들의 평균보다 1점이 높았고

③ **오메가산**: 오메가(omega) 3과 오메가 6 지방산의 비율에서도 1:5.4로 한국영양학회에서 권장하는 1:5~1:10의 기준에 맞는 좋은 식재료이었다.

④ **맛**: 맛을 증진시키는 불포화지방산과 고품질지표인 근내지방도를 개량할 수 있는 선발의 척도로 이러한 유전자의 활용이 이뤄질 수 있음을 제시하고 있다.

⑤ **등급과 유전자**: 한우쇠고기의 육질등급과 이러한 유전자들이 어느 정도 관여하는 지를 보여주는 결과에서 맛에 관여하는 유전자가 쇠고기등급에도 동시에 영향하고 있는 결과들을 제시하였다.

5) 맛 연관 유전자와 육질등급의 분포

가.한우 쇠고기 등급

한우쇠고기의 등급은 육량과 육질로 분류된다. 육량은 등지방두께, 등심의 면적, 그리고 도축시 체중을 고려한 산출식으로 계산하여 A, B, C로 나누고 육질은 13번 흉추와 늑골 사이의 등심에 나타나는 근내지방도에 따라 1^{++}, 1^{+}, 1, 2, 3의 5가지 등급으로 평가한다.

최종적으로는 육량과 육질을 동시에 표시하여 $A1^{++}$는 최고의 이익을 내고 C3의 경우는 최하로 판정된다. 이때 $A1^{++}$소 가격에 비해 C3 개체는 거의 40% 정도의 수익이 줄기 때문에 한우농가들은 농가수익을 높이기 위해 등급에 대한 관심과 열정이 높아 한우의 사양관리와 유전적 개량이 발전하는 크다란 요소로 작용되고 있다.

■ 표 3-9 소고기의 등급

육량등급	A B C	등지방두께, 등심단면적, 그리고 도체중을 고려한 지수
육질등급	1^{++} 1^{+} 1 2 3	근내지방도(Marbling degree)
최종평가	$A1^{++}$ $B1^{+}$ A1 C3	$A1^{++}$: 최고등급 C3 : 최저등급

나. 쇠고기 육질 연관 유전자

쇠고기 맛을 결정하는 불포화지방산의 함량에 연관되는 유전자를 이용하여 실제 농가에서 도축장에 출품된 소들의 품질등급을 조사한 결과에서 고품질 쇠고기 등급인 1^{+}와 1^{++}비율이 80%이상으로 전체 평균보다 24.3%나 높게 나타나는 결과를 보이고 있다.

■ 표 3-10 한우 쇠고기 품질등급과 연관 유전자 검정

유전자		쇠고기 등급					1^+등급 이상	합계
			1^{++}	1^+	1	2		
FABP4	CC	두수	21	43	12	4	64	80
		%	26.3	53.8	15.0	5.0	80.1	100
	CT	두수	40	103	74	48	143	265
		%	15.1	38.9	27.9	18.1	54.0	100
	TT	두수	18	61	46	43	79	168
		%	10.7	36.3	27.4	25.6	47.0	100
합계/평균		두수	79	207	132	95	286	513
		%	15.4	40.4	25.7	18.5	55.8	100

이러한 결과를 활용하는 유전자 검정은 한우의 쇠고기 품질개량에 유용하게 활용될 수 있는지 여부를 일정기간 도축장에 출하된 임의의 1,800여두의 도축한우에 적용한 결과에서도 밝혀진 FABP4유전자의 SNP CC타입의 효능이 검정되었다.

- CC 유전자타입을 가진 개체들의 고품질 등급인 1^+이상 비율이 70%가 넘어 전체 고품질 비율 52.4% 보다 약 18% 더 많이 생산을 하였다.
- TT 유전자타입의 개체집단과는 33%의 고품질 생산율이 증가된 결과를 보이고 있어 손쉽게 농가에서는 TT타입의 개체를 도태함으로서 30% 이상의 개량의 효과를 얻을 수 있다.

■ 표 3-11 일반농가 도축우의 유전자 연관 육질등급

유전자		두수	쇠고기 등급						1^+등급 이상
				1^{++}	1^+	1	2	3	
FABP4	CC	539	두수	144	233	120	37	4	377
			%	26.8	43.3	22.3	6.9	0.07	70.1
	CT	860	두수	114	300	290	114	12	414
			%	13.3	34.9	33.7	16.7	1.4	48.2
	TT	410	두수	43	109	166	85	7	152
			%	10.5	26.6	40.5	20.7	1.7	37.1
합계/평균		1,808	두수	301	642	576	266	23	943
			%	16.6	35.5	31.9	14.7	1.3	52.1

3. 한우의 생산이력체계(生産履歷体系)

세계적인 경제 흐름에 따라 국가 간 자유무역협정(FTA)이 미국과 체결되어 쇠고기 수입이 자유화 되면서 중요한 유전자원인 한우가 가지고 있는 유전적 고유성(固有性)과 쇠고기 품질의 차별성(差別性)을 유지해야 하는 당위성과 쇠고기의 둔갑판매를 차단하고 한우산업의 경쟁력을 높이는 대책이 요구되고 있다.

과학적이고 체계적인 관리가 이뤄지는 선도적인 생산농가들의 자질을 높이고, 수입 쇠고기와 차별화를 위한 둔갑판매를 차단하여, 안전한 고품질 소고기를 소비자들에게 공급하는 정책, 즉 생산에서 소비자 식탁까지(farm to table) 쇠고기이력을 추적하는 체계가 필요하게 되었다.

1) 단계별 생산이력체계

생산이력체계는 송아지를 생산하여 쇠고기로 소비될 때까지 모든 과정을 DNA분석과 컴퓨터 정보를 이용하는 생명공학(BT)과 정보공학(IT)이 접목된 생명정보공학(BIT)체계다. 이력체계를 통해 질병에 안전하고 고품질인 진짜 한우 쇠고기를 공급함으로 소비자들의 신뢰를 높일 수 있고 생산자들에게 과학적이고 체계적인 사양관리로 생산성이 향상되어 수입 쇠고기와 차별화 할 수 있는 경쟁력을 확보하고자 하는 것이다.

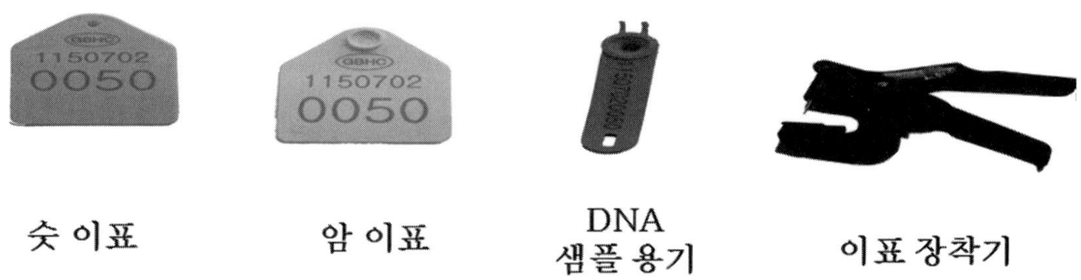

[그림 3-32] 송아지 이표의 구성품

가. 출생 단계

- 송아지 출생시에 송아지 고유의 개체표식 이표를 장착한다.
- 이표 장착시 채취된 살점인 샘플용기에서 개체별 고유한 DNA식별로
- 가계구성과 송아지 개체의 정보를 date base화 한다.

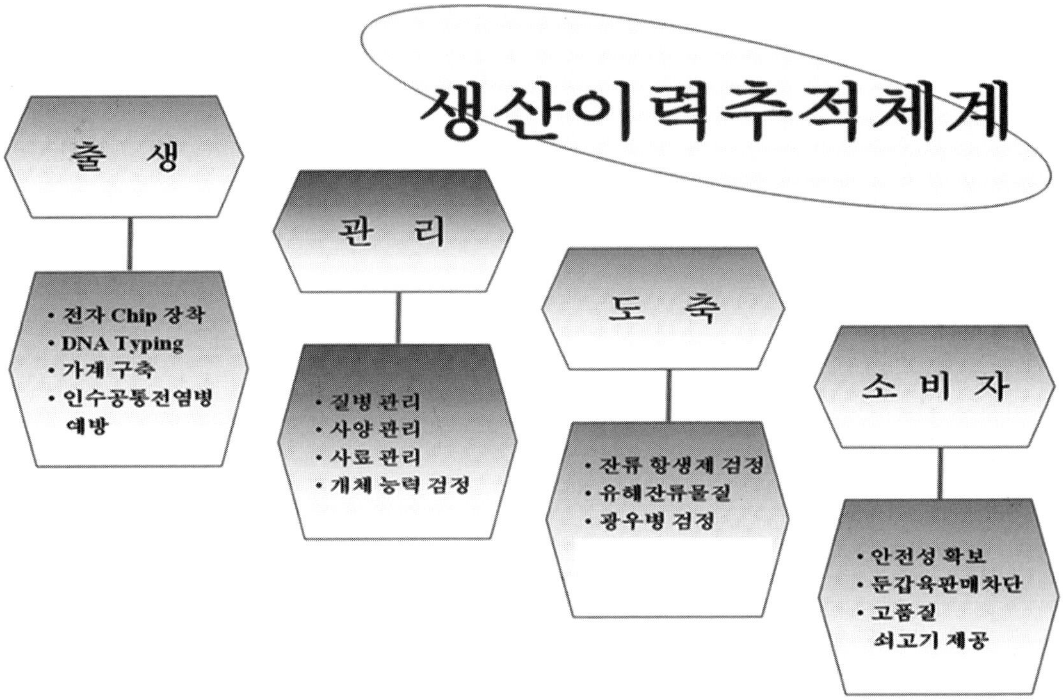

[그림 3-33] 단계별 생산이력체계

나. 사육관리 단계

- 농가단위에서 사양관리의 형태, 사료, 질병관리, 그리고 개체의 특이사항을 기록한다.
- 암컷의 수정, 임신, 분만 등에 대한 기록을 하고
- 거래로 인한 사육지 변경 시에는 기록정보도 이전한다.

다. 도축 단계

- 쇠고기의 육질과 육량등급 기록
- 인수공통질병 검사결과의 기록
- 유해 잔류물질 검사 기록을 입력 표시한다.

라. 소비자 판매 단계

- 수입육의 한우쇠고기로 둔갑판매 차단
- 고품질 등급의 확인체계
- 질병발생 유무의 확인체계를 이룰 수 있다.

2) 생산이력체계의 활용

출생 시에 모든 개체의 고유한 DNA구성을 db(data base)화하였기 때문에 한우의 사육에서 쇠고기로 식탁까지 어느 단계에서나 DNA분석을 통하여 개체의 이력을 추적할 수가 있다.

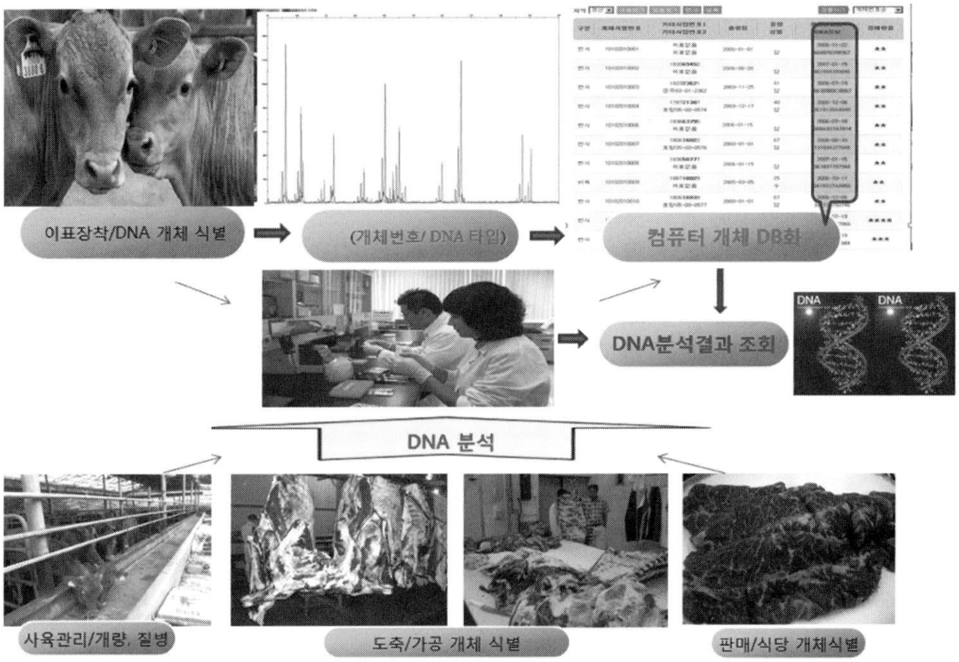

[그림 3-34] 생산이력체계의 실제과정

가. 사육과정

유전적 우량개체를 이용한 교배체계 구축이 가능하고 질병발생시 개체의 이력추적이 가능해 발병원인을 차단할 수 있으며 도난이나 개체 표식인 이표(耳標)의 부정 사용으로 파생되는 문제를 해결할 수가 있다.

나. 도축.가공단계

도축과정에서 부정확한 부분을 바로 잡을 수 있고 가공할 때 여러 부위가 뒤 섞여 있는 경우도 정확하게 재분류할 수가 있다.

다. 소비자 판매단계

소비자가 판매단계에서 의심되는 수입육의 둔갑, 품질의 속임, 질병안전성 등의 문제를 고기의 살점(1g정도)을 분석기관에 의뢰하면 이것의 DNA를 분석하여 이미 db화한 개체들의 자료를 찾아 동질성(同質性) 유무를 확인 할 수가 있고, 이를 통해 고품질 등급을 정확하게 유통할 수 있어 소비자들의 신뢰를 확보할 수가 있다.

3) 생산이력체계의 경제성

한우협회에서 제시한 통계(2015)를 보면 수입쇠고기의 3.41%(8,500여톤)가 부정유통으로 거래되고 있다.

수입소고기의 약 3%가 한우로 부정유통이 될 경우 쇠고기 가격만으로 예측한 1차 피해는 약 1,247억원에 이르고 소비자 신뢰나 부정유통의 2차 피해액을 포함한 전체 3,699억~6,498억의 피해를 추산하고 있다.

2015년도에는 실제로 1차 피해액이 1,416억 소비자 신뢰 저하로 인한 손실액이 1,227~4,020억, 중간상인들의 부정유통으로 1,396억원의 이득을 합하면 생산자와 소비자가 입는 전체피해는 4,039억~6,832억으로 추산되었다.

■ 표 3-12 쇠고기 부정유통에 의한 한우산업의 손실액(2015년 통계) (억원)

부정유통 비율	1차 피해액	2차 피해액		전체 피해액
		소비자 신뢰저하	부정유통취득이익	
3%	1,247	1,229~4,028	1,223	3,669~6,498
6%	2,476	1,221~3.969	2,518	6,205~8,963
9%	3,687	1,194~3,910	3,884	8,765~1조1,481
3.41%	1,416	1,227~4,020	1,396	4,039~6,832

4. 한우의 육종·개량

한우의 개량은 유전적으로 우량한 암컷과 수컷의 선발을 하여 이들 간 교배를 통해 우수한 자손을 생산하는 것이다. 우리나라의 한우 개량체계는 우수한 수컷은 국가가 인정하는 보증종모우(KPN)로 선발하고 이들의 정액을 농가의 암컷과 교배하는 것인데 현재 개량체계는 한우개량의 한축인 농가의 암소 선발이 이뤄져야 하는 대 전제가 취약하여 제대로 된 개량체계가 이뤄지지 못하고 있다.

[그림 3-35] 한우의 개량체계

1) 친자감별

한우 개량을 위해 농가의 몫인 우수한 암수를 선발하는 것 못지않게 중요한 것이 부모와 자식 간의 가계(家系, pedigree)를 정확하게 알아야만 유전분석과 개량기술이 적용될 수 있어 암소를 사육하는 농가의 역할이 한우산업의 중요한 역할을 한다고 할 수 있다.

이 때문에 자식은 어미와 아비의 유전자만을 전달 받는 유전적 원리로 DNA분석을 통한 친자감별(親子鑑別)로 가계를 확인할 수가 있다. 그림에서 부와 모의 유전자구성이 자식에게 전달되는 가계의 유전자분석결과 D1과 S1은 부와 모의 유전자만을 가지고 있어 친자식임이 확인되고 D2는 어미가 가지는 유전자는 받았지만 아비는 다르기 때문에 친자가 아님이 확인되었으며 S2는 부와 모의 유전자가 없어 다른 부모의 자식임을 확인할 수 있다.

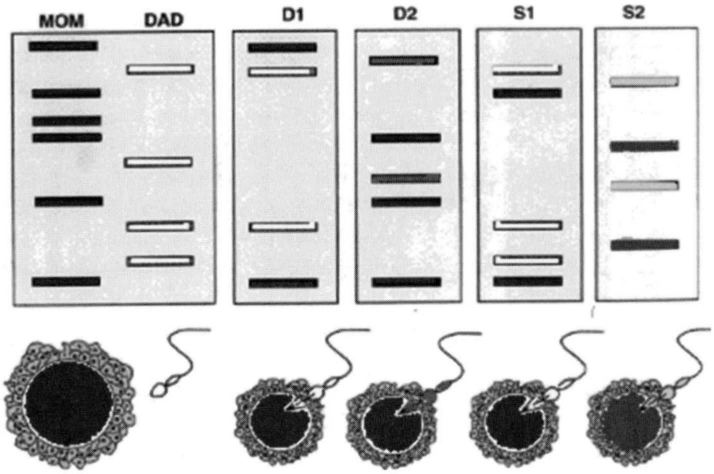

[그림 3-36] DNA분석을 통한 친자의 확인

2) DNA표식의 효율성

DNA표식을 이용한 선발을 MAS(DNA marker assisted selection)라 하는데 이는 어떤 특정 형질과 연관된 DNA표식의 유무로서 개체를 선발하는 것으로 매우 정확하고 손쉽게 이뤄질 수 있는 개량의 수단이다.

■ 표 3-13 DNA표식의 효율성

항 목	생명공학적 기술	통계 · 확률적 분석
실험재료	분석재료채취의 용이성 (혈액, 조직, 털, 생식세포 등)	수년간 계획사육과 능력측정
대상가축 관리	년령과 성(sex)의 무관	생산수명의 종료시 까지
수컷 경제형질	수컷에 나타나지 않는 형질(유량, 송아지번 등)식도 분석	수년간 후대검정
결과의 분석	유전자 유무로 단순함과 정확성	방대한 자료의 분석
결과의 활용	DNA확인으로 간편함	수년간 사육과 능력검정

상업적으로 가장 효율성을 인정받고 있는 호주(Australia)에서 마블링에 관계되는 3종류 유전자(TGS22, TGS22, TGS33) 중 TGS 33를 통해 선발한 소들의 등급은 고품질인 MS5와 MS4의 비율이 2배 높은 결과를 보이고 있는 반면에 최하등급인 MS1의 비율은 0으로 나타나고 있다.

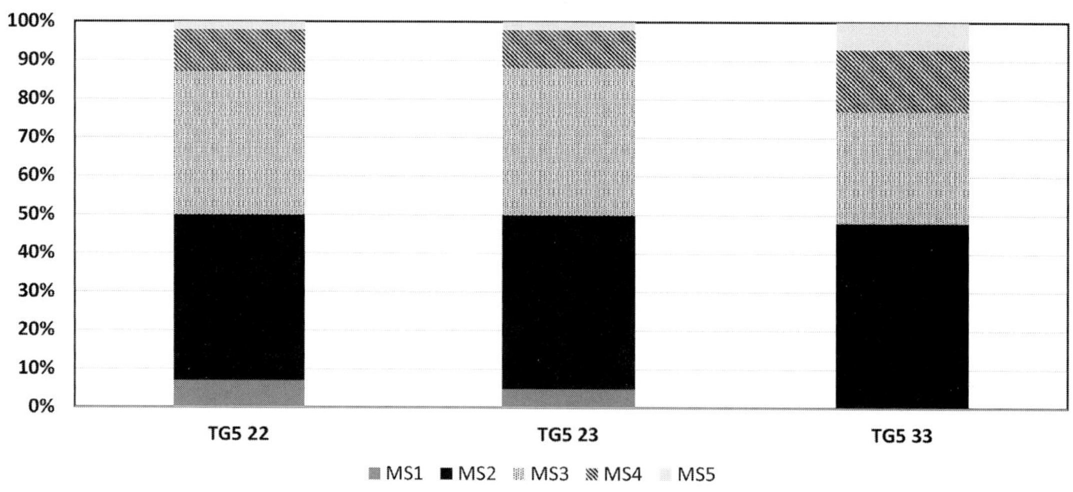

[그림 3-37] 호주의 축우 DNA표식의 활용

3) 한우의 경제형질 연관 유전자의 확보

가. 유전자 은행(Gene bank)를 활용한 SNP 마커의 검색

한우의 경제형질에 연관된 SNP 마커 발굴은 유전자은행(gene bank)을 이용한 Cattle QTLdb와 BcSNPdb를 활용한다.

예로 대상형질이 marbling일 경우 먼저 Cattle QTLdb에서 marbling에 관련된 QTL의 위치를 확인 후, 확인된 QTL의 위치를 BcSNPdb에 적용하여 후보 SNPs를 탐색한다. 단백질의 변이가 있는 non-synonymous SNPs에 대한 primer를 제작하여 축우개체들에 적용하여 연관성이 높은 후보 SNPs에 대해서 경제형질(marbling, backfat thickness)에 대한 SNP 마커로서 활용가치를 검정하게 된다.

나. SNP marker의 검증

실제 한우의 근내지방도(marbling)와 연관된 DNA 마커를 발굴하는 연구과정(김대현 등, 2008)을 요약하면 다음과 같다.

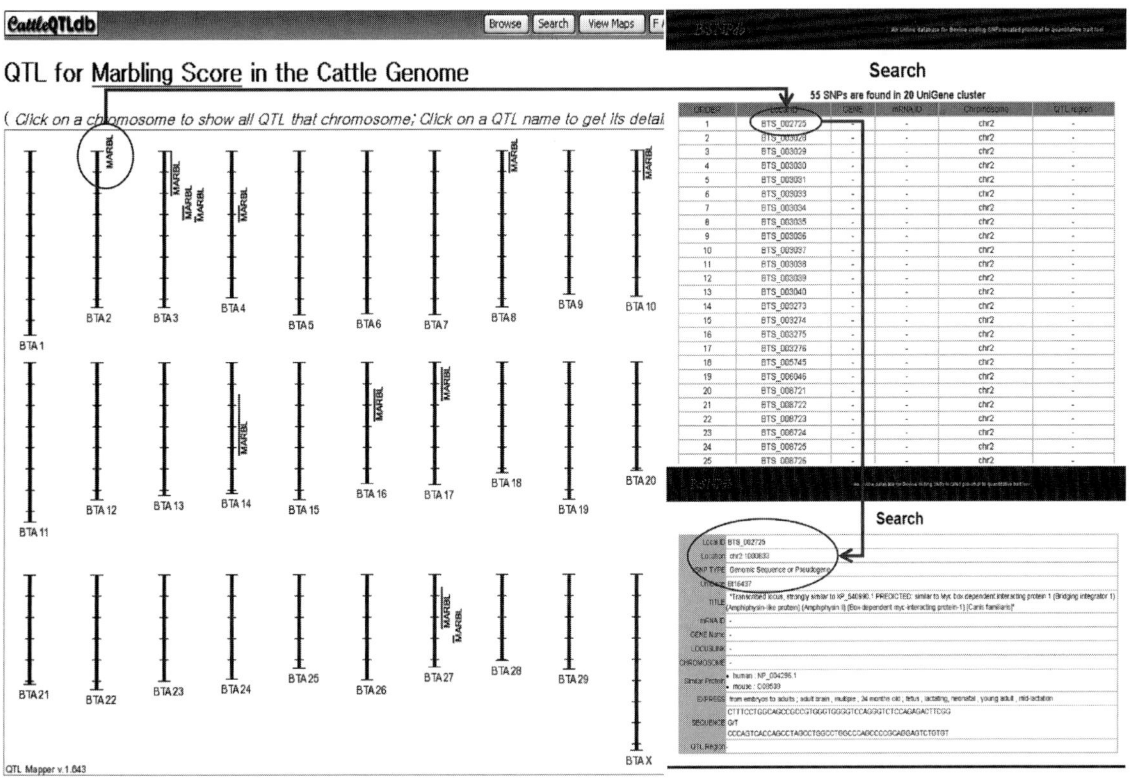

[그림 3-38] 유전자은행(gene bank)을 이용한 Cattle QTLdb와 BcSNPdb 활용

① 제1단계로 Cattle QTLdb와 BcSNPdb를 이용하여 총 3605개의 후보 SNPs를 발굴하였으며 이중 에서도 347개의 non-synonymous SNPs를 초점을 맞추었다.

② 347개의 non-synonymous SNPs에 대해서 UCSC genome browser를 통한 염기서열을 비교한 다음 245개의 후보 SNPs에 대한 primer design과 PCR product를 전기영동 함으로써 unique한 160개의 후보 SNPs를 선정 할 수 있었다.

③ 160개의 후보 SNPs에 대한 다형현상(polymorphism) 확인을 위해 한우 20두를 적용하였으며 그 결과 20개의 후보 SNPs에서 다형현상을 확인 할 수 있었고, 이들에 high 와 low group(100두)을 적용한 결과 각 type별로 최소 20%이상 차이가 나는 6개의 후보 SNPs를 발굴하였다.

④ 밝혀진 6개의 후보 SNPs에 후대검정우 집단(476두)을 적용한 결과 3종류의 후보 SNPs 에서는 근내지방도(marbling score)에서 유의적인 결과가 나타났고, 한 종류의 후보 SNP 에서는 등지방 두께(backfat thickness)에서 유의적인 결과가 나타났다.

⑤ 농가 실제 검증을 위하여 경북한우클러스터 사업단에 소속된 한우(200두)에 적용한 결과 한 종류의 후보 SNPs에서는 근내지방도(marbling score)에서 유의적인 결과가 나타났고, 또 다른 1개의 후보 SNP에서는 등지방 두께(backfat thickness)에서 유의적인 결과가 나타났다.

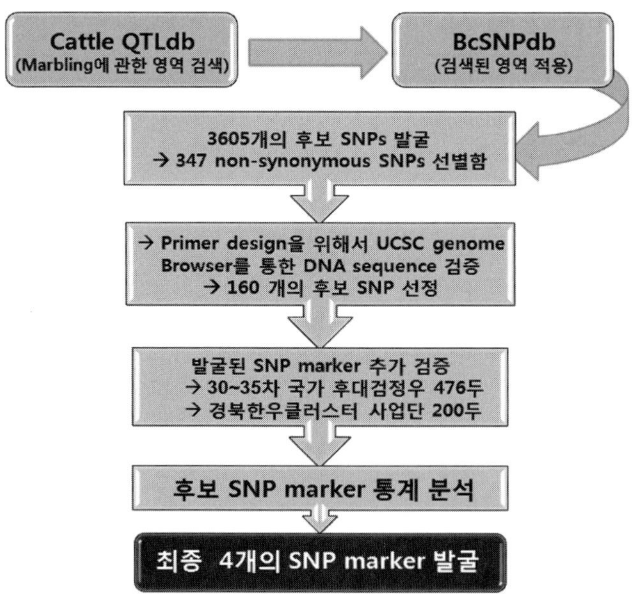

[그림 3-39] 한우의 경제형질에 연관된 SNP 표식 검증 모식도

⑥ 최종적으로 발굴되어진 두 종류의 후보 SNPs는 유전적 MAS(marker assisted selection)로서 가치가 있다고 판단되며 한우의 경제형질에 연관된 SNP 마커로서의 활용가치를 판단할 수 있다.

5. 한우 고유 DNA chip개발

1) DNA library 제작

유전자 기능을 가지고 있는 게놈(genome) 내의 엑손(exon) 부분 염기만을 분리하여 PCR(polymerase chain reaction)을 이용해 증폭하고 최종적으로 품질 검증이 완료된 거친 엑손 라이브러리는 qPCR을 통해 염기서열 분석을 수행한 후 DNA library 제작을 한다.

2) 한우 유전체 내 엑손 영역의 유전변이 발굴

Oh 등 (2017)이 수행했던 한우에서 DNA chip개발과정은 먼저 한우 근내지방도 성적이 높은 집단(High marbling)과 낮은 집단(Low marbling) 개체들에서 발굴된 SNPs를 분류하여 두 그룹 간 유전자형 출현 빈도를 분석하고, 염색체상 위치, 유전자 영역, 형질연관 관계를 정밀하게 분석하였다.

가. 성적이 높은집단(High marbling)과 낮은집단(Low marbling)간 SNPs 비교 분석

검출된 각 한우 개체별 SNPs 가운데 성적이 높은 집단(High marbling)과 낮은 집단(Low marbling)간 고도의 유의적 차별성이 $p<0.01$로 나타난 SNPs만 선별하였다.

나. 한우의 특이 SNPs

성적이 높은 집단(High marbling)과 낮은 집단(Low marbling)간 유의적 차이가 나타난 SNPs 가운데 coding exons 영역 내에 존재하는 SNP를 검출하여 기존 bosBtau6 reference 데이터에 아직 등록되지 않은 unknown SNPs들을 한우 특이적인 SNPs로 분류하여 분석되었다.

다. 근내지방도 연관 특이 SNPs

한우에서 근내지방도가 높은 집단(High marbling)과 낮은 집단(Low marbling)간 극명한 대립유전자(allele) 및 유전자형 빈도(genotype frequency) 차이를 나타내는 specific SNPs를 발굴하였다.

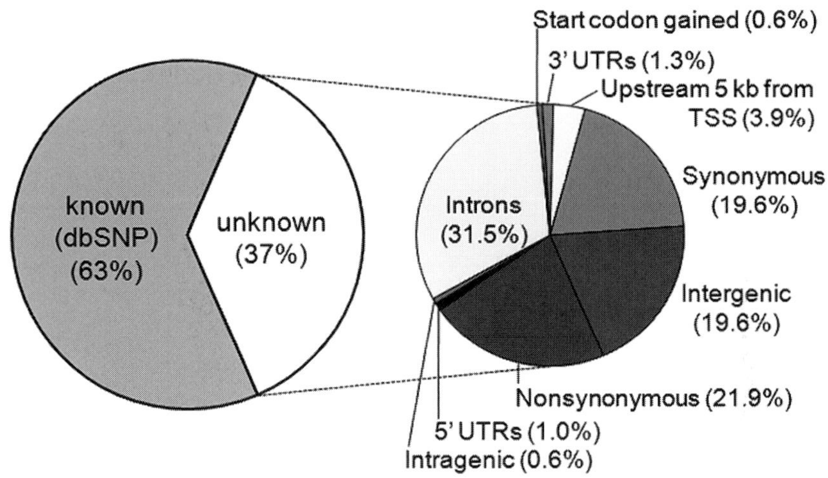

[그림 3-40] 한우에서 밝혀진(known) 것과 발혀지지 않은(unkonwn) SNPs

라. 육질 관련 QTL 영역에 포함되어 있는 SNPs 분석

선별된 SNPs 가운데 육질 관련 QTL(quantitative trait locus, 양적 형질유전자좌위) 영역에 포함되어 있는 SNPs 선별 결과 축우의 29쌍의 상염색체와 성염색체(X와 Y) 중에서 marbling

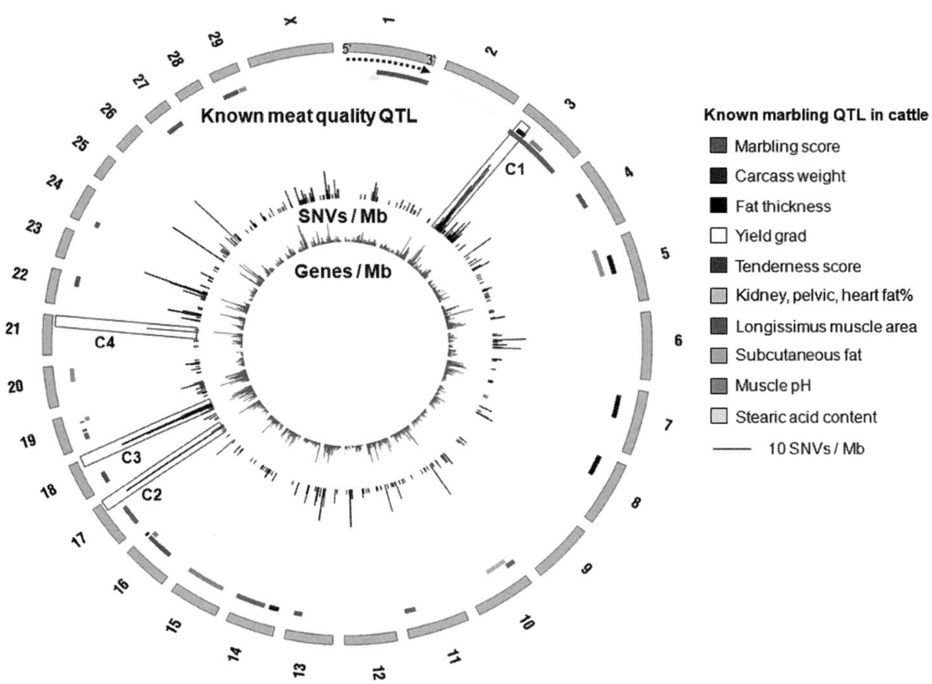

[그림 3-41] 한우의 육질 관련 QTL 영역에 포함되어 있는 SNPs

score는 소 염색체(BTA, Bos Taurus Autosome) 3, 14, 17, 27에 carcass weight(도체중)은 1, 16, 18, 29번에, fat thickness(등지방 두께)는 3, 5, 7, 8번 염색체에 주로 분포된 것으로 분석되었다. 그 외 다른 형질에 관여한 SNP분포도 아래 그림에서 제시하고 있다.

Ⅶ 현재의 한우산업

1. 한우산업 현황

1) 사육현황

2017년 말 현재 한우사육은 9만3천여 농가에서 2,769천두를 사육하고 있다. 2015년에 비해 사육농가는 4천여 농가가 늘었고 사육두수는 20여 만두 증가하였다. 그리고 2015년도에 비해 전업농가(50두 이상) 비율이 증가하고 한우사육 농가는 계속적인 감소추세에서 사육두수는 증

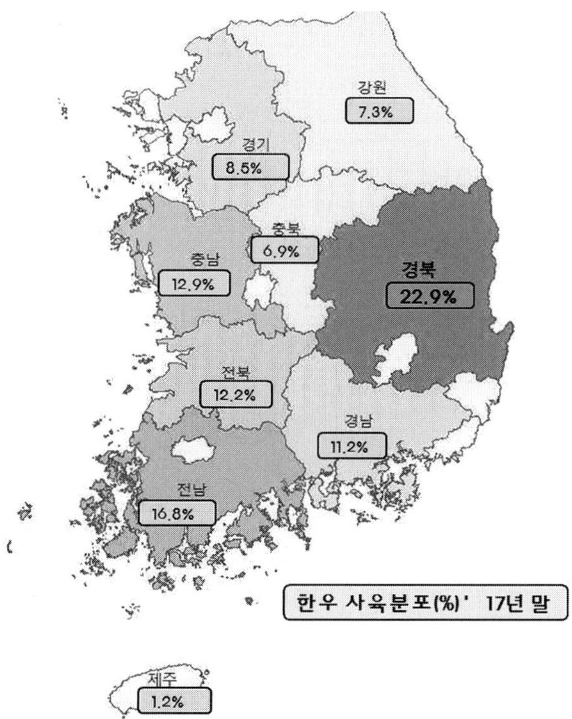

[그림 3-42] 한우의 사육 분포

가하고 있는 통계를 보였다.

지역별 사육 분포는 경상북도(22.9%), 전라남도(16.8%), 충청남도(12.9%), 전라북도(12.2%) 순으로 경상북도가 한우의 웅도(雄道)로서 월등히 높은 분포이다.

■ 표 3-14 한우의 사육현황

		20두 미만	20~50	50~100	100두 이상	합 계
2015	농가수(천호)	57.8	18.0	8.1	5.6	89.4
	두 수(천두)	391	578	592	1,085	2,561
2017	농가수(천호)	57.4	20.1	9.8	5.9	93.2
	두 수(천두)	394.0	637.3	680.4	1,058	2,769

2) 한우농가 소득

비육우 사육농가의 출하시 체중이 600kg으로 도체중이 평균 358.2kg일 때 농가소득은, 쇠고기 등급에 따른 조수입은 마리 당 최상(1^{++})과 최하(3등급)의 차이는 297만원 이었고 이때 순소득은 저급육인 2와 3등급의 경우엔 손해를 보고 한우 사육을 하고 있음을 알 수가 있다. 결국 농가의 소득은 육질의 등급에 따라 좌우되는 구조이다. 자가 노임을 포함한 조소득의 경우도 3등급인 최하를 받을 경우 무조건 손실경영을 면할 수 없다.

■ 표 3-15 비육우(600kg) 육질등급과 소득(2016)

구 분	1^{++}	1^{+}	1	2	3
경락가격(원/kg)	21,737	19,585	18,325	15,835	13,446
도 체 중 : 평균 358.2 kg					
조수입(천원/두)	7,786	7,015	6,564	5,672	4,816
총 경영비 : 평균 5,527,000원(통계청)					
순소득(천원/두)	1,531	760	308	584	1,440
자가 노임 : 평균 729,000원					
조소득(천원/두)	2,660	1,489	1,037	145	711

3) 한우개량 방향

한우산업에서 가장 중요한 요소는 FTA와 같은 국제화 시대에 한우가 국제경쟁력을 갖추기 위해 현재 한우산업의 강점과 약점, 기회와 불안요인을 분석하고 개량의 방향과 목적을 설정하는 것이 필요하다.

■ 표 3-16 한우산업의 현황분석, SWOT

강점요인(Strong Factor)	약점요인(Weak Factor)
• 품질의 차별 • 민족산업으로 사회적 관심 • 소비자 선호	• 둔갑판매 • 국제경쟁력 취약 • 쇠고기 판매가격
기회요인(Opportunity Factor)	**불안요인(Threat Factor)**
• 고품질 차별화(국제경쟁력/수출) • 생산비 절감(기술, 관리의 효율성) • 소비자 신뢰(생산이력, 질병안전성)	• 쇠고기 지방(마블링) • 사료가격(생산비 증대) • 사회인식(청탁금지법, 친환경)

한우산업의 SWOT을 요약하면 다음과 같다.

한우산업의 강점은 고유한 유전자원으로 우리 소비자 기호에 맞는 품질을 가지고 있으나 시장에서 수입쇠고기의 둔갑판매나 높은 한우가격으로 인해 경쟁력이 떨어지는 약점이 있다.

또한 고급육 마블링의 지방문제와 사회적인 환경의 변화 그리고 수입에 의존하는 곡물사료 가격에 대한 불안감이 있지만, 수입쇠고기와 차별화되는 고품질 한우쇠고기 생산으로 국내 소비자들의 신뢰를 받는 안전성과 생산비 절감은 물론 더 나아가 수출품목으로 국제경쟁력을 높이는 기회를 갖출 수 있다.

4) 쇠고기 자급과 수출입 현황

2017년도의 우리나라 쇠고기 소비량은 58만 3천톤으로 국내생산량은 23만 9천톤으로 41.0%밖에 되지 못하여 나머지 59%는 수입 쇠고기로 충당하였다. 향후 전망치에서 볼 때 쇠고기 자급율은 40%를 유지하고 국민 1인당 쇠고기 소비량은 증가와 쇠고기 가격 또한 증가하는 것으로 예상되고 있다.

■ 표 3-17 쇠고기 자급율과 소비

	2016	2017		전 망 치		
		실 제	전망치	2018	2022	2027
국내쇠고기 생산(천톤)	219	239	238	238	258	275
쇠고기 수입(천톤)	362	344	325	325	384	440
쇠고기 소비량 합계(천톤)	581	583	563	563	642	715
쇠고기 자급율(%)	37.7	41.0	42.3	42.3	40.2	38.5
1인당 소비(kg)	11.5	11.5	11.1	11.1	12.4	13.6
한우쇠고기 도매가(원/kg)	18,141	16,719	16,917	16.917	18,135	18,835

2017년 말 현재 쇠고기 34만 4천톤의 수입은 호주에서 43.6%, 미국에서 48.9%, 그리고 뉴질랜드에서 5.1%로 호주와 미국 쇠고기가 수입육의 91.5%를 차지하고 있다.

■ 표 3-18 한국의 쇠고기 수입 (천ton)

구분		2013	2014	2015	2016	2017
수입국	호 주	143(55.6%)	151(53.7%)	164(55.0%)	178(49.2%)	150(43.6%)
	뉴질랜드	22(8.6%)	22(7.7%)	18(6.0%)	20(5.5%)	17.7(5.1%)
	미 국	89(34.8%)	105(37.3%)	113(38.0%)	153(42.3%)	18.5(48.9%)
	멕시코	0.1	0.1	0.2	1.4	
	기 타	0.7	0.9	2.4	9.2	3.7
합 계		256	281	298	362	344.3

최근의 수입 쇠고기 추세는 미국이 계속 상승 비율이고 호주는 감소하는 추세를 알 수가 있다.

5) 국가의 한우산업정책

가. 한우산업의 정책방향

우리나라 한우산업의 특징은 소비자들의 욕구에 맞춰 근내지방도가 높은 고품질 쇠고기의 생산에 주력하는 사육으로 비육기간이 길어지고 당연히 생산비가 증가하는 장기 비육체계이다. 따라서 근내지방도가 높은 쇠고기기는 긴 사육월령(32개월 이상)을 통해서 이뤄지는 사육이 농가들의 일반적 사육패턴이다.

그러나 수입산 쇠고기의 공격적 가격경쟁이나 젊은 소비층의 저지방 열풍으로 정부정책과 연구의 관심은 사육기간을 줄이고 고품질 한우쇠고기를 생산하는 것에 맞춰져 있다. 30개월 이상의 비육기간을 27개월로 단축하여 불가식(不可食) 지방량을 줄여 고기량을 늘이고 쇠고기 생산비를 낮추는 것에 중점을 두게 되었다. 그러나 이러한 방향은 당장 한우의 경쟁력 지표인 높은 마블링(근내지방도)의 감소와 비육기간 단축으로 쇠고기의 품질이 떨어져 소비자들의 기호가 낮아지고 수입쇠고기와 차별화와 경쟁력이 약해지는 문제를 앉고 있다.

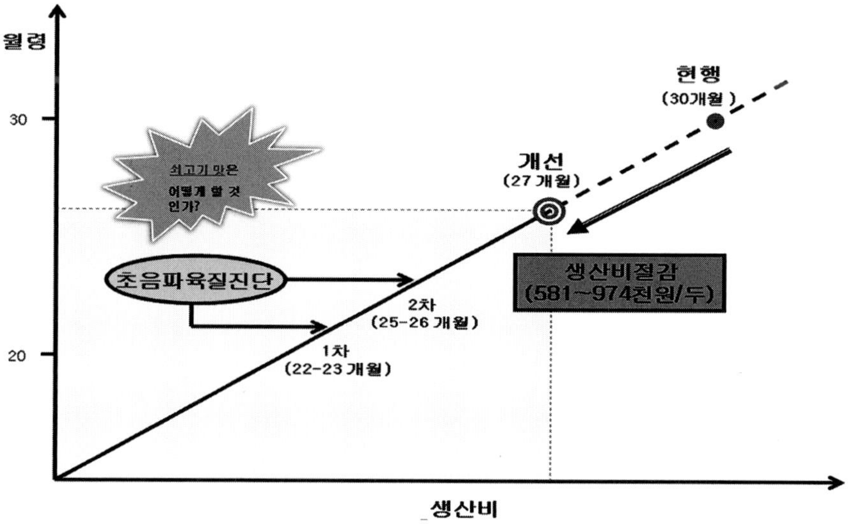

[그림 3-43] 사육기간 단축과 생산비 절감

나. 한우산업의 지표

국가가 예상하는 한우산업의 미래예측은 2024년에 86만 농가에서 277만두를 사육하여 39만 ha에서 조사료를 생산하는 것으로 생산관련 지표를 제시하였다. 이때 한우산업의 경쟁력은 출하월령을 28개월로 줄여도 도체중은 현행대로 유지하면서 번식률이 10년간 5%이상 개량되며 1등급 이상 고급육 출현율이 약간 증대하면서 육량지수 C등급 출현률이 6.4% 감소하는 불가식 지방 감소와 능력개량의 지표를 볼 수가 있다.

■ 표 3-19 미래의 한우산업

구 분	2014	2019	2024
⊙ 생산(사육) 관련지표			
사육두수(천두)	2,810	2,647	2,769
농가호수(천호)	124	105	86
조사료 재배면적(천ha)	298	370	390
⊙ 경쟁력 지표			
도체중(kg/마리)	420	420	420
번식률(%)	71.1	72.9	76.5
1등급 이상 출현률(%)	83.7	84.0	85.0
C등급 출현률(%)	26.4	25.3	20.0
출하월령(개월)	31.5	30.0	28.0

2. KPN 종모우 선발과 개량체계

1) 종모우 선발

한우의 개량은 아비와 어미의 우수한 유전능력의 반(1/2)을 자식에 유전하는 기전에 따라 아비(KPN종모우)의 정액을 전체 한우 암컷에 인공수정하여 우수한 후대 송아지를 생산하는 개량체계로 국가에서 공인된 우수종모우(KPN)의 개량과 선발은 한우산업의 능력개량에 절대적 가치를 가지고 있다.

국가의 KPN(korean proved number)종모우 생산 과정은 다음과 같은 과정으로 선발된다.

- 육종농가에서 기록에 근거한 유전적 자질이 우량한 암.수에서 송아지 생산

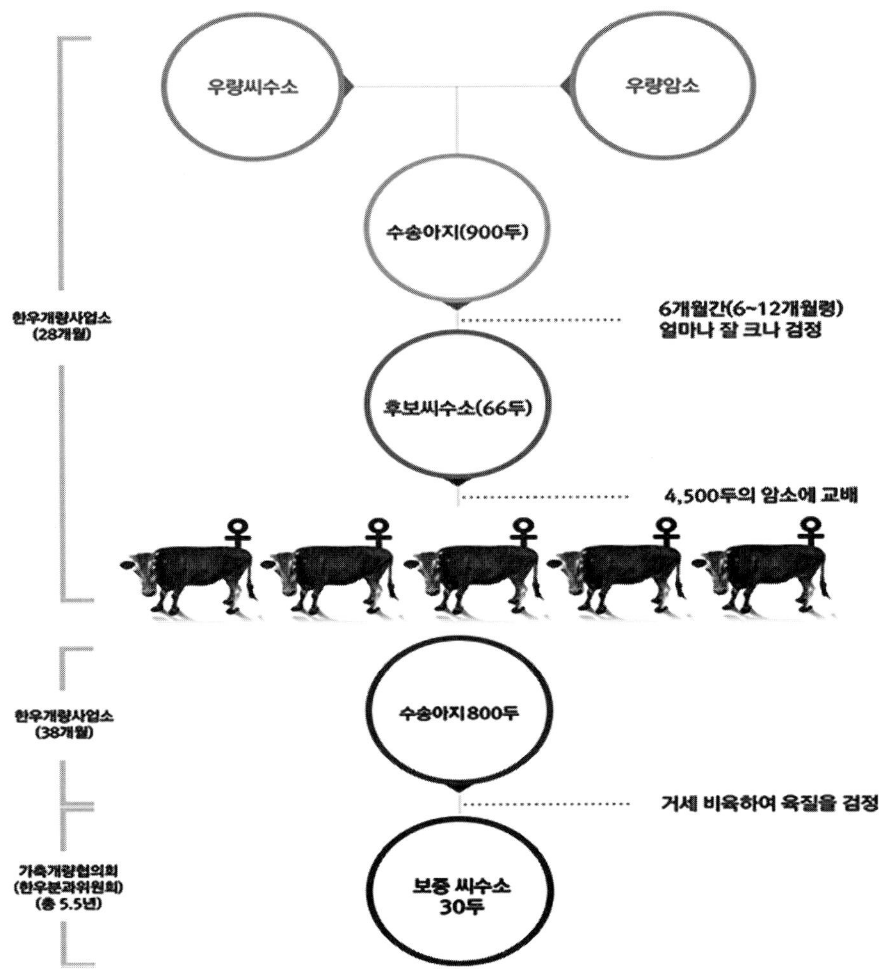

[그림 3-44] 한우 씨수소(KPN) 선발체계 (출처: 농협 한우개량본부)

- 생산된 수송아지 900두를 6개월(6개월-12개월령) 간 검정으로
- 후보씨수소 66두를 선발하고
- 이들이 4,500두의 암컷과 교배를 통해 태어난 송아지 중에서
- 수송아지 800두를 거세 비육하여 도축한 결과의 분석으로
- 이들 자손의 능력검정에 근거한 후보씨수소 30두를 보증씨수소(KPN)로 선정하여 이들의 정액을 농가에 보급한다.

선발된 종모우(KPN)들은 개체의 사진과 냉도체중, 배최장근단면적, 그리고 근내지방도에 대한 유전능력과 신뢰도를 제시하여 농가별 개량방향에 따른 종모우 정액을 선택할 수 있다.

종모우의 일련번호, 산지, 생년월일, 그리고 부모, 조부모, 외조부모의 혈통내역이 제시되어 근친도를 줄이는 정보를 제공한다.

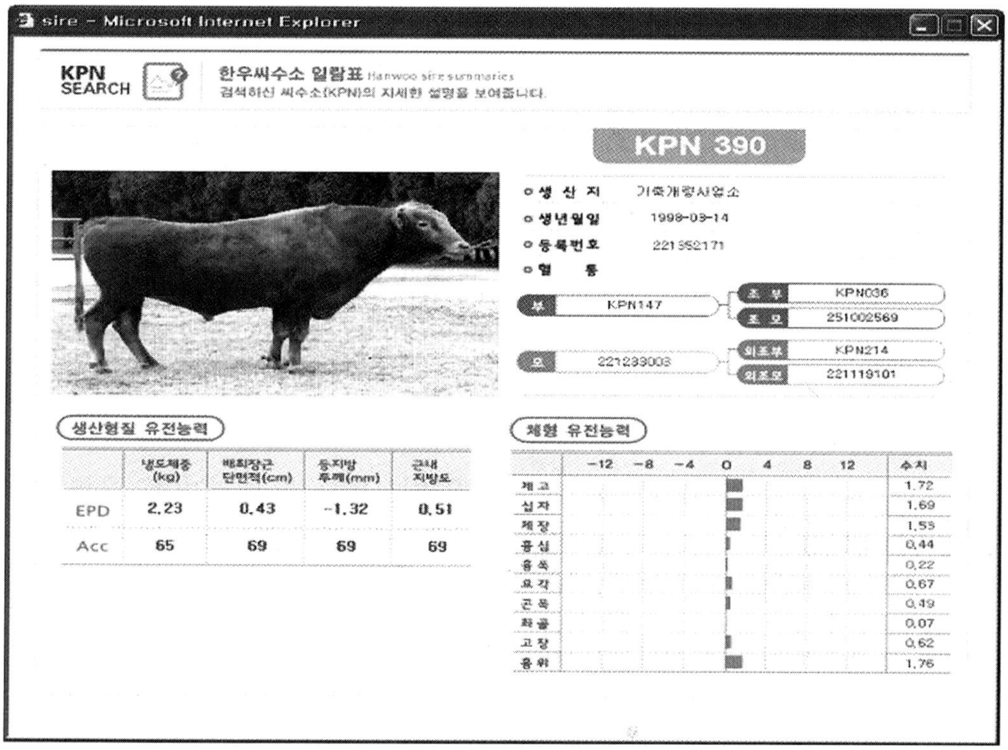

[그림 3-45] 종모우(KPN) 일람표 예시 (출처: 농협 한우개량본부)

2) 암소개량체계

한우의 유전적 개량은 수컷(KPN)과 더불어 암컷의 유전적 자질을 평가하고 우수한 암컷을

선발하는 것이 완전한 개량의 목표를 이루기 위해 중요한 몫이다.

현재 국가에서는 모든 송아지들의 출생과 동시에 어미와 아비의 혈통을 의무적으로 등록하여 고유한 개체번호를 부여 받는다. 그리고 암소들의 경우 혈통을 통해 개체의 육종가를 추정하여 성장형질인 12개월 체중과 도체형질인 도체중, 등심단면적, 등지방두께, 그리고 근내지방도의 육종가를 제공하고 있다. 이때 형질별 육종가의 수치는 상대적 비율에 따라 A,B,C로 정리하고 있어 이러한 육종가(育種價, breeding value)를 통해 부모로서 유전적 가치와 태어날 송아지들의 능력을 예견하는 개량을 추구하는 기초자료가 된다.

그러나 송아지의 출생 시 개체등록이 올바르지 못한 경우에는 이러한 육종가의 추정은 엉뚱한 결과를 초래할 수 있기 때문에 개체별 DNA 유전자분석방법으로 친자의 확인과 경제형질과 연관되는 유전자(DNA)의 확인으로 능력을 평가하여 더욱 정확한 검정의 효율성을 높일 수 있다.

결론적으로 육종가 평가를 유전자분석 결과와 비교하여 혈통오류와 육종가 추정치가 맞지 않는 개체들을 판정할 경우, 보다 확실한 개체별 유전평가를 도출할 수 있어 농가단위에서 개량이 손쉽게 이뤄질 것으로 예상된다.

■ 표 3-20 농장 암소 개체들의 유전능력평가

순번	암소 개체번호	**혈통을 통한** 암소의 **육종가(EBV)** 추정치					DNA(유전자) 분석결과	판정
		성장형질	도체형질					
		12개월 체중	도체중	등심단면적	등지방두께	근내지방도		
1	KOR-002-300523179	8.18 (A)	1.22 (C)	0.88 (B)	-0.91 (B)	0.26 (B)	A	
2	KOR-002-300512390	11.04 (A)	6.2 (B)	2.66 (B)	-0.97 (A)	0.52 (B)	B	
3	KOR-002-079441523	11.33 (A)	9.65 (A)	1.56 (B)	-1.9 (A)	0.76 (A)	A	우수판정
4*	KOR-002-079441540	6.13 (B)	7.93 (B)	1.64 (B)	-0.95 (A)	1.25 (A)	C	추정오류
5	KOR-002-079443981	10.87 (A)	9.47 (B)	4.97 (A)	-1.02 (A)	0.97 (A)	B	
6	KOR-002-079448223	26.22 (A)	20.07 (A)	6.33 (A)	-0.48 (B)	0.05 (C)	C	
7	KOR-002-081874069	7.19 (B)	6.02 (B)	1.27 (B)	-1.1 (A)	0.58 (B)	B	
8	KOR-002-079440715	4.72 (B)	-1.37 (C)	0.89 (B)	-0.56 (B)	1.34 (A)	B	
9	KOR-002-079440292	20.18 (A)	13.57 (A)	2.16 (B)	-0.57 (B)	0.34 (B)	B	
10*	KOR-002-079440348	3.54 (C)	1.72 (C)	0.13 (C)	-1.1 (A)	0.88 (A)	C	추정오류
11	KOR-002-079446980	18.56 (A)	12.93 (A)	4.53 (A)	-1.12 (A)	1.02 (A)	A	우수판정
12	KOR-002-079443625	3.69 (B)	1.74 (B)	-0.1 (C)	-1.09 (A)	0.61 (A)	B	
13	KOR-002-079443471	10.21 (A)	6.88 (B)	1.9 (B)	-1.69 (A)	1.1 (A)	B	
14	KOR-002-079443463	7.45 (B)	6.82 (B)	2.02 (B)	-1.28 (A)	1.08 (A)	A	
15	KOR-002-079450010	3.69 (B)	1.74 (B)	-0.1 (C)	-1.09 (A)	0.61 (A)	B	
16	KOR-002-079451422	8.94 (B)	4.1 (B)	1.16 (B)	-0.69 (B)	0.8 (A)	A	
17*	KOR-002-079451262	6.57 (B)	-0.27 (C)	0.09 (C)	-1.26 (A)	0.82 (A)	D	추정오류

3) 인공수정과 개량체계

유전적으로 우수한 송아지 생산은 국가가 검정한 KPN 종모우와 농가에서 선발된 암컷의 교배에서 생산되는 것이다. 앞서 설명한 보증씨수소(KPN)와 육종가와 유전자분석을 통한 우수한 자질을 가진 개체들과의 수정은 가장 이상적인 개량의 결과를 얻을 수 있다.

나아가 우수한 유전자질의 암수에서 얻어진 수정란을 활용한 대량 우량 밑소의 생산체계도 앞서가는 농가에서 수행되고 있다.

[그림 3-46] 유전능력평가를 통한 고능력 후대생산

3. 수입개방과 품질차별화

1) FTA 경과

현재 우리나라와 진행되는 자유무역협정(FTA) 대상국들 중 쇠고기산업의 경쟁구도를 가진 주된 나라는 미국과 호주이다.

- 2026년 관세율이 0%가 되는 미국산 쇠고기의 경우 수입단가는 환율에 따른 차이가 있겠지만 2016년에 비해 1.5$/kg, 그리고 도매 판매원가는 200원/kg 정도 상승할 것으로 전망하고 있다.
- 호주의 경우도 2026년에 수입단가는 1.46$/kg, 도매 판매원가는 235원/kg 정도 상승할 것으로 전망되어 미국산 쇠고기 보다는 싸게 수입될 것으로 예상된다.

■ 표 3-21 관세율과 수입쇠고기 가격

	2016		전 망		
			2017	2021	2026
환율(원/$)	1,159		1,161	1,167	1,174
수입단가 ($/kg)	미 국	6.19	6.21	6.90	7.72
	호 주	5.48	5.50	6.11	6.84
관세율(%)	미 국	26.7	24.0	13.3	0.0
	호 주	32.0	29.3	18.7	5.3
도매원가 (원/kg)	미 국	9,795	9,670	9,926	9,971
	호 주	9,012	8,903	9,169	9,257

2) 고품질 차별화

쇠고기의 국제경쟁력은 품질(品質)과 가격(價格)이 중요한 요소라 할 수 있고 한우의 경쟁력은 우리나라 소비자 기호에 맞는 고품질 쇠고기 생산일 것이다.

여정수등(2012)은 쇠고기의 맛을 결정하는 객관적 척도인 불포화지방산(MUFA, mono-unsaturated fatty acid) 함량과 불포화지방산의 대부분을 차지하는 올레인산(oleic acid)의 구성비를 품종별 등급평가부위인 등심에서 분석한 결과들에서 품종간 차이를 제시하였다.

한우는 국내산 육우나 수입산 쇠고기기에 비해 올레인산과 단일불포화지방산 함량이 높았다. 한우에서도 거세우와 암소는 올레인산의 함량은 차이가 없이 비슷한 품질인 것으로 분석되었으나 비거세우 수컷의 불포화지방산 구성과는 큰 차이를 보였다. 이러한 분석치는 전술한 표 3-22의 불포화지방산 결과와 비슷한 경향으로 앞으로 쇠고기의 품질과 맛을 개량하고 평가하는 척도임을 알 수가 있다.

■ 표 3-22 품종별 쇠고기의 불포화지방산 함량

품 종		불포화지방산	
		올레인산	단일불포화지방산
한 우	거세우	44.30	53.50
	암소	44.67	51.90
	비거세우	42.42	49.08
국내산 육우		41.49	47.78
수입산	미국	41.03	47.32
	호주	36.77	42.37

3) 한 · 미 · 일 근내지방도(BMS, bovine marbling score)

근내지방 함량(%)과 쇠고기 등급기준을 한(韓) • 미(美) • 일(日) 간 비교한 자료에서 국가 간 지표의 차이를 확인할 수 있다.

한우는 최고급 1^{++}에서 최하 3등급으로 나눠지고, 일본은 최고 5등급 1에서 1등급 순으로 품질을 평가하며, 미국은 prime, choice, select의 쇠고기 등급과 육량은 수율등급의 수치에 따라 5등급으로 분류된다.

〈국가 간 쇠고기 등급평가 비교〉

- 일본의 3등급은 한국의 최고품질인 1^{++}과 1^{+}과 같은 수준이고
- 한국의 1등급은 미국쇠고기 최고급인 prime과 같은 지방산 분포였다.
- 일본의 최하 등급인 1등급은 한국의 1,2등급과 미국의 전체 등급이 포함되는 수치였다.
- 일본과 한국의 근내지방도 중심의 개량의 결과와 고기의 연도(tenderness)에 강점을 둔 미국의 평가기준 차이로 나타나는 결과이기도 하다.

■ 표 3-23 한 · 미 · 일 쇠고기 등급과 근내지방도(BMS) 비교

<table>
<tr><th colspan="3">일 본</th><th colspan="3">한 국</th><th colspan="3">미 국</th></tr>
<tr><th>등급</th><th>BMS</th><th>지방(%)</th><th>등급</th><th>BMS</th><th>지방(%)</th><th>등급</th><th>BMS</th><th>지방(%)</th></tr>
<tr><td rowspan="5">5</td><td>12</td><td>44.9</td><td rowspan="8"></td><td rowspan="8"></td><td rowspan="8"></td><td rowspan="12"></td><td rowspan="12"></td><td rowspan="12"></td></tr>
<tr><td>11</td><td>41.7</td></tr>
<tr><td>10</td><td>38.4</td></tr>
<tr><td>9</td><td>35.2</td></tr>
<tr><td>8</td><td>32</td></tr>
<tr><td rowspan="3">4</td><td>7</td><td>28.7</td></tr>
<tr><td>6</td><td>25.5</td></tr>
<tr><td>5</td><td>22.2</td></tr>
<tr><td rowspan="2">3</td><td>4</td><td>19.0</td><td rowspan="2">1^{++}</td><td>9</td><td>19</td></tr>
<tr><td>3</td><td>15.8</td><td>8</td><td>17</td></tr>
<tr><td>2</td><td>2</td><td>12.5</td><td rowspan="2">1^{+}</td><td>7</td><td>15</td></tr>
<tr><td rowspan="12">1</td><td rowspan="12">1</td><td rowspan="12">9.3</td><td>6</td><td>13</td></tr>
<tr><td rowspan="2">1</td><td>5</td><td>11</td><td>prime+</td><td>Abundant$^{00-10}$</td><td></td></tr>
<tr><td>4</td><td>9</td><td>primeo</td><td>Moderate abundant$^{00-100}$</td><td>10.42</td></tr>
<tr><td rowspan="2">2</td><td>3</td><td>7</td><td>prime-</td><td>Slightly abundant$^{00-10}$</td><td>8.56</td></tr>
<tr><td>2</td><td>5이상</td><td>choice+</td><td>moderate$^{00-10}$</td><td>7.34</td></tr>
<tr><td rowspan="7">3</td><td rowspan="7">1</td><td rowspan="7">5미만</td><td>choiceo</td><td>modest$^{00-10}$</td><td>5.97</td></tr>
<tr><td>choice-</td><td>small$^{00-10}$</td><td>4.99</td></tr>
<tr><td>select+</td><td>slight$^{50-100}$</td><td rowspan="2">3.43</td></tr>
<tr><td>select-</td><td>slight$^{00-49}$</td></tr>
<tr><td>standard+</td><td>trace$^{34-100}$</td><td rowspan="2">2.48</td></tr>
<tr><td>standardo</td><td>practically devoid$^{67-100}$ to trace$^{0-33}$</td></tr>
<tr><td>standard-</td><td>Practically devoid$^{00-66}$</td><td>1.77</td></tr>
</table>

출처: 축산유통종합정보센터(2012.4)

4) 능동적 국제경쟁력

우리나라의 주요 쇠고기 수입국인 미국과 호주의 여건과 비교한 사료비와 생산성지표를 볼 때, 한우의 경쟁력이 취약함을 알 수 있다.

■ 표 3-24 쇠고기 생산성 비교, 2014년도

	사료비		생산성 지표		
	사료원가 (원/kg)	사료비(천원) 농후사료(조사료포함)	두당생산비 (천원/600kg)	번식률 (%)	폐사율 두/년(%)
한 국	415	1,622(2,285)	5,690	72.7	57천(1.9%)
미 국	215	457	2,832	87.0	3,997천(4.4%)
호 주	262	480	3,138	55.7	29천(0.1%)

① **사료원가**: 축우산업에서 가장 높은 비중을 차지하는 사료원가는 kg당 미국이 215원으로 한국보다 절반의 가격이다.

② **사료비용**: 비육기간 중 총 사료비용은 장기간 농후사료 위주의 사육인 한국이 호주나 미국 보다 3.4-3.6배나 높다.

③ **생산비용**: 따라서 600kg 비육우를 생산하는 생산비는 한국이 미국의 2배가 되고 호주와는 1.8배 높아 가격경쟁력의 열등함을 알 수가 있다.

④ **번식률**: 목초방목 사육의 미국보다 낮지만 호주의 경우와는 차이가 많았다.

⑤ **폐사율**: 번식률이 낮은 호주가 송아지 관리가 철저하여 거의 없었고 미국은 4.4%로 매우 높고 한국도 1.9%로 높은 편이다.

Ⅷ 생명공학과 미래의 축우산업

1. 체외수정(in vitro fertilization)

수정란(受精卵) 생산 및 이식은 우량 유전형질을 보유한 종모우와 씨암소의 정자, 난자를 이용하여 우수한 수정란을 생산하고, 이를 대리모에 이식하여 우수한 유전형질을 보유한 후대를 생산하는 방법으로 가축의 개량과 증식을 촉진시키는 효과를 기대할 수 있다. 수정란 이식은 인공수정 보다 더 많은 후대를 생산할 수 있는 장점이 있기 때문에 가축 개량에 널리 이용되고 있다.

수정란의 생산은 체내에서 정자와 난자의 수정이 이루어지는 체내 수정란과 체외에서 수정이 이루어지는 체외 수정란으로 구분되며, 최근에는 생명공학기술의 발달로 체외 수정란 생산과 체외수정에 대한 연구가 활발히 수행되고 있다.

체외수정기술(體外授精技術)은 Chang(1959)이 토끼의 체외 수정란을 이식하여 생산한 이후 특히 인간의 불임치료를 위하여 연구되어져 왔다. 특히 소의 체외 수정란 생산은 도축된 암소의 난소에서 채취하거나, 생체 내 난소에서 초음파로 직접 채취하기도 한다. 소의 생체내 난소에서 초음파로 직접 난자를 채취하는 OPU(Ovum Pick-Up)방법은 1980년대말 Pieterse 등이 초음파 기기를 활용하여 소의 생체 내 난자채취를 한 이후 많은 연구자들에 의해 체외 수정란의 생산에 이용되어져 왔다.

이와 같은 OPU기법에 의한 수정란 생산의 성공과 효율성은 COC(Cumulus-Oocyte Complex)의 양과 질에서 좌우되고, 공란우의 사양 관리와 채란간격, hormone 처리, 동기화 방법 등에 따라 달라질 수 있다(Merton 등 2003). 근래에 관심의 대상이 되는 인간의 불임에 획기적 해결수단으로 활용되는 체외수정란 기술의 기본적 이론과 방법을 이끌어내는 소에서 체외수정란 기술 단계는 도축난소의 난자채취, 초음파를 활용한 생체난소에서의 난자채취, 체외성숙, 체외수정 및 발달의 과정으로 이뤄진다.

1) 도축 암소 난소의 채취

도축된 암컷의 난소는 도축장에서 생리식염수에 담아 연구실로 운반하여, 연구실에서 난소를 생리식염수로 3~4번 세척한다. 생리식염수로 조직과 지방을 제거하고 70% alcohol로 한번 행군 뒤 생리식염수로 세척하여 채란한다. 난자의 채취는 18G 주사바늘을 10ml 주사기에 부착하여 회수한다. 채란시 난포 밑에 난자가 있기 때문에 주사기를 삽입할 때 약 1cm 뒤에서부터 천천히 조심스럽게 삽입한다.

2) 생체 난소에서 난자 채취

생체 난소에서 난자의 채취를 위하여 공란우(供卵牛, donor)를 보정틀에 고정시킨 후 리도카인을 미근부의 제 1, 2 미추(尾椎) 간에 주사하여 국소마취를 실시하고, 외음부를 70% alcohol로 소독한다. 초음파진단기(Mylab30Vet GOLD, Italy)의 탐촉자를 질에 삽입하고 직장을 통하여 난소를 자궁경 부근에 고정시킨 후 탐촉자 앞에 위치시켜 난소내 난포를 확인하면서 질벽을 통하여 주사바늘을 난포내로 진입시킨다. 주사바늘이 난포내로 진입되면, 진공펌프를 이용하여 난포액을 흡입하여 난자를 채취한다. 혈액에 의한 유착방지를 위하여 OPU용 배지에 Heparin을 첨가한다. 진공펌프의 흡입압력을 증가시키면 난자의 회수율은 증가하지만 난자의 질이 저하되기 때문에 너무 압력을 높지 않게 하는 것이 좋다. 채취하는 난포의 크기는 주로 2~6mm이며, 대난포는 대부분 퇴행되어가는 것이어서 제외한다. 채취한 난자 중 3층 이상의 난구세포층이 있고, 균등한 세포질을 가진 것만을 사용하고, 그 외 난구세포층이 나화(裸化)된 것은 제외한다.

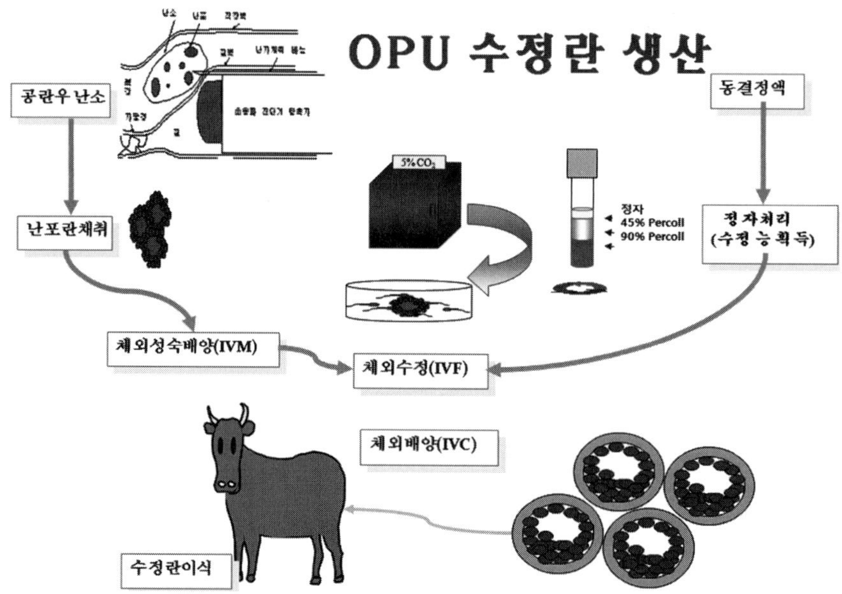

[그림 3-47] OPU 수정란 생산

3) 체외성숙(IVM, in vitro maturation)

선별된 난자의 체외성숙을 위하여 체외성숙 배양액(TCM-199)에 호르몬(FSH, Estradiol), 항생제(Streptomycin)가 첨가된 성숙배양액을 이용하여 22~24시간 정도 체외에서 성숙시킨다.

4) 체외수정(IVF, in vitro fertilization)

소 동결정자를 38℃에 해동시키고 체외수정 배양액과 함께 원심분리를 실시한다. 원심분리가 진행 될 동안 22~24시간 체외성숙시킨 난자를 2~3회 washing을 실시한다. 원심분리가 끝난 정액이 들어있는 체외수정 배양액의 상층액을 제거한다. 정자의 세척을 위하여 상층액이 제거된 정액에 체외수정 배양액을 첨가하여 침전물과 혼합한다. 정자와 체외수정 배양액을 다시 원심분리 후 다시 상층액을 제거하고, 난자가 있는 체외수정 배양액에 정자 15~20ul를 혼합한다.

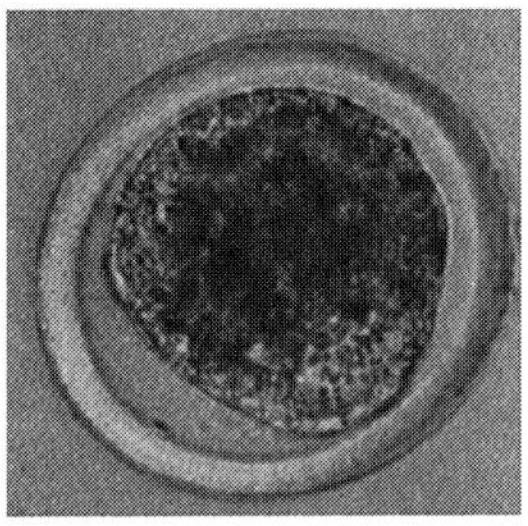

초기 배반포
(Early blastocyst ; 5)

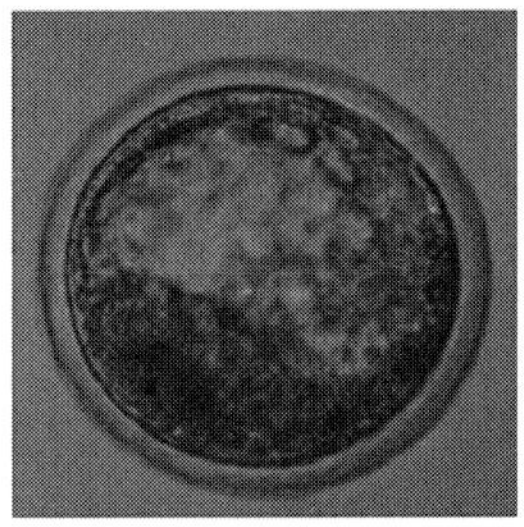

배반포
(Blastocyst ; 6)

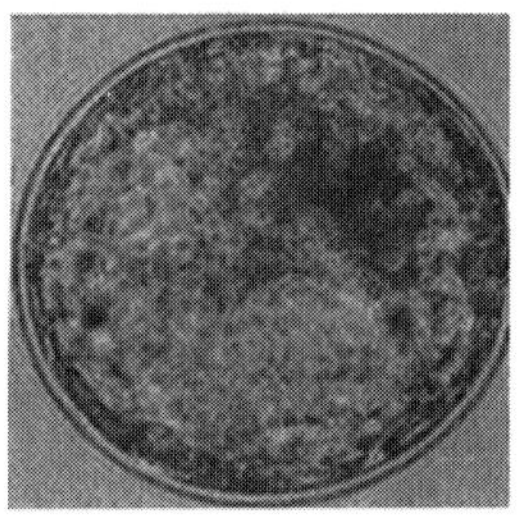

확장 배반포
(Expanded blastocyst ; 7)

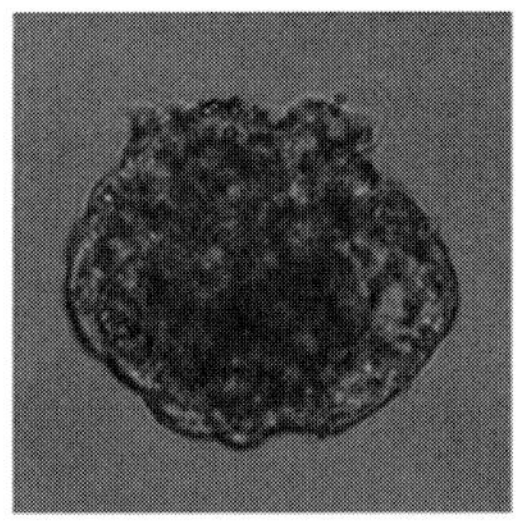

부화 배반포
(Hatched blastocyst ; 8)

[그림 3-48] 소 수정란의 발육단계 및 IETS 표준화 코드

5) 체외배양(IVC, in vitro culture)

체외수정 후 6시간 동안 수정시킨 정자와 난자가 들어있는 체외수정 배양액을 피펫팅을 실시하여 난구세포(卵丘細胞)를 제거한다. 난구세포가 3층 정도 있을 정도로 현미경을 보면서 피펫팅 한다. 난구세포 제거 후 체외배양액(IVC-1)을 이용하여 체외배양 한다. 부분적인 난구세포 제거 후 20시간 경과 후 난구세포를 완전히 제거하고 체외배양 한다. 난구세포를 완전히 제거하고 72시간 경과 후 새로운 체외배양액(IVC-2)으로 교체한다. 이때 수정란은 상실배(molura) 정도까지 성숙되어 진다. 2일 정도 경과 후 이식 가능한 배반포 단계로 도달한다.

6) 체외수정의 Nobel 생리의학상

2010년 노벨 생리의학상으로 선정된 영국의 Robert G. Edwards의 인간 체외수정기술은 앞에서 소에서 기술된 과정과 같이 난자채취(egg isolation)를 하여, 체외에서 수정(fertilization)을 시킨 후 자궁에 수정란을 착상(implantation)시켜 임신시키는 체외수정(IVF, in vitro fertilization) 과정과 자연적으로 성숙된 난자(egg maturation)의 배란(ovulation)된 후 정자와 수정(fertilization)하여 세포분열(cell division)을 거쳐 자궁에 착상하는 자연적인 수정(natural fertilization)과정을 비교 설명하고 있다.

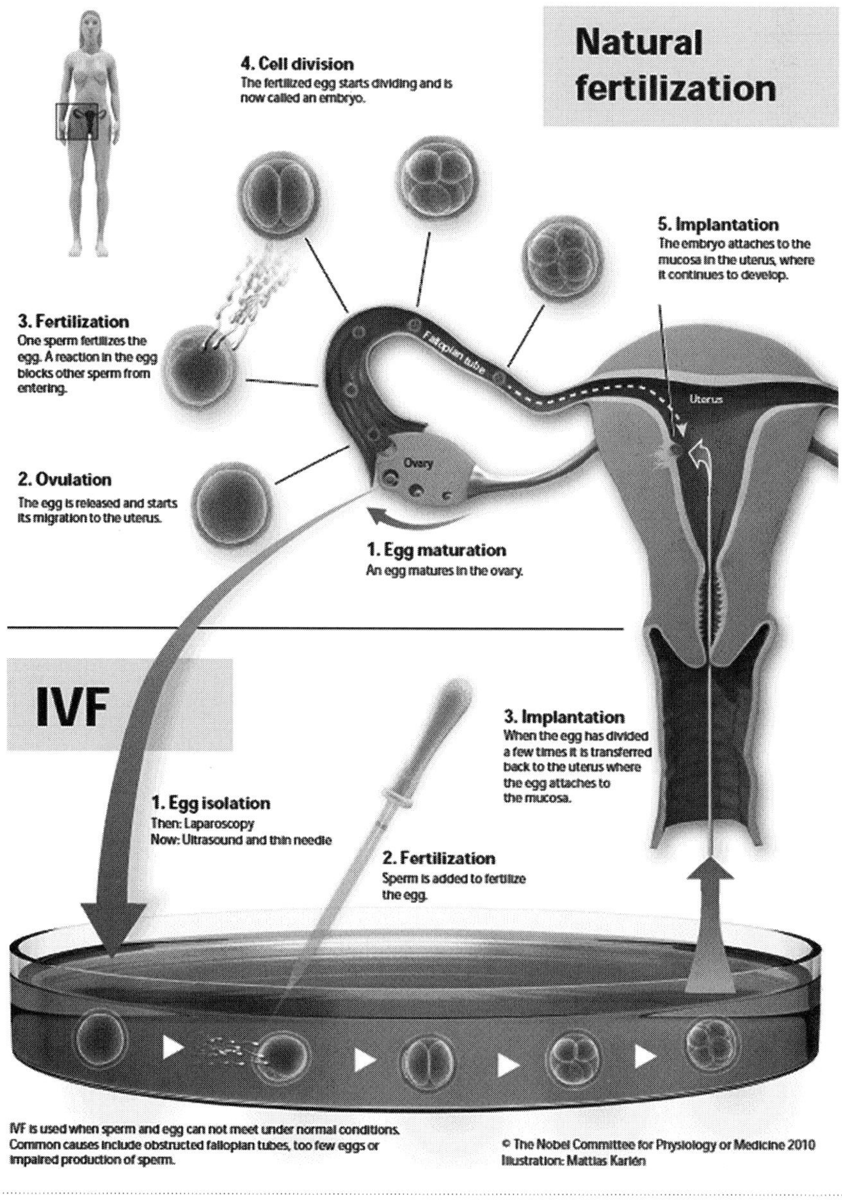

[그림 3-49] 2010년 Nobel 생리의학상 IVF기술의 요지 (출처 ; http://blog.naver.com/sean991004)

2. 복제 수정란의 활용

한우 암소의 발정주기에 따라 처리한 인위적 과잉배란(super-ovulation)을 통해서 다량의 난자를 배란시켜 한우 수소의 정액과 수정된 수정란을 다량으로 확보할 수가 있다. 이들 하나하나 수정란을 일정기간 동안 체외에서 배양하여 8세포기에 다시 2할구씩 분리하여 새로운 투명대에 주입하면 4개의 새로운 수정란을 제작할 수 있다. 이후 이들을 체외에서 배양한 후 대리모인 젖소에 수정란을 이식시켜 한우 송아지를 생산할 수가 있다.

여기서 처음의 8세포기 수정란에서 분리된 4개의 수정란의 유전적 구성은 모두가 똑같기에 태어난 송아지들은 유전적으로 완전히 복제된 쌍둥이들이다. 이러한 기술로서 우수한 후대를 대량으로 생산할 수 있는 복제동물생산 기술이 확보되어 산업에 활용될 것이다.

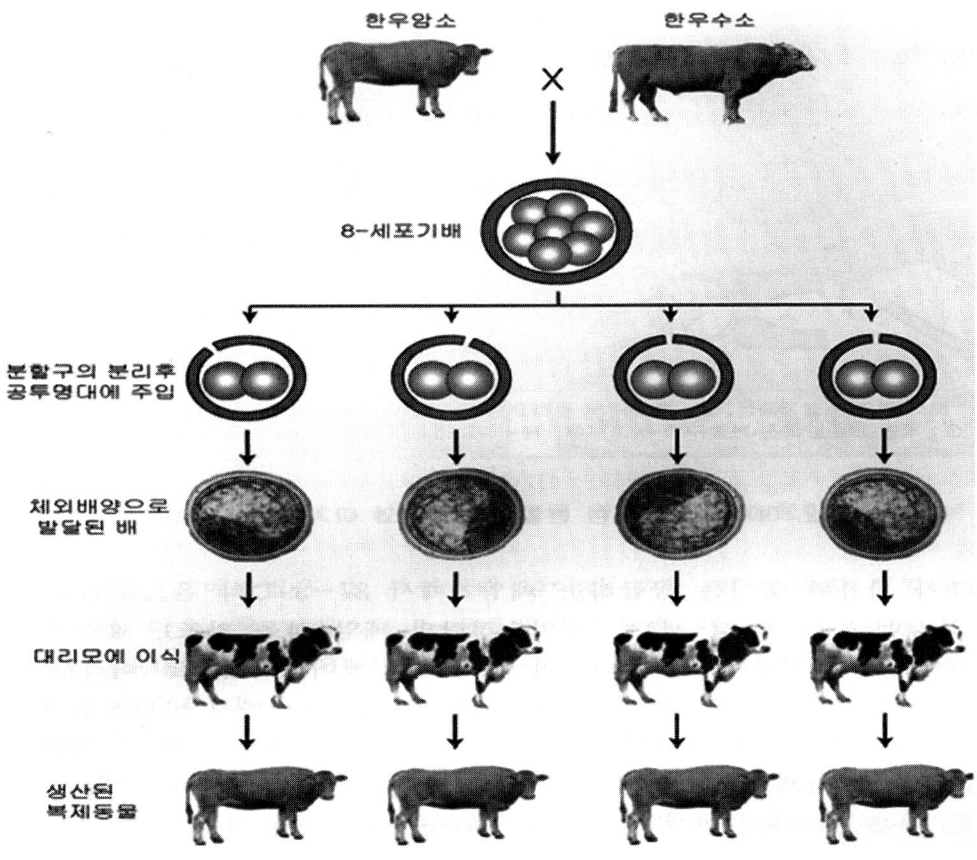

[그림 3-50] 복제동물의 생산 과정

3. 형질관련 유전자

DNA 구조로 이뤄진 유전자의 활용은 크게 두가지 기술로 대별할 수 있다.

형질과 연관된 유전자를 발굴하여 이들 유전자를 선발해 우수한 유전자들로만 구성된 개체를 만들어내는 기술인 MAS(marker assisted selection)와 유용한 유전자를 다른 개체의 유전구조에 삽입하여 새로운 유전자를 발현시키는 유전자조작을 통한 형질전환동물(genetic modified animal) 생산이다.

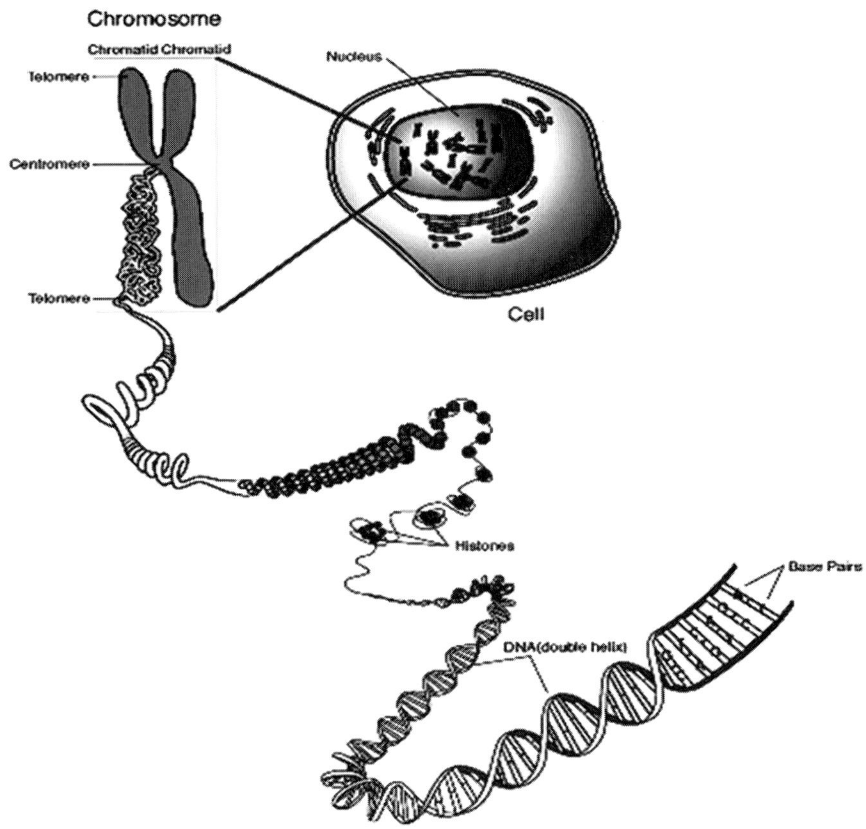

[그림 3-51] 세포.염색체.DNA의 구조

1) 유전자 표식을 이용한 선발

모든 생명체의 기능을 조절하는 유전자는 생명체의 몸을 구성하는 세포(cell)의 핵(nucleus) 속에 존재하는 염색체(chromosome)의 구성물질인 DNA를 말한다. 어떤 기능과 관련된 유전자의 구성인 DNA의 구조가 밝혀질 경우 이들 DNA구조를 통해 유용한 유전자를 가진 개체를 선발하거나 불량 유전자를 도태시키는 기술이 경제가치가 높은 개체를 개량하는 손쉽고 가장 확실한 방법이 될 수 있다.

생명체의 DNA구조가 밝혀지더라도 실제 한 형질(character)에 연관되고 있는 유전자의 종류나 DNA구조를 규명하는 기능 유전체 연구는 아직도 크게 진전되지 못하고 있다.

그림에서 볼 수 있는 마이오스타틴 결핍 수소(myostatin deficient bull)가 부분적으로 소의 육량을 높이는 유전자 선발방법으로 관심의 대상이 되고 있다. 일부 소에서 다른 소들에 비해 엄청나게 많은 근육이 생겨나는 이들 소에서 MSTN이라는 유전자 결함으로 근육의 성장을 적정선에서 중단시키는 신호물질을 못 만들어 근육이 정상치 이상으로 마구 증식하는 하는데 이 신호물질이 myostatin이다. 이런 결함의 가축은 무려 40%나 더 많은 근육을 보유하여 더 많은 고기를 생산할 수 있고 체지방도 40%이상 적게 생성되니 엄청난 살코기를 얻을 수 있다.

우리나라 농촌진흥청은 마이오스타틴 유전자의 변이로 근육 양을 늘려 한우의 육량을 개선할 수 있도록 연구를 실시했다.

이러한 MSTN결핍 소의 생산은 근육량의 증대는 이룰 수 있어나 열성형질이고 골격의 결함이나 관리의 어려움이 있어 실용화에는 더 많은 연구가 필요하다. 사람에서 근육이 극도로 감소되는 암이나 노인성 질환자의 경우 MSTN을 활용한 약품이 실용화 될 수 있을 것이다.

[그림 3-52] Myostatin유전자를 제거한 근육질 소

2) 유전자 조작에 의한 형질전환 소

유전자조작을 통한 형질전환동물(genetic modified animal) 생산이 조만간 인류의 생활 속에서 인간이 원하는 데로 필요에 따라 손쉽게 접할 수 있는 재료로 등장할 것이다.

[그림 3-53] 유전자 조작과 형질전환 동물

그림에서와 같이 사람에서만 있는 특정 유전자 DNA를 잘라서 염소의 난자에 주입시켜 정착시킨 후 정자와 결합한 수정란을 만든다. 이 수정란을 다른 대리모 암컷에 이식시켜 임신과 출산을 통해 새로운 암컷에서 사람의 유전자를 가진 형질전환 암컷이 사람에서 필요한 생산물을 암염소의 젖에서 대량생산할 수 있다.

이러한 기술로 200두의 염소에서 생산된 사람의 혈액응고방지물질(antithrombin)을 생산하는 ATryn이란 제품으로 2009년 미국의 GTC Biotherapeutics가 FDA에 제품허가를 최초로 득하였다. 이러한 기술로 혈액응고방지제의 생산원가는 1/10로 줄일 수 있다고 하였다.

최근 국내에서도 충북대 동물바이오신약장기개발사업단(2015)은 국내 최초로 녹색형광단백질(GFP: green fluorescence protein) 유전자가 삽입되어 발현한 형질전환 형광 소를 생산했다고 밝혔다. 형광 해파리에서 유래된 녹색형광유전자를 소의 난자에 주입한 후 체외수정시켜, 녹색 형광단백질 발현이 확인된 배반포를 대리모 40마리의 자궁에 이식하여, 10마리가 정상적으로 임신되었으나, 2마리가 조기 유산 또는 사산되었지만, 8마리는 정상적으로 태어나 녹색형광단백질이 주둥이, 발굽, 혀, 장기 등 신체 곳곳에서 골고루 발현하는 것이 확인됐다.

생쥐, 닭, 물고기 등에서는 녹색형광유전자(GFP)를 주입해 형질전환 동물을 생산한 적은 있었지만, 소와 같은 대동물에서 형광유전자를 이용해 형질전환 동물을 만든 것은 국내에서는 최초이다. 야밤에 빛을 내는(형광) 한우의 신비한 결과는 인간이 원하는 유전자를 가축의 유전자에 결합시켜 가축을 통해서 대량으로 인간이 원하는 유전물질을 대량 생산할 수 있는 가능성을 보여주는 것이다.

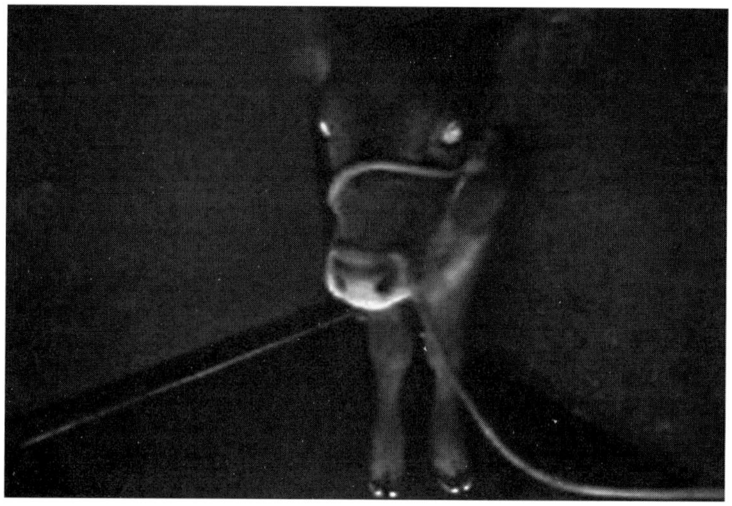

[그림 3-54] 형광색을 발광하는 형질전환 소 (출처 ; 충북대 동물바이오신약장기개발사업단)

Ⅸ 인용문헌

1. 조선농무휘보(朝鮮農務彙報) 明治45(1912) 朝鮮總督府, 農業政策
2. 本田幸介(1913) 朝鮮牛의 特長에 대하여. 조선농회보, 8(1): 1-4
3. 神谷凱藏(1928) 조선우와 화우의 우열에 대하여. 조선의 축산, 7(7):45-47
4. 內藤元男. 세계의 소, 일본 양현당, (이종헌 재인용,2012)
5. 김 동진, 유 한상, 이 항, 2014. 17세기 후반 우역의 주기적 유행이 기근.전염병.호환에 미친 영향. Korean J Med Hist. 2014;23(1):1-56
6. 신원집. 신수길. 정진우. 김재우. 이지홍. 여정수, 1999. DNA분석을 통한 한우, 연변황우 및 화우의 유전적 특성. 한국축산학회지 41(4):405-410
7. 여정수. 이은준. 김재우. 이문연. 박노형. 양영훈, 1998. 외국축우와 비교한 한우의 specific DNA maker분포. 한국유전육종학회지,2(1) 15-20
8. 육종룡, 1982. 한우, 육우, 유우의 사양관리. 선진문화사
9. 이제영, 배정환, 이윤석, 여정수, 2005. DNA marker traceability techniques for Hanwoo industry. J. of the Korean Data & Information Science, 17:1041

10. 이종헌, 2012. 한우의 역사를 찾아서〈5〉 일본으로 건너가는 한우. 늘푸름홍천한우

11. 肥塚正太, 原島善之,1910. 9. 朝鮮之産牛. 재인용(이종헌, 2012. 일제시대의 한우).

12. 주영헌, 1961. 고구려벽화무덤의 편년에 관한 연구. 과학원출판

13. Dong-yep Oh, Yoon-seok Lee, Boo-mi La, and Jung-sou Yeo, 2012. Identification of the SNP for fatty acid composition with beef flavor-related FABP4(fatty acid binding protein 4) in Korean Cattle. Asian-Aust.J.Anim.Sci. Vol 25(7):913-920

14. Hong, Y. H., I. C. Cheong, T H. Kim, H. B. Kim, D. H. Yoon, H. S. Kim, B. W. Cho, and J. Y. Han, 1998. Development of sequence characterized amplified regions(SCARs) showing Korean cattle (Hanwoo) specificity. Animal Genet. Breed. 2: 107-114.

15. Yoon-seok Lee, Dong-yep Oh, Jae-young Lee, Boo-mi La, and Jung-sou Yeo, 2013. Novel single nucleotide polymorphisms of bovine SREBP1 gene is association with fatty acid composition and marbling score in commercial Korean cattle (Hanwoo). Molecular Biology Report, Vol.40 :247-254

16. Dae Hyun Kim, Yoon-Seok Lee, Young Sook Oh, Chang Bon Choi, and Jung-Sou Yeo 2008. Discovery of Candidate SNP Related to Meat Quality Using the BcSNPdb and Cattle QTLdb in Hanwoo. J. Anim. Sci. & Technol. (Kor.) 50(6) 775~782

찾아보기

ㄱ

ㄷ

ㄹ

ㅁ

ㅂ

ㅅ

ㅈ

ㅊ

ㅋ

ㅌ

ㅍ

ㅎ

A

B

C

D

E, F

G

I, K

M, N

O, P

Q, R

S

W, X

기타

한민족 고유의 유전자원

재래닭 · 재래돼지 · 한우

2019년 6월 8일 초판 발행 **값 30,000원**

저 자 여정수 · 김재우 · 이지홍 · 이윤석
이한보름 · 김대현 · 오동엽 공저

발행자 **양 희 돌**

경기도 고양시 일산서구 하이파크3로 17

발행처 선 진 문 화 사

〈등록 제410-2005-000040호〉

ISBN 978-89-7392-272-7 93520

 ☏ (031)925-8237 FAX 925-8239